外军装备再制造

王思捷　等编著

北　京
冶　金　工　业　出　版　社
2024

内容提要

本书介绍了国外在军事装备再制造方面的实践，结合对装备再制造的概念、经济效益、零部件失效模式及再制造决策的分析，指明了武器装备再制造创新发展的方向。

本书适合装备制造、维修和再制造领域的人员阅读，同时也可为对此领域感兴趣的读者提供科普知识。

图书在版编目（CIP）数据

外军装备再制造 / 王思捷等编著. -- 北京 ：冶金工业出版社，2024. 12. -- ISBN 978-7-5240-0167-6

Ⅰ. TJ05

中国国家版本馆 CIP 数据核字第 20259724A7 号

外军装备再制造

出版发行	冶金工业出版社	**电　　话**	(010)64027926
地　　址	北京市东城区嵩祝院北巷 39 号	**邮　　编**	100009
网　　址	www. mip1953. com	**电子信箱**	service@ mip1953. com

责任编辑　卢　敏　姜恺宁　美术编辑　吕欣童　版式设计　郑小利

责任校对　梅雨晴　责任印制　禹　蕊

北京建宏印刷有限公司印刷

2024 年 12 月第 1 版，2024 年 12 月第 1 次印刷

710mm×1000mm　1/16；15. 25 印张；297 千字；232 页

定价 89. 00 元

投稿电话　(010)64027932　投稿信箱　tougao@cnmip. com. cn

营销中心电话　(010)64044283

冶金工业出版社天猫旗舰店　yjgycbs. tmall. com

（本书如有印装质量问题，本社营销中心负责退换）

前　言

武器装备性能直接影响着战争的走向。为了满足不同战场环境和任务需求，各国军队都会对武器装备进行不同程度的性能恢复、改造、升级和延寿等改进性措施。这些措施都是再制造的具体表现形式，统称为“再制造”。装备再制造的整体发展对推动其在国防军事领域的创新和应用有积极作用，尤其是西方国家，武器装备的再制造已成为其装备发展体系的重要组成部分，其诸多做法值得借鉴。因此，本书着眼于外军武器装备再制造的基本态势，全面阐述外军装备再制造的发展状态。首先，概述了再制造的基本内涵，体系化综述了武器装备再制造的必要性、可行性、经济性和可再制造性要求；之后，以武器装备改造、升级、延寿等再制造形式为主要切入点，概要性阐述了以美国、俄罗斯欧亚部分国家为代表的再制造产业发展现状和典型做法，尤其是较为详细地分析了美军装备再制造发展规划和国防预算投入分布，并对装备再制造零部件失效与再制造决策做了解析，对开展武器装备再制造具有一定的借鉴意义。

当前，因经济原因，许多国家无力拿出更多的资金研制新装备，于是用改进、改造、改型武器装备来提高武器性能和延长其服役期就成了这些国家最好的巩固国防、保存军事优势的方式。纵观世界，装备再制造是战略性新兴产业，已深入交通运输、工程机械、航天航空、办公用品等多个领域，正发展成为促进循环经济建设、落实低碳减排发展策略的重要着力点。在军事方面，装备再制造也是提升武器装备服役效能的重要途径，成为促进武器装备可持续发展的有效措施。本书通过对国外军事领域武器装备再制造应用现状和发展趋势的系统性研究，以窥探开展武器装备再制造的战略态势，为顶层设计武器装备再制造发展策略，组织实施武器装备再制造工作提供支撑。

本书第 1 章由张文宇、訾皓然编写，第 2 章由王思捷、张磊编写，第 3 章由王晓明、刘帅编写，第 4 章由张文宇、黄艳斐编写，第 5 章由张文宇、张洁编写，第 6 章由王思捷、王龙编写，第 7 章由王思捷、李军旗、李庚吉编写，第 8 章由王思捷、李静、李哲编写，第 9 章由王思捷、王世宇、郑万庆编写，第 10 章由王思捷、杨军伟编写。在本书编写过程中，得到陆军装甲兵学院装备再制造技术国防科技重点实验室和机械产品再制造国家工程研究中心的大力支持，在充分挖掘本书编写小组多年教学科研工作积累的基础上，集众人之优，广泛参考借鉴了国内外相关领域的最新成果和报道，使本书更加充实丰满，为我们更全面深刻阐述装备再制造提供了重要支撑，对此表示衷心感谢。

由于编者水平所限，加之武器装备再制造呈现形式多样、发展迅速，情报资料搜集和分析难以做到全面深入，望读者批评指正，以便不断丰富完善。

作　者

2024 年 10 月

目　录

1 绪 论

装备再制造是废旧装备高技术修复、改造的产业化，是装备维修的一种表现形式，建立完善的再制造体系是推进以创新科技构建新型装备作战效能维持模式的有效途径。由于世界各国对再制造的定位不完全相同，尤其是在军事领域，往往采用性能恢复、改造、升级、延寿等词汇描述对某一型装备的再制造。开展再制造在军事领域应用的研究，获取国内外前沿资料，分析掌握再制造应用现状，预判再制造未来发展趋势，不仅有利于统筹规划武器装备再制造发展战略，还可促进武器装备再制造保障能力的快速提升。

武器装备再制造是让装备战斗力持续再生的重要战略构成，是变废为宝，让老旧武器装备实现高新技术修复或再造延寿的产业化过程，更是装备维修成本低、服役更可靠、寿命周期延长的高级阶段。这里的武器装备再制造包括硬件和软件，既可以是设备、系统、设施，也可以是装备部组件，其目标是通过采用新技术或新部件对装备局部进行升级改进、改造修正、原位替换，以图用极低的经费投入最大限度挖掘装备潜能，实现老旧或现役武器装备性能升级，提升装备作战效能。

1.1 再制造的内涵与意义

1.1.1 再制造的内涵

20 世纪 80 年代，美国学者 Lund 在“综合资源回收项目”报告中首次提出相对科学和完善的再制造概念，即再制造是通过拆解、清洗、修复或换件、测试组装等一系列工业流程将失效或报废产品恢复到不低于新品性能的工艺。然而由于不同国家和地区在发展需求和技术手段上存在差异，国际上对再制造的工业流程、关键技术种类以及产品归类方法尚未形成统一的标准。尽管如此，再制造技术通过节能省材的方式“修旧胜新、变废为宝”，对社会经济发展和环境保护起到积极的推动作用已成为国际共识。

1999 年，徐滨士院士首次在国内提出“再制造”理念，即以机电产品全寿命周期设计和管理为指导，以废旧机电产品实现性能跨越提升为目标，以优质、高效、节能、节材、环保为准则，以先进技术和产业化生产为手段，对废旧机电产品进行修复和改造的一系列技术措施或工程活动的总称，简单概括，再制造就是废旧机电产品高技术维修的产业化。我国 GB/T 28619—2012《再制造术语》将再制造定义为对再制造毛坯进行专业化修复或升级改造，使其质量特性不低于原型新品水平的过程。

工业化程度较高的欧美国家，其再制造是在原有制造技术体系和工业基础上发展起来的，主要以“扔旧换新、修磨尺寸”为手段，虽然具有一定的节能、环保效益，但依然存在旧件利用率较低、修复局限性大等缺点。相比之下，我国的再制造是在维修工程、表面工程的基础上发展起来的，主要以“修复旧件和改造升级”为手段，能有效保留旧件的剩余价值，减少资源能源消耗，具有极大的经济和环境效益。

1.1.2　再制造在循环经济发展中的作用

拥有充足的资源和能源是一个国家兴起的必要条件。欧美等发达国家的发展都是以消耗大量资源和能源为代价的。据全球碳排放项目（Global Carbon Project）统计，美国累计碳排放量约为中国的 2 倍，欧盟约为中国的 1.5 倍。

相比欧美国家，我国工业化起步较晚，但在国内政策的大力推动下，近几十年来发展迅速。然而以环境为代价的发展模式所导致的碳排放量大、资源消耗过度也成为制约我国社会经济发展的一大隐患。传统制造业就是以矿石资源作为主要支撑的代表性产业，我国绝大多数的矿石资源都严重短缺，美国地质调查局统计显示：铜、铁、铝矿石的世界储量分别为 8.8 亿吨、1800 亿吨、320 亿吨，而我国分别只占世界储量的 3%、11.1%、13.1%；铜、铁、铝矿石的全球年产量分别为 0.21 亿吨、26 亿吨、1.4 亿吨，我国年消耗量占世界年产量的 47%、53%、56%。另外，随着我国经济的迅猛发展，温室气体排放问题日益凸显。2020 年，我国二氧化碳排放量约 100 亿吨，约占全球二氧化碳排放量的 30%，是美国二氧化碳排放量的 2 倍，欧盟的 4 倍。在全球倡导可持续发展的大环境下，我国允诺国际社会力争实现 2030 年前碳达峰，2060 年前碳中和的“双碳”目标。如何有效推进循环经济建设，实现低碳绿色社会，是未来我国发展的重心。

再制造作为一种高效、节能、节材、环保的先进制造技术，其兴起与世界各国对资源、能源和环境的重视以及循环经济建设在全球范围的推广紧密相关。进入 21 世纪，为实现可持续发展，减缓人类经济社会发展对资源和能源的浪费以及对环境造成的破坏，全球不同地区尝试了多种循环经济发展模式。

循环经济理论诞生的初期，形成了较为笼统的 3R（Reduce，Reuse，Recycle）原则，即减量化、再使用、再循环原则。21 世纪初期，中国工程院院长徐匡迪院士结合中国国情，提出了关于建设我国循环经济的 4R（Reduce，Reuse，

Remanufacture, Recycle）原则，即减量化、再使用、再循环和再制造。近年来，随着全球产业发展向着信息化、智能化转型，循环经济发展模式呈现更加多元化的发展趋势，有学者将 4R 进一步细分成了 10R（Refuse, Rethink, Reduce, Redesign, Reuse, Refurbish, Remanufacturing, Repurpose, Recycle, and Recover），即服务替代、再评估、减量化、再设计、再使用、翻新、再制造、阶梯利用、再循环和回收利用，将循环经济模式的范畴扩展到了产品全生命周期的每一个环节。

1.1.3 再制造与维修、再使用和再循环的区别

再制造与维修、再使用、再循环同属于循环经济模式，也都是节能减排资源化的体现，然而在工程实践中还存在着差异。

由于产品每个零部件的寿命周期长短不同，将能继续服役的零件从废旧产品中挑选出来再次利用的过程称为再使用。虽然此方法不需要对零部件进行再次加工，减少了能源和资源消耗，降低了环境污染，然而也无法延长零部件的使用周期或实现性能的提升，零部件的剩余价值与新品相比已有所损耗。

再循环的基本技术途径是通过回炉重熔使废旧产品或失效零件回归到初级材料原始状态，原先零件制造时注入的能源价值和劳动价值等附加值全面丢失。回炉后所获得的产品只能作为原材料使用，而且在回炉及以后的成形加工中又要消耗能源，因此是一种较低效的再利用手段。

同时，再制造也不同于维修，维修主要是针对出现故障的在役产品，常具有随机性、原位性、应急性。维修多以换件为主，辅以小批量的零部件修复，使产品在使用阶段能保持其良好技术状况及正常运行。维修的技术标准相对简单，维修后的产品多数在质量、性能上难以达到新品水平，且无法批量生产。而再制造是将大量同类的报废产品回收到工厂拆卸后，按零部件的类型进行收集和检测，以有剩余寿命的报废零部件作为再制造毛坯，利用高新技术对其进行批量化修复、性能升级，所获得的再制造产品在技术性能上和质量上都能达到甚至超过新品的水平。此外，再制造是规模化的生产模式，它有利于实现自动化和产品的在线质量监控，有利于降低成本、降低资源和能源消耗、减少环境污染，能以最小的投入获得最大的经济效益。

1.1.4 再制造升级

装备再制造升级是以需要提升性能的老旧装备作为对象，以装备再制造为手段，以先进技术应用功能模块嵌入和装备结构改造为方法，以全面的装备再制造生产质量要求为保证，来实现老旧装备的性能和功能提升，最终实现装备自身的可持续发展和多寿命周期升级使用，装备再制造升级是装备改造的重要组成部

分，是高品质的改造内容，是高效益提升老旧装备性能的最佳途径。

装备再制造升级针对具有固定结构的老旧装备，所采取的升级方式包括三类：(1) 以采用最新功能模块替换旧模块为特点的替换法，即主要是直接用最新装备上安装的信息化功能新模块替换老旧装备中的旧模块，用于提高再制造后装备的信息化功能，满足当前对装备的信息化功能要求；(2) 以局部结构改造或增加新模块为特点的改造法，即主要用于增加装备新的信息化功能以满足功能要求；(3) 以重新设计为特点的重构法，即主要是从最新装备的多种功能化要求和特点出发，重新设计出再制造后装备结构及性能标准，综合优化装备再制造升级方案，使得再制造后装备性能接近或超过当前新装备性能。

随着高新技术的飞速发展，世界军事发达国家在武器装备的发展上纷纷采取了研制与升级改造并举的发展策略。老旧装备再制造升级是以强军为目标，以构建基于信息系统的装备体系为主导，以先进技术为手段，科学推进装备由机械化向信息化的自主创新跨越发展。

1.1.5 装备再制造升级与装备再制造的关系

装备再制造是对废旧装备进行专业化修复或升级改造，使其质量特性达到或优于原有新品水平的制造过程，装备再制造包括两个主要部分：一是再制造恢复，即对达到物理寿命和经济寿命而报废的装备进行再制造加工，使其性能恢复到新品状态；二是再制造升级，即对性能需提升的装备，在再制造过程中采用新功能嵌入或技术性能提升的方式进行升级改造，使再制造升级后装备满足新的性能要求。因此，装备再制造升级是装备再制造的重要组成部分，尤其随着技术的快速发展，装备因性能落后而退役的情况越来越多，装备再制造升级也必将在装备发展中发挥越来越重要的作用。

1.1.6 装备再制造升级与装备改造或加/改装的关系

装备升级改造可有三种模式：一是通过直接在原装备上加装或改装新模块来增加功能性能，增加功能后并不延长原装备的剩余使用寿命；二是通过改变装备结构来改变装备用途，如利用主战坦克底盘改装为战场坦克抢救车；三是在改造过程中，对原装备通过全面的拆解清洗加工装配等再制造的工艺步骤，以使其服役寿命等于或超过原新装备，将在改造过程中通过增加新模块和利用新技术来提升装备功能和性能的方法称为装备再制造升级。与前两种装备升级改造方法相比，装备再制造升级有以下特点：一是操作要求更加规范，即再制造升级需要按照标准的装备再制造工艺进行操作，所有零件都需恢复到或超过新件质量要求，并按新品质量进行装配；二是质量要求更高，即装备再制造升级是一种对装备全面的性能恢复和升级，要求装备服役寿命达到或超过新装备；三是实施地点要求更加严格，以加/改装为特点的装备改造实施工艺相对简单，一般可在装备现场大修基地或制造厂等地完成，而装备再制造升级主要在再制造厂或者能够承担再制造任务的大修厂或制造厂完成。

1.1.7 装备再制造升级与装备延寿的关系

装备延寿既包括通过提升装备性能来延长装备服役寿命，也包括在装备达到寿命极限时，通过恢复装备制造时的性能要求来实现装备服役期的延长，此时一般装备的性能要低于新品性能，但可以实现在原来的功能要求下正常服役。装备再制造升级则是指通过对老旧装备的性能升级来实现装备的延寿，满足对装备新功能的要求，所以装备再制造升级是实现装备延寿的一种有效途径，能更好地满足对延寿装备的性能和功能要求。

1.2 外军装备再制造概况

欧美国家军工企业面对这个“利益的绿色产业”，争先恐后抢占先机，积极参与政府制定政策制度，建立专业化再制造生产线，深入开展武器装备再制造业务，并取得良好的效益。

1989 年 6 月，美国国会两院通过了一项决议：要求国防部将重点更多地放在对现役武器装备再制造上，延长现有武器装备的服役寿命，而这项决议不经总统签署就可获得执行。2010 年及其以后国防制造工业委员会将延寿技术、武器系统的性能升级以及再制造技术列为国防制造重要的研究领域，来自美国波士顿大学的防御武器研究部门专门研究包括航天飞机在内的各类武器装备再制造的经济性。

美军重视装备再制造，设立有专门的装备再制造升级改造的研发费用，对装备实施再制造已成为美军装备保障的重要手段之一，为装备的使用提供了有力的技术保障，美军是再制造的最大受益者，在改造军用装备以及在战争中迅速恢复武器装备的战斗力方面受益良多。在海湾战争中，美军陆军支援大队在短短 3 个月内利用再制造技术恢复了战区 70%的损坏装备，共改造和修理了 3.4 万多个装备部件，为迅速恢复战斗力提供了支持，同时也节省了大量费用和材料。例如，早在 1948 年设计，1955 年批量生产型开始交付使用，1962 年停产的美军 B-52 战略轰炸机经 1980 年、1996 年先后两次再制造技术升级改造，到 1997 年时平均自然寿命还有 13000 飞行小时，服役延长到 2030 年。2000—2005 年，美军先后完成了 269 架再制造“阿帕奇”直升机，到 2015 年继续完成 750 架再制造“阿帕奇”直升机。在美军现役武装直升机行列中该机型一举成为性能最先进、作战能力最强的武装直升机。

俄罗斯军队的T-72和T-80、英军的“挑战者-2”、德军的“豹-2”、以色列军队的“梅卡瓦”等主战装备也都先后进行过再制造升级改造。美军对F-16战斗机、“布雷德利”步兵战车、“艾布拉姆斯”主战坦克也进行了机动能力和防护能力装备再制造。1990—1995年，美军对外出售、转让退役再制造主战装备地面车辆3400多辆，飞机、直升机1200多架，M48主战坦克退役后部分销往国外尤其是一些发展中国家，部分被拆卸后进行再制造加工。2000年，美陆军启动了坦克装备综合管理计划，通过再制造将M1A1系列坦克恢复成新装备状态，这个计划是在军方费用不足的情况下为维持大约7000辆“艾布拉姆”系列坦克重新进入战斗序列而采取的一个替代方案。

总体概括起来，国外科研工作者对装备再制造相关研究具有以下的特点：一是国外学者有关装备再制造的研究十分注重研究内容与成果对经济发展的指导性，且技术成熟、应用普遍，且军方受益比较大；二是现有对于装备再制造产生的经济理论研究尚未形成清晰框架，针对武器装备再制造适用性不好，更没有系统整体性研究成果；三是对武器装备再制造产业化问题的关注还比较少，面对机会和挑战，如何为武器装备再制造产业发展制定正确的战略决策提供可靠的依据是要关注的问题。因此，各国军方有关部门需要增强武器装备再制造论证及产业化实践意识，从开展装备再制造论证工作开始就应该加强体系构想、技术经济性分析评估以及产业发展的可行性分析，使得有限的国防装备经费发挥最大的效益。

参考文献

[1] LUND R T. Remanufacturing: The experience of the United States and implications for developing countries [R]. World Bank Technical Paper #31, 1985, Washington, D. C., U. S.

[2] 徐滨士，张伟，刘世参，等. 21世纪再制造表面工程［C］//中国科学技术协会学会学术部会议论文集，1999：384-385.

[3] 徐滨士，刘世参，王海斗. 大力发展再制造产业［J］. 求是，2005，12：46-47.

[4] 再制造技术国防科技重点实验室，中国重汽集团济南复强动力有限公司，合肥工业大学，等. GB/T 28619—2012 再制造术语［S］. 北京：中国标准出版社，2012.

[5] Global Carbon Project. Supplemental data of global carbon project 2021 (1.0) [DB]. Global Carbon Project, 2021.

[6] FENG Z, YAN N. Putting a circular economy into practice in China [J]. Sustainability Science, 2007, 2: 95-101.

[7] REN Y. The circular economy in China [J]. Journal of Material Cycles and Waste Management, 2007, 9: 121-129.

[8] SAKAI S, YOSHIDA H, HIRAI Y, et al. International comparative study of 3R and waste management policy developments [J]. Journal of Material Cycles and Waste Management, 2011,

13：86-102.

[9] 徐滨士．装备再制造工程的理论与技术［M］. 北京：国防工业出版社．2007.

[10] Rochester Institute of Technology. Technology roadmap for remanufacturing in the circular economy［R/OL］.（2017-05-31）［2023-6-15］. https：//www. rit. edu/sustainabilityinstitute/public/Reman_ Roadmap_ 2017. pdf.

[11] U. S. International Trade Commission. Remanufactured Goods：An overview of the U. S. and global industries，markets，and trade［R/OL］.（2012-10-01）［2023-6-15］. https：//www. usitc. gov/publications/332/pub4356. pdf.

[12] European Remanufacturing Network. Remanufacturing market study［R/OL］.（2015-10-01）［2023-6-15］.https：//www. remanufacturing. eu/assets/pdfs/remanufacturing-market-study. pdf.

[13] MATSUMOTO M，CHINEN K，ENDO H. Remanufactured auto parts market in Japan：Historical review and factors affecting green purchasing behavior［J］. Journal of Cleaner Production，2018，172：4494-4505.

[14] NGU H J，LEE M D，OSMAN M S B. Review on current challenges and future opportunities in Malaysia sustainable manufacturing：Remanufacturing industries［J］. Journal of Cleaner Production，2020，273：123071.

[15] YUSOP N M，WAHAB D A，SAIBANI N. Realising the automotive remanufacturing roadmap in Malaysia：Challenges and the way forward［J］. Journal of Cleaner Production，2016，112：1910-1919.

[16] 上海市循环经济协会．上海市循环经济和资源综合利用产业发展报告（2021）［R/OL］.（2021-08-01）［2023-6-15］. https：//www. shace. org. cn/newsinfo/1987456. html.

2 装备再制造效益分析

装备从研制、生产、列装使用、维修到退役报废的全生命周期，也就是“资源—装备—残值回收”的全过程。无论在平时还是战时，这种传线性物资消耗都是对资源的严重浪费，也会造成环境污染和破坏，因此，研究武器装备的再制造性必须考虑经济性，这也是国内外武器装备再制造的最重要考量之一。退役武器装备蕴含着丰富的贵重金属、钢铁、橡胶等再生利用资源，其每一种材质经过处理，都可以重新融入循环经济，是名副其实的装备矿产，因此，美国、俄罗斯等世界军事强国普遍关注退役武器装备资源化利用研究，在退役武器装备资源化利用模式创建、技术手段开发、资源回收再利用实践等方面走在前列新时期。

2.1 退役武器装备资源化利用方式

美军十分重视退役武器装备的回收处理，并为此设立了专职机构进行管理，通过国防后勤局所属的国防物资再利用与销售服务中心来实现对退役武器装备的回收处理。在处置过程中，主要采用军转民用、封存储备、装备再制造等模式，并提出无害化、减量化、资源化的处理理念，力求实现对装备资源的综合利用。根据退役武器装备的种类密级和质量状况，主要采取以下做法：

（1）捐赠或转卖。美军在军事技术上的巨大优势，使得其部分淘汰装备在世界其他国家和地区仍有许多求购者，因此，美国常将这些退役报废装备转卖或赠予其同盟国，有的甚至公开在军火市场出售。同时，美国国防再利用和市场服务部拥有一个跨国销售网络，在 14 个国家和美国本土的 39 个州设有专门的国防再利用和市场服务网点，负责对废旧军用物资进行接收分类并进行非军事化处理，之后根据废旧物资清单进行销售。

（2）封存备用。美军建有装备维护与再生中心，用于将退役报废的武器装备作为战略储备进行维护和封存。一旦战事需要，该中心能够在短时间内恢复部分武器装备的作战性能并用于作战，其他无法再使用的武器装备则作为配件提供者，继续为军队服务。

（3）装备再制造。装备再制造是美军装备技术保障的重要手段，通过再制造，能够在最大限度节约军费开支的前提下，使得大量废旧装备起死回生，有的甚至超过了新装备的战术技术性能。

2.2 外军退役装备处置经验分析

作为装备全寿命周期的重要组成部分，装备退役报废处置受到各国高度重视。如何最大限度发挥退役报废装备的剩余价值，降低退役报废处置带来的额外支出，以及如何避免退役报废带来的环保问题是各国实施装备退役报废时的重点考虑问题。在武器装备加速更新换代、老旧装备大批量到寿退役的情况下，尤其是在人工智能、大数据、先进制造技术的飞速发展下，各国在处置退役报废装备上采取了符合各自国情的政策措施，积累了宝贵的经验教训。

（1）重视退役装备处置，实现装备全寿命闭环管理。对装备的整个寿命周期工作而言，装备的论证、研制、使用阶段，对于提高装备的作战能力具有直接的影响，而退役阶段虽然也是装备全寿命周期的一个阶段，但由于退役报废处理费用相对要少，并且装备退役处理不能直接产生明显的军事效益，造成了国防资源的浪费，甚至潜伏着许多严重危害。随着资源约束与环境问题的日益突出，各国普遍认识到再也不能轻视装备退役报废处置问题。美军采办指令中明确要求在装备达到使用寿命后，确保此时装备“处于受控状态并保证以一种使国防部对环境、安全、保密和人体健康所担负责任最少的方式实施报废处理”。退役报废阶段作为装备全寿命周期的最后一环，是传统意义上装备的“死亡”阶段，也是装备资源由“死”到“生”的重要环节。加强退役报废装备的再利用与资源化利用，可以大量节约原材料、零部件等装备资源，有效提高资源利用效率，减少不可再生资源的开采，最大限度减少对环境和生态的破坏，实现装备全寿命闭环管理，对装备建设全面协调可持续发展起到重要推动作用，具有巨大的军事、经济和社会价值。

（2）全系统全寿命综合优化，把退役纳入装备设计。装备的退役报废处置的相关问题如果不是从装备研发时就加以重视和考虑其解决办法，而只是到退役报废时才列入议事日程，那就会既费时又费钱，甚至无法解决。这就是说，报废处置亦是一个全系统全寿命的问题，必须从全系统全寿命的角度管理，进行优化设计。可持续发展要求产品尽量地减量化、再利用、再循环（Reduce、Reuse、Recycle，3R）。要使装备具有便于3R的特性，以及在报废处置时对环境的影响最小，关键在于在装备论证设计时，要考虑这些问题并明确地规范，使装备的材料、结构、工艺等具有满足上述要求的特性。这意味着，在装备论证设计时，要从全系统大局考虑，将装备的通用化、标准化作为设计的准则；要从全寿命角度统筹，将可拆解设计、绿色设计、轻量化设计纳入设计要求，使装备具有便于退役报废处置的特性。如美军B-52飞机，由于其零部件的标准化、通用性、互换性设计上的远见，至今在为美空军服役，并且号称要服役到2040年。

(3) 开发创新再生利用技术，实现装备资源循环利用。退役报废装备处理方式是建立在一定的技术基础上的，因此加强装备退役报废相关技术的研究，才是真正提高效费比、人员安全性和环境保护等可持续发展的途径。当前，世界各国正在积极发展不影响环境的报废装备处理技术，投入了大量科研力量，开发了一些比较先进的处理技术，出现了再制造工程技术等再生利用技术。“再制造工程”是以产品全寿命周期设计和管理为主线，以优质、高效、节能、节材、环保为目标，以先进技术和产业化生产为手段，对废旧产品进行修复和改造的一系列技术措施和工程活动的总称。传统的装备寿命周期是从论证、设计、制造、使用到报废为止的一个开环系统。而未来的装备全寿命周期将是“从研制到再生”——即装备使用到报废后通过回收再制造得到再生或改造，其物流是一个闭环系统。装备再制造是延长其全寿命周期，降低全寿命周期费用的经济、有效的手段。美军是目前世界上最大的再制造受益者，美国国防部已把“新的再制造技术”列入 2010 年后优先发展的国防制造工业的新重点。美国军队的车辆和武器大量使用再制造部件，不但节约了武器装备的制造经费，而且提高了其寿命和维修性。

(4) 探索退役报废管理新机制，走军民融合的发展道路。机制的保证才是根本的保证。装备是由军工厂按照标准化的图纸和生产操作程序生产出来的，军工厂不仅有大批专业的工程技术人员，而且还有装备制造的专用装备。但是在处理退役报废装备时，回收处理却与生产厂家没有关系，成为部队自已需要完成的一项特殊任务。部队为完成退役报废装备的回收处理，需要重新立项、科研，造成一定程度的浪费。而且随着武器装备的技术、结构日益复杂，对今后退役武器装备的处理难度也将会进一步增大。军队是武器装备的运用者，核心任务是如何使用好手中的武器，如何将手中的武器在战时发挥最大的军事效益，不需要在回收处理上耗费过多的人力、财力、物力。在这方面，美军已经做好了示范，经过越战后多次精简整编，现在完全依托地方社会化提供保障，退役报废装备的处置也不例外。在当前部队员额大量精简压缩的情况下，退役武器装备回收再利用应该依托专业化的生产厂家来完成，充分发挥装备生产厂家和地方物资回收公司的作用，谁负责生产，谁负责回收处理。一方面解决生产厂家设备和技术力量大量闲置；另一方面避免部队重新投入人力、物力和财力，实现武器装备设计、生产、报废的科学发展。

2.3　装备再制造的必要性分析

(1) 节省大量原材料和能源消耗。在科技高速发展的今天，装备技术、经济寿命通常远远低于其物质寿命，部分耗材耗能、污物排放以及性能和科技含量低的装备难以获得市场青睐，甚至被军方或政府强制淘汰。和平时期，大量装备长期处于封存或低频换代状态，装备因技术状态落后面临功能尚存情况下的淘汰，其相当一部分零部件可再用或通过再制造改造成新装备。这些老旧装备及其零部件再用率的提高，能够最大限度地发挥老旧装备可利用资源的价值，大大降低装备服役成本，间接降低了新装备制造材料和能源消耗。

（2）提升装备费用使用效益。老旧装备通过再制造能够使再制造后的装备达到甚至超过原装备性能，有望缓解装备列装费用不足的问题，有效降低新装备购置费用。美军设立有专门的装备再制造研发费用，占到美军国防部研发预算的30%，美军从节省军费，提高军费效益着手，将装备再制造提升到极高的地位，对装备进行不断的再制造已成为美军装备保障的重要内容，在节约装备制造费用的同时，降低了备件库存，提高了装备寿命和可维修能力。如美军 B-52 轰炸机 1955 年批量生产型开始交付使用，1962 年停产，经 1980 年和 1996 年两次再制造后，性能极大提高，直至现在，依然是美军主力装备。

（3）促进新技术转化运用。通过将高新技术转化运用到装备再制造过程，武器装备性能与原服役状态相比有了很大提高，这几乎涉及所有高新技术领域，尤其以信息技术、新材料、新能源等技术为重点，通过一系列新技术、新材料、新组件的赋能，显著提升老旧装备服役效能，甚至获得质的飞跃。如美军装备再制造以恢复性换件为主，运用新技术升级，使其性能发生量变，使得装备重量更轻、更耐磨耐蚀、匹配性更好。再制造有利于武器装备适应新的保障需求，并能为新一代武器装备的研制提供双向支持。

2.4 装备再制造的可行性分析

（1）再制造技术可行性。装备再制造的技术可行性要求装备再制造加工在技术和工艺上可行，但技术工艺对装备再制造的经济性、环保性和装备服役性产生影响，从技术内容上包括可回收设计、可再生材料、工艺循环技术、绿色包装材料、可再生制造处理等多个方面的技术。目前，在再制造体系中，关键技术包括可再制造性设计技术、再制造零部件剩余寿命评估技术、无损拆解与分类回收技术、绿色清洗技术、纳米表面工程技术、快速成型再制造技术、再制造监测检测技术、虚拟再制造技术等，经过科研人员多年攻关，相关主要再制造技术已经成熟，工程应用转化效果良好，能够满足武器装备再制造需求。

（2）再制造经济可行性。装备再制造经济可行性是指武器装备再制造投入的经费比其综合产出效益（包括经济效益、社会效益、军事效益、环保效益等）小，这也是推动各国广泛开展装备再制造的主要动因，也是军地再制造企业承接武器装备再制造的最主要考量。在装备再制造可观的经济效益推动下，装备再制造成为一个巨大的且深具潜能的产业，通过持续不断地的再制造，不但延长了装备服役周期，还降低了废旧装备处置耗费。世界各国军地企业发现了装备再制造带来的商机，一些专业化的装备再制造企业涌现，促进了经济发展。

（3）再制造环境可行性。装备再制造环境可行性是指老旧武器装备再制造加工工程本身及生成新的装备服役后，产生的环境影响小于原装备造成的环境污染成本。制造、维修与再制造过程中的绿色环保问题是军地企业不能忽视的重要问题，环境可行性是从事再制造产业不得不考虑的重要方面。1998 年，中国环境污染备忘录指出，造成全球环境污染的 70%以上排放来自制造业，而装备再制造使得大量老旧装备得到再生或延期服役，大大降低了新装备制造或老旧装备处置的消耗。据国内外再制造企业积累的经验和数据，老旧装备再制造加工设计过程本身以及再制造装备在重新列装后产生的环境影响完全能够低于原装备使用造成的环境污染，对节能减排及降低能耗、材耗和人力资源消耗意义重大。

2.5　装备可再制造性分析

在再制造过程中，装备便于拆解、清洗、修复、装配等能显著提升装备在终端的再制造能力。对于武器装备而言，可再制造性是衡量装备再制造的重要属性，是考虑技术适用性、经济性、环境性和服役性等综合因素，废旧武器装备通过维修或改造，恢复或超过原先装备功能性能的能力，且再制造性作为装备的本身特性，与武器装备其本身的可靠性、维修性等有着非常紧密的联系，是建立面向再制造性设计体系必须考虑的重要因素，参照徐浜士院士所提出装备再制造的全步骤的要求，概括武器装备再制造性的要求，一般包括以下几个方面：

（1）装备便于运输。武器装备从军队用户到再制造军工企业的逆向物流是再制造厂的逆向物流，直接为武器装备再制造提供了不同品质的毛坯材料。由于武器装备逆向物流费用在再制造总体成本中占据比较大的比例，因此武器装备在最初的设计中必须考虑末端装备的运输性，从而使得待再制造装备更经济、安全地运输到再制造工厂。对于体型巨大的装备，如舰船等装备，可以采取现场再制造的方式，由再制造企业派驻专门的团队组织实施再制造作业。

（2）装备便于拆解。在进行武器装备设计时，必须对装备再制造性进行综合考虑。武器装备再制造的拆解为了保证装备零件完整性，装备接口的数量和类型尽量少些，要避免使用或者不使用永固性的接口，还应兼顾接口头拆解时间和效率等问题。在装备中使用卡式接口、模块化零件、标准化零件、插入式接口等不仅均易于拆解，而且减少装配和拆解的时间，但是拆解过程中零件容易损坏，这样也增加武器装备再制造的费用。

（3）装备便于分类。武器装备零件容易分类可以降低装备再制造的分类时间，并且提高了武器装备再制造的质量。设计时要尽可能采用标准化、模块化、组装化的零件，减少零件的种类，增加装备零件识别分类特征等。

(4) 装备便于清洗。清洗是保证武器装备再制造的质量和经济性的重要环节，尤其是对于服役环境苛刻的装备，如濒海装备面临严重锈蚀、积碳等劣化现象。应该使武器装备外面的部件具有易清洗，且适合清洗的表面特征，这是在装备设计时需要考虑的，如采用便于装备清洗的先进表面材料、涂料等。

(5) 装备便于修复。对待再制造装备进行修复（升级、改造）是武器装备再制造的重要表现形式，不但有利于提高装备质量，适应部队保障需求，还可以提高再制造企业市场竞争力，重视装备标准化、模块化、集成化设计制造，预留装备再制造的标准化接口，增强装备再制造的可行性和可能性。

(6) 装备便于装配。采用标准化、通用化、模块化设计和制造有利于再制造装备的拆解和装配，从而缩短装备再制造周期和再制造作业难度。武器装备在设计制造过程中应尽可能允许多次拆解和装配，必须考虑武器装备零部件之间具有良好的连接质量。实验表明，拆解时间减少 10%，则装配时间也会减少 10%，可见，良好的装配性是影响装备可再制造性的重要因素。

(7) 装备便于互换。装备零件的互换性有利于装备设计与生产，通过提高装备标准化和模块化建设，武器装备再制造变得简单，显著降低装备再制造零部件的类型、数量，降低对保障人员技术水平的要求，大大缩短工时，从而缩短再制造作业的周期。

(8) 装备便于测试。提高装备的可测试性能够更加有效地对再制造装备零部件进行质量检测，提升其质量标准的可评价水平，从而保证武器装备再制造的科学性和合理性。

2.6 装备再制造的军事效益分析

武器装备再制造通常由军地大型装备制造、维修或再制造企业完成，任何再制造企业都要考虑一个决定性问题就是经济动力，这也是再制造企业的原动力。经济性是指企业组织经营活动过程中获得一定数量和质量的产品和服务或其他成果，时效费比最高，主要关注资源投入和使用过程中成本节约。本书所谓武器装备再制造经济性是指武器装备再制造基于军工企业的制造能力，缩短再制造周期，降低再制造成本和污染物减排支出，实现均衡生产，提高武器装备再制造效率，节省装备再制造费用开支，提升装备费用综合效益。

(1) 装备使用效益提高。装备再制造不但可以节约武器装备的制造费用，还可以减少备件库存，延长装备服役寿命，提升装备可维修能力，还为装备的使用提供有力技术保障。美军将再制造作为其装备发展体系的重要组成，体系化开展装备再制造改造，例如，美军 UH-1“休伊”通用直升机是 20 世纪 50 年代中期研制的，AH-1 反坦克武装直升机是 20 世纪 60 年代研制的，美海军把 100 架 UH-1“休伊”通用直升机再制造成 UH-Y 运输直升机，把 180~200 架 AH-1 改装成 AH-IZ“眼镜蛇”武装直升机，通过再制造这两种直升机约有 85%的相同零部件，维修费用大大降低，军费效益显著提高。

（2）物流运输成本降低。装备再制造战略就是军事逆向物流战略，将待再制造装备进行回收、分类、检测、拆解以及加工再制造处理，然后根据需要重新分配，能够大量节约原材料、降低新装备制造支出、减少可利用资源闲置和报废装备处置，间接节省了军费支出。在战时，再制造装备能及时为作战部队提供可用的装备补充，快速恢复和形成装备保障力。此外，装备再制造的一个重要方面是面向拆解的设计理念，把标准化、模块化、组合化、简洁化、自动化等思想融入新装备研制中，使装备在到寿后的接续处理更容易，从而提高军费使用效率。

（3）装备制造绿色性特征增强。武器装备的制造和服役是一个极为耗材耗费和高废弃物排放的行业，在节能减排和低碳的国际大环境下，承担装备再制造的企业面临沉重的环保压力，而再制造最鲜明的特点就是资源再利用，无论是延长主力装备的服役寿命，还是升级改进老旧装备性能，抑或改造某型装备用作其他用途，当然也包括把退役装备中可利用的零部件拆卸再用，都有“变废为宝”“物尽其用”的目标，以上再制造的种种表现形式对节约资源消耗、降低废弃物排放都有积极促进作用。

2.7　装备再制造的社会效益分析

本着利润最大化原则，装备制造企业在决策再制造工艺、选择再制造材料和废弃物排放过程中往往忽视社会效益，企业在实施装备再制造任务过程中，应积极承担生态保护、就业、科技创新等社会责任。主要表现在以下几个方面：

（1）可持续利用社会资源。武器装备再制造产生逆向物流，拉长了装备全寿命周期，有利于提炼和挖掘装备剩余价值，形成可持续利用的军事资源和社会资源，而这些资源一方面将缓解报废资源的处置压力，另一方面又能减少对新资源的输入，可用替换件的二次启用降低了装备维修成本。

（2）有助于改善企业形象。再制造企业升级改造或回收利用武器装备，符合社会绿色发展的新理念，尤其是欧洲国家，这一绿色发展理念更为重要，一个注重绿色制造、节能减排的企业必然受到社会各界欢迎。

（3）有助于缓解社会就业压力。装备再制造是劳动力密集产业，装备的回收、拆解、清洗、检测、再制造、装配等都需要大量人力资源投入，稳定的再制造任务会创造大量的就业岗位，相应的受到地方政府和社会的欢迎。

（4）容易获得政府的政策支持。装备再制造是新技术、新材料、新零部件集中运用的行业，在各种新动能转化运用的过程中，会促进前沿技术、材料和设备的检验验证，促进科学技术进步；再制造企业发挥行业引领作用参与制定的法规制度和标准规范反向促进再制造行业的健康发展，也更有机会从政府获得政策和经费支持。

武器装备再制造是一项复杂的系统工程。采用装备再制造工程技术，改造升级现役装备，延长装备服役周期，可以有效维持军费不足时的在役装备体量，并为高烈度战争时期装备损耗提供储备。但诸多再制造技术问题使较大规模的改装难度甚至不亚于新造装备；但是，武器装备再制造是绝大多数国家装备发展战略的重要组成部分，也是特定时间内经济、快速提升武器装备再制造战术性能的一个有效手段，全寿期内，综合效费比不易确定也使成本问题需要更加细致全面的考量。

参 考 文 献

[1] 朱胜，徐滨士，姚巨坤．再制造设计基础及方法［J］，中国表面工程，2003（6）：27-31.

[2] 徐滨士．再制造工程基础及其应用［M］．哈尔滨：哈尔滨工业大学出版社，2005.

[3] Lund R. Remanufacturing［J］. Technology Review，1984，87（2）：18-23.

[4] 刘晓叙，张海秀．产品可再制造性判断准则研究［J］．四川理工学院学报（自版），2007，20（6）：76-78.

[5] 陈翔宇，梁工谦．美国再制造业与我国的研究评述［J］．世界科技研究与发展，2006（6）：80-87.

[6] 徐滨士．武器装备再制造工程［J］．现代军事，2001（3）：10-12.

[7] 徐滨士．发展装备再制造，提升军用装备保障力和战斗力［J］．装甲兵工程学院学报，2006（6）：1-5.

[8] 毛果平．基于投入产出和产品生命周期分析的湖南省资源-环境-经济关系研究［D］．长沙：中南大学，2009.

[9] 孟鲁伟，曹文志，李颖等．基于LCA的再制造项目或产业的循环经济评估［J］．环境科学与管理，2009（8）：12-14.

[10] 俞宁，刘国平，周大翠．基于环境与成本的发动机再制造［J］．重庆工学院学报（自然科学），2009（2）：17-20.

[11] 徐滨士．装备再制造与全寿命周期工程管理［J］．中国表面工程，2006：266-269.

[12] 田碧，李德远，江帆，叶志能．军需装备再制造技术经济性分析［J］．军事经济研究，2010（10）：58-60.

[13] 徐滨士．装备再制造工程的理论与技术［M］．北京：国防工业出版社，2007.

[14] 陈翔宇．装备再制造质量控制及其经济评价［D］．西安：西北工业大学，2007.

3 装备再制造零部件失效与再制造决策

装备状态的主要内涵就是其再制造前的失效特征分析。零部件失效特征影响着装备整个再制造过程，而关键零部件失效特征量化又是进行装备再制造性预测与再制造工艺决策的前提，因此，针对装备关键零部件的失效分析是科学合理制定再制造方案，实现高水平再制造的基础，也是外军在开展武器装备再制造工作中着重考虑的关键环节。

3.1 装备关键零部件失效特征量化

由于装备服役环境和工作条件的差异性，关键零部件的失效特征并不是某一种单一的失效特征，而是由多种失效特征耦合导致的失效，因此装备关键零部件的失效特征不能通过一个具体的函数或者某一个标准值来量化。基于此提出基于模糊综合评价法的装备关键零部件失效特征量化模型，其路径为：首先确定装备关键零部件范畴，对其失效特征进行“点-面”分析，然后根据模糊数学的隶属度理论将定性失效特征转化为定量数值。武器装备关键零部件失效特征量化是组织实施武器装备再制造决策的基本依据。

3.1.1 零部件失效特征

武器装备中每一个零部件都有其特定功能，如传递运动、力或能量，完成既定的运动，以及维持零部件固定的几何形状以保障机械装备运行精度等。当武器装备零部件在运行一段时间后因外力作用而无法保持原有功能或者导致武器装备无法满足工作要求时，即称该零部件失效。武器装备零部件的失效是导致武器装备退役的关键因素，失效不仅仅指装备零部件失去原有功能，还包括功能的下降以及可能造成重大责任事故的隐患。一般装备零部件的失效特征是根据零部件外部形态特征来分类的，具体包括磨损失效、断裂失效、腐蚀失效和变形失效等，见表 3-1。

表 3-1 废旧零部件的失效特征分类

失效特征	失效模式	原因分析	对　象
磨损	黏着磨损、磨粒磨损、疲劳磨损、腐蚀磨损	在载荷作用下，机械零件表面由于相对运动导致材料流失	齿轮、轴、轴承

续表 3-1

失效特征	失效模式	原因分析	对　象
断裂	低应力高周疲劳、高应力低周疲劳、腐蚀疲劳、热疲劳	载荷或应力强度超过材料承受能力	曲轴断裂或齿轮轮齿折断
腐蚀	化学腐蚀、电化学腐蚀	化学或物理化学反应	湿式气缸套外壁
变形	弹性变形、塑性变形	工件在载荷作用下发生过量变形，失去原有功能而不能工作	曲轴、气缸体、变速器壳

3.1.1.1　磨损

磨损是由于两个零件在载荷作用下发生相对运动，导致零件表面材料不断发生损耗的过程。磨损会损坏零件工作表面、消耗材料和影响原始功能，约 80%的废旧零部件因为磨损而报废。因此磨损件是废旧产品中大量需要再制造恢复的重要零部件，也是再制造能够获得最大附加值关键所在。机械零部件磨损的过程通常分为三个阶段，分别为：Ⅰ磨合阶段；Ⅱ稳定磨损阶段；Ⅲ急剧磨损阶段。图 3-1 为机械零部件的磨损曲线，不同零部件可能由于服役工况等因素而导致磨损情况也不同，但基本的磨损规律相同。

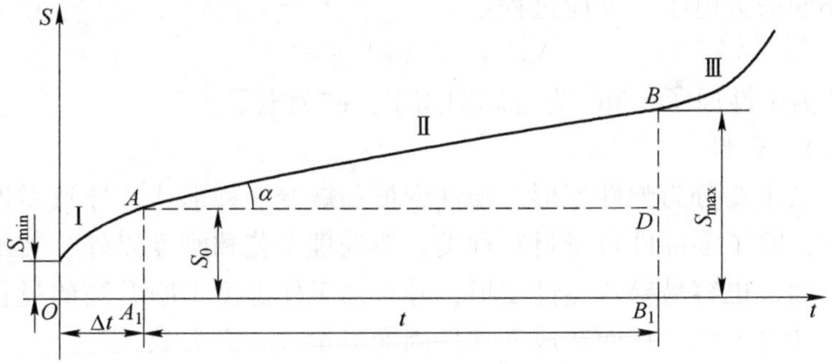

图 3-1　机械零部件的磨损过程

3.1.1.2　断裂

断裂是由于零部件在力、热、声和腐蚀等作用下，工作表面产生局部微小裂纹的现象。引起零部件断裂的因素很多，而且在不同的力学、物理和化学环境下产生的断裂形式也不同。因断裂失效的机械零部件占失效零部件总数的比例较小，随着机电设备的快速发展，断裂失效的概率也将提高。

与磨损、腐蚀等失效特征不同，机械零件断裂造成重大事故的概率很高。按照零部件受载条件分类，通常将断裂分为疲劳断裂和一次加载断裂，而因疲劳断裂失效的零部件占整个断裂失效零部件总数的 80%~90%。图 3-2 为废旧零部件

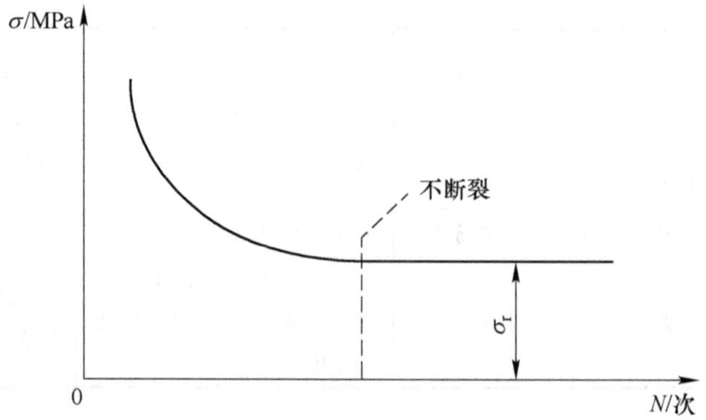

图 3-2　机械零部件的疲劳断裂曲线

疲劳断裂曲线，弧线部分为机械零部件的有限寿命。

3.1.1.3　腐蚀

腐蚀是由于零部件表面与工作环境中的介质发生化学或电化学反应，导致其表面出现损伤的现象，与表面磨损有本质区别。腐蚀总是从金属表面开始，再往里深入，从而改变零部件的表面形状，并且形成一些毫无形状的凹洞、斑点和溃疡等腐蚀物。腐蚀失效的机械零部件中大多数是因为电化学腐蚀，其原理主要是金属表面不断失去电子，反应过程：

$$Me^0 \rightleftharpoons Me^+ + e^- \tag{3-1}$$

式中，Me^0 为中性原子；Me^+为金属阳离子；e^-为电子。

3.1.1.4　变形

变形失效主要分为弹性变形、塑性变形和蠕变三种形式。导致零件发生变形的因素很多，除了零部件自身材料种类、热处理工艺和刚度以外，装配不当或明显超载等原因，也容易导致零件变形，并且当工作温度不断升高的过程中，材料的强度也会随之下降，从而造成零部件因变形量过大而失效。

3.1.2　关键零部件失效特征量化模型

3.1.2.1　建立层次模型

建立失效特征量化指标模型是关键零部件失效特征量化的主要步骤之一。根据实际分析可知，由于装备服役环境和工作条件的差异性，关键零部件的失效特征并不是某一种单一的失效特征，而是由多种失效特征耦合并存导致的失效，为实现装备零部件失效特征的量化，如图 3-3 所示，建立起装备零部件失效特征量化指标体系。某零部件失效特征量化值为：

$$F_n = \{f_1, f_2, f_3, f_4\} \tag{3-2}$$

式中，f_1、f_2、f_3、f_4 为该零部件的各种失效特征的失效程度。

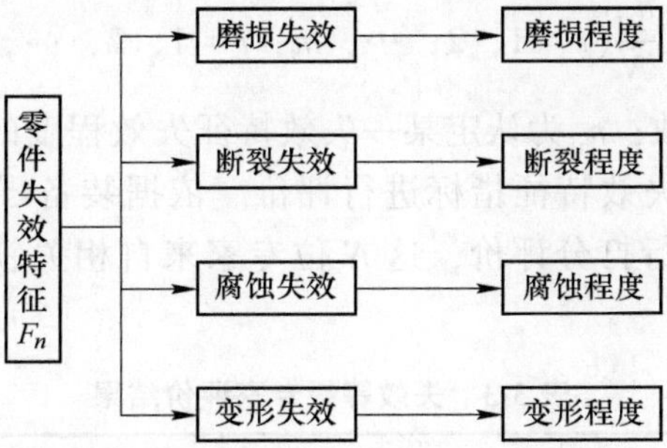

图 3-3 零部件失效特征量化指标体系

3.1.2.2 建立评语集

评语集是评价者对被评价对象可能做出的各种总的评价结果组成的集合，用 V 表示，$V = \{v_1, v_2, \cdots, v_n\}$，其中 v_i 代表第 i 个评价结果，n 为总的评价结果数。将装备零部件各种失效形式的失效程度划分为 5 个等级，即评语集表示为 $V = \{$基本无失效，微小失效，一般失效，中度失效，严重失效$\}$。装备零部件失效特征是用模糊概念来表述的，为了方便统计和计算，将描述装备的主要零部件失效程度的模糊概念与数值一一对应起来，形成严格的失效程度等级映射关系，见表 3-2。

表 3-2 零部件失效等级映射区间

失效等级	映射区间
基本完好	0~2
微小失效	2~4
一般失效	4~6
中度失效	6~8
严重失效	8~10

3.1.2.3 建立隶属度矩阵

隶属度矩阵是用来表达每一个指标因素相对于评语集各个等级的隶属度的矩阵，是对原始的评价结果的统计，得到模糊关系矩阵：

$$\boldsymbol{R} = \begin{pmatrix} r_{11} & r_{12} & \cdots & r_{1n} \\ r_{21} & r_{22} & \cdots & r_{2n} \\ \vdots & \vdots & \ddots & \vdots \\ r_{m1} & r_{m2} & \cdots & r_{mn} \end{pmatrix} \tag{3-3}$$

式中，r_{ij}表示废旧零部件失效特征从失效程度 f_i 来看对 V_j 等级模糊子集的隶属度，且

$$r_{ij} = \frac{n_{ij}}{N}(i = 1, 2, \cdots, m; j = 1, 2, \cdots, n) \tag{3-4}$$

式中，N 为专家的人数；n_{ij} 为认定某一失效特征失效程度的专家人数。采用专家打分法对装备零部件失效特征指标进行评价。依据装备零部件失效特征评价体系，选取 N 位专家进行打分评价，这 N 位专家来自相关领域，得到的原始评价统计结果见表 3-3。

表 3-3　失效等级专家评价结果

目标层	指标层	专家评价结果				
		无失效	微小失效	一般失效	中度失效	严重失效
零部件失效特征量化值	磨损失效	n_{11}	n_{12}	n_{13}	n_{14}	n_{15}
	断裂失效	n_{21}	n_{22}	n_{23}	n_{24}	n_{25}
	腐蚀失效	n_{31}	n_{32}	n_{33}	n_{34}	n_{35}
	变形失效	n_{41}	n_{42}	n_{43}	n_{44}	n_{45}

3.1.2.4　失效特征综合评判

根据实际情况可知，由于废旧装备服役状态的差异性，零部件失效特征都是多种失效特征耦合并存所致的，但是不同的零部件失效特征的重点不同，于是各零部件失效特征因素的权重分配向量自然也就不同。各零部件失效特征因素的权重为 $A = (a_1, a_2, a_3, a_4)$，由专家根据实际零部件的失效状态给出。然后将模糊评判矩阵与失效特征因素权重向量进行模糊合成运算，得到的结果向量为：

$$\boldsymbol{B} = \boldsymbol{A} \circ \boldsymbol{R} = (a_1, a_2, a_3, a_4) \circ \begin{pmatrix} r_{11} & r_{12} & \cdots & r_{1n} \\ r_{21} & r_{22} & \cdots & r_{2n} \\ \vdots & \vdots & \ddots & \vdots \\ r_{m1} & r_{m2} & \cdots & r_{mn} \end{pmatrix} = (b_1, b_2, b_3, b_4) \tag{3-5}$$

式中，"。"为模糊运算符。采用 Zadeh 算子，为主因素决定型，即着重强调主要影响因素的作用，忽视其他非主要的影响因素，即

$$b_j = \bigvee_{i=1}^{m} (a_i \wedge r_{ij}) = \max_{1 \leqslant i \leqslant m} \{\min(a_i, r_{ij})\} \quad (j = 1, 2, \cdots, n)$$

采用等级参数评判法，为了使得 $\boldsymbol{B}$ 中数据得到充分利用，将得到的结果向量 $\boldsymbol{B}$ 与失效特征等级向量 $\boldsymbol{C}$ 进行综合，失效特征等级向量是由表 3-3 零部件失效等级映射区间的中位数值来确定，则得到失效特征 F 的量化值为：

$$\boldsymbol{F} = \boldsymbol{B} \times \boldsymbol{C}^{\mathrm{T}} \tag{3-6}$$

式中，F 为失效特征量化值，F 越大，表明失效越严重；F 越小，表明失效越轻微。

3.2 废旧零件剩余疲劳寿命估算

机电产品零部件疲劳寿命确定方法主要有理论计算和实验法两种。理论计算主要包括名义应力法、局部应力应变法和应力场强法等，但是都存在一定的局限性，如名义应力法过于依赖经验，并且需要获取大量的材料疲劳性能曲线，人力和物力成本较大；而局部应力应变法仅适用于低周疲劳等，并且理论计算过程比较复杂。而实验法虽然比较可靠，但是成本大、周期长。近年来随着计算机技术和有限元技术的发展，通过有限元仿真技术来预测零件疲劳寿命的方法应用越来越广泛。

有限元仿真法预测零件疲劳寿命的基本思路为：(1) 通过 Solid Works、Pro/E 等三维建模软件进行几何建模，并对一些不影响计算结果或对计算结果的影响比较小的特征进行合理的简化；(2) 将建立的三维模型导入到有限元分析软件中，如 ANSYS、Hyper Mesh 等，进行有限元静力分析，获取应力应变静力结果；(3) 将三维模型导入到 ADAMS 虚拟样机仿真分析软件中，进行动力学仿真以获取载荷历程；(4) 将有限元静力分析结果与载荷历程导入疲劳分析软件 MSC Fatigue 中，并结合材料的疲劳特性曲线进行疲劳寿命仿真预测。分析流程如图 3-4 所示。

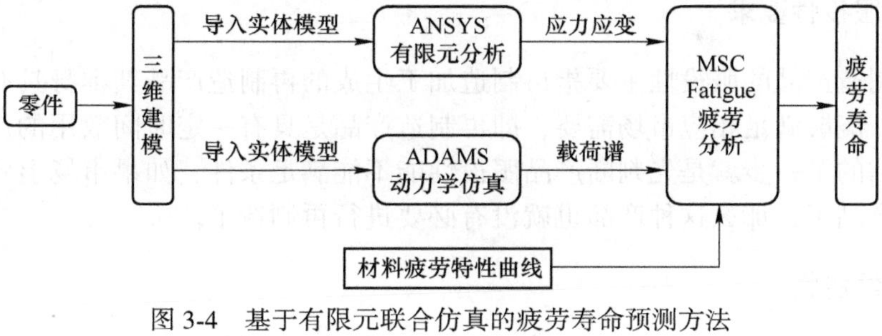

图 3-4 基于有限元联合仿真的疲劳寿命预测方法

本书以变速箱齿轮为研究对象。齿轮的当量寿命即由于齿轮服役历史造成的疲劳寿命的损伤，齿轮的当量寿命 N 用以下表达式描述：

$$N = 60ns/v \tag{3-7}$$

式中，n 为齿轮的平均转速，r/min；s 为汽车行驶公里数，km；v 为平均行驶速度，km/h。齿轮总疲劳寿命减去实际服役寿命（用当量寿命表示），即齿轮的剩余疲劳寿命。剩余疲劳寿命可用以下表达式描述：

$$N_r = N_t - N \tag{3-8}$$

式中，N_r 为齿轮剩余疲劳寿命；N_t 为齿轮总疲劳寿命；N 为齿轮的当量寿命。

3.3 武器装备可再制造性评价

机电产品再制造综合评价的目的是：定性且定量地评估装备是否适合进行再制造，如果可以进行再制造，其可再制造度又如何。这是需要对影响机电产品再制造的所有因素进行评估的。再制造性首先取决于技术方面的因素，因此技术性应该是考虑再制造性的前提，在这个前提下，由于再制造是一种绿色制造模式，可将绿色制造五大决策属性“TQCRE”应用到装备的再制造评价中，即 T 表示再制造时间；Q 表示再制造产品质量；C 表示再制造费用；R 表示再制造资源消耗；E 表示再制造环境影响。

3.3.1 再制造性评价指标体系的组成

依据绿色制造评价原则，认真研究了有关绿色设计、绿色制造和再制造方面的理论，着重理解绿色设计、绿色制造的理念，掌握产品再制造时的各种影响因素，根据评价指标建立的原则综合制定出评价指标体系。产品进行再制造的前提是产品满足服役性要求，满足了服役性要求的产品才可以进行再制造。对于满足服役性要求的产品再制造性评价，其评价指标体系应包括技术性指标、经济性指标、环境性指标和资源性指标四个方面。

3.3.2 服役性要求

再制造产品的服役性主要指再制造加工生成的再制造产品其本身具有一定的使用性，能够满足相应市场需要，即再制造产品是具有一定时间效用的产品。再制造评估的第一步就是先判断产品服役性能不能满足条件，如果市场上已经不需要这种产品了，那么这种产品也就没有必要进行再制造了。

3.3.3 经济性

有利可图是推动某种类废旧产品进行再制造的主要动力，再制造特性的经济可行性是指进行废旧产品再制造所投入的资金小于其综合产出效益（包括经济效益、社会效益和环保效益）的时候，即确定该类产品可以进行再制造。国内有学者指出在经济性上只考虑可行与不可行，用 0 和 1 来表示经济性，即只要投入小于产出，经济性指标就为 1，反之为 0。作者认为这种考虑方法不严密，因为生产厂家在进行生产的时候主要的驱动因素是经济利益，经济上仅仅可行，利润微薄，再制造产业是进行不下去的。获利能力分析是制造商制定生产计划的重要依据，获利能力分析包括的指标有资本金利润率、销售收入利润率和成本费用利润率，在再制造生产之前计算获利能力只能用成本费用利润率来计算。

经过以上分析，把经济性分为两方面来评价：再制造利润率和环境污染治理费用在生产成本中的比重。

$$再制造利润率 = \frac{利润总额}{再加工成本费用总额} \times 100\% \qquad (3\text{-}9)$$

式中，再加工成本 = $\sum_{j=1}^{n} P_j C_j$，C_j 为拆卸、清洗、检查、修复、替换、检测、再装配等再制造工艺过程的成本；P_j 为对应的概率。

3.3.4 环境性

再制造特性的环境可行性是指对废旧产品再制造加工过程本身及经过加工后的再制造产品在社会上使用所产生的影响小于原产品生产及使用所造成的环境污染。对于环境属性的指标，借鉴《绿色设计与绿色制造》一书中对于绿色产品的绿色度评价所建立起的指标体系，我们就把再制造的准则建立在类似观念的基础上，把这套指标体系进行完善之后就形成了图 3-5 所示的指标体系。

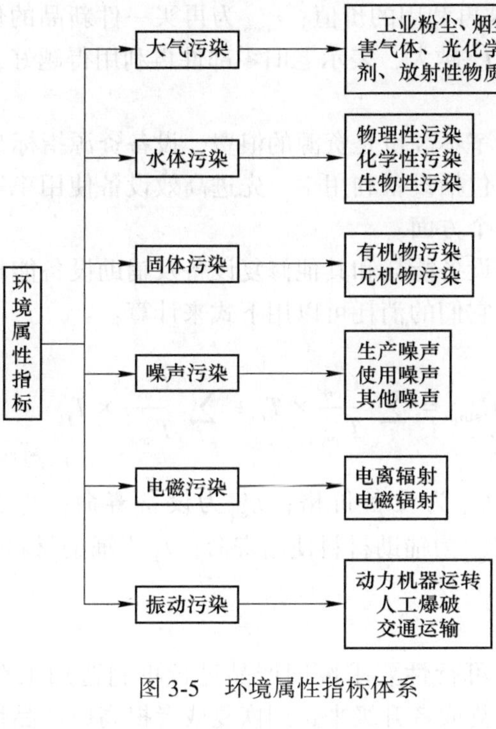

图 3-5 环境属性指标体系

3.3.5 资源性

再制造特性的资源性是指对已报废或损坏产品的利用率要高，在加工过程中对于机床等设备和对于刀具、夹具、量具等辅助材料的消耗要合理。

A　零部件回收利用率

$$R_u = \frac{n_{old}}{n_t} \times \frac{\sum_i v_{oldi}}{v_t} \tag{3-10}$$

式中，n_{old}为被利用的旧零件数量；n_t 为产品零件总数；v_{old}为被利用旧零件的价值；$\sum_i v_{oldi}$ 为被利用旧零件的总价值；v_t 为产品总价值；R_u 为老旧装备零部件回收利用率。

B　单个零部件价值利用率

$$I_{ue} = \frac{v_{reu}}{v_{new}} \times P \tag{3-11}$$

式中，v_{reu}为失效零件被再利用的价值；v_{new}为再买一件新品的价值；P 为失效零部件被利用的百分比。I_{ue}越大，表示老旧零部件再利用得越好，也越值得利用。

C　设备利用率

设备的闲置和利用率不高也是资源的浪费，设备资源指标是衡量产品生产组织合理性的重要方面，包括设备利用率、先进高效设备使用率等。另外，设备能耗也是设备利用率的一个方面。

设备能耗包括加工设备能耗和其他修复设备及辅助设备能耗，辅助材料包括刀具、夹具、量具等，它们的消耗可以用下式来计算：

$$C_{sum} = \sum_i \frac{C_{eq}^i}{T_{eq}^i} \times T_i + \sum_j \frac{C_{ass}^i}{T_{ass}^j} \times T_j \tag{3-12}$$

式中，C_{sum}为总消耗；C_{eq}^i 为设备价格；T_{eq}^i 为设备寿命；T_i 为设备使用时间；C_{ass}^i为辅助材料价格；T_{ass}^j为辅助材料使用寿命；T_j 为辅助材料使用时间。

3.3.6　技术性

再制造特性的技术可行性要求废旧产品进行再制造加工在技术及工艺上可行，可以通过原产品恢复或者升级来达到恢复或者提高原产品性能的目的，而不同的技术工艺路线又对再制造的经济性、环境性及产品的资源性产生影响。为了尽可能地和现有的评估方法保持一致，把现有的技术性的评价指标进行了综合和完善，从产品的基本特性和再制造的整个工艺过程对加工可行性进行了评估。组成了一套指标体系，其指标体系如图 3-6 和图 3-7 所示。

序号	一级指标	权重/%	二级指标	概率	权重/%	因素值
1	耐用性	36				
2	失效类型	23				
2.1			使用年限率		25	
2.2			功能性报废率		75	
3	回收价值率	29				
4	技术稳定性	2				
5	产品回收性	10				
6	再制造工艺性					

图 3-6　技术性评估结构模型（深色方框表示“同级因素计算因子”）

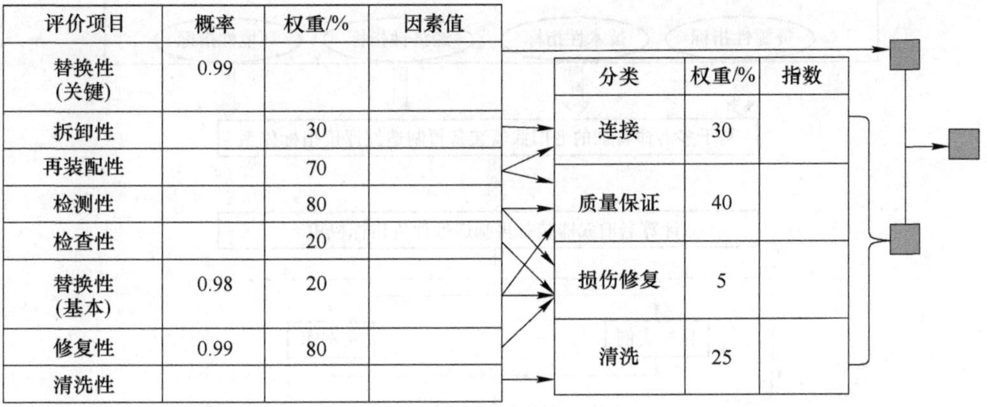

评价项目	概率	权重/%	因素值
替换性(关键)	0.99		
拆卸性		30	
再装配性		70	
检测性		80	
检查性		20	
替换性(基本)	0.98	20	
修复性	0.99	80	
清洗性			

分类	权重/%	指数
连接	30	
质量保证	40	
损伤修复	5	
清洗	25	

图 3-7　再制造工艺性指标计算模型（深色方框表示“同级因素计算因子”）

3.4　武器装备可再制造性评价流程

可再制造性评价主要是对于再制造前的装备，评价其是否具有再制造价值以及使用再制造性值，以确定其能否进行再制造的过程。通过对装备可再制造性评价影响因素分析，并结合装备的多寿命特征的特性，确定了一种基于多寿命特征的装备可再制造性评价流程，如图 3-8 所示。

基于多寿命特征的装备可再制造性评价流程由两个阶段构成，即装备剩余寿命综合评估阶段、装备可再制造性评价阶段。

3.4.1　装备剩余寿命综合评估阶段

该阶段是将装备的剩余物质寿命、剩余技术寿命、剩余经济寿命作为装备可再制造性评价的前提。首先通过寿命评估方法对装备的剩余物质寿命、剩余技术

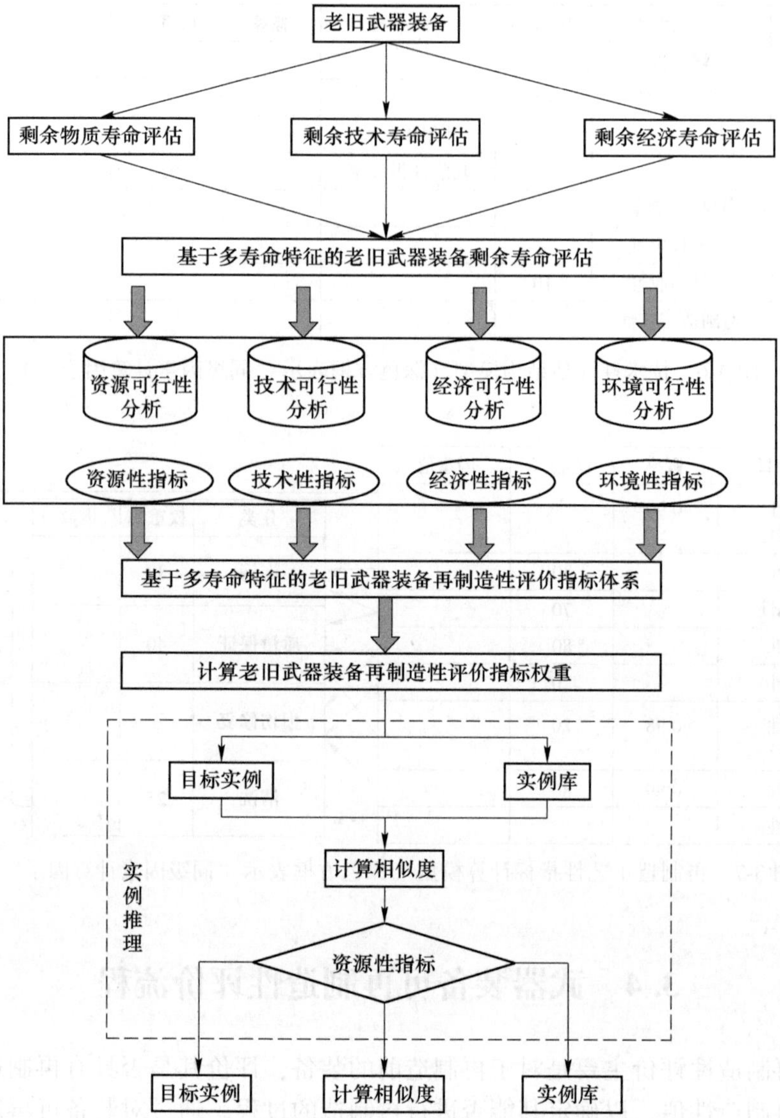

图 3-8　基于多寿命特征的装备可再制造性评价流程

寿命、剩余经济寿命进行评估；然后，根据装备的剩余物质寿命、剩余技术寿命、剩余经济寿命的评估值与装备的平均剩余寿命阈值的比较状况，确定装备是否具有再制造所需的剩余寿命，以支撑装备的再制造生命周期。

3.4.2　装备可再制造性评价阶段

将具有再制造所需的剩余寿命的装备进行可再制造性综合评价，从技术可行性、经济可行性、资源可行性、环境可行性等方面建立可再制造性评价指标体系；最后，运用实例推理的方法对装备进行可再制造性评价。基于多寿命特征的装备可再制造性评价是一个从多寿命综合评估到真正可再制造性评价的完整的评价流程，该评价从多寿命特征角度出发，对装备可再制造性进行系统评价，对于形成最优的装备可再制造性评价方案具有重要现实意义。

3.5 基于性能冗余的武器装备可再制造性评价

装备质量状况的好坏决定了其可再制造性的大小，以废旧产品的性能冗余来表征其质量状况，选取疲劳寿命为性能指标，以疲劳寿命冗余度作为废旧零部件可再制造的重要前提来表征废旧零部件的可再制造性大小，以疲劳寿命冗余度价值比来表征废旧产品整机可再制造性大小。

3.5.1 性能冗余的概念及其基本描述

性能冗余是指产品设计阶段所赋予产品的性能最大允许损伤量，与服役期间造成的性能损伤的差值。性能冗余与产品的失效形式息息相关，可以是疲劳、磨损、刚度、强度等机械性能。性能冗余是从零件结构性能的角度来描述其可再制造性的参数指标，与零件的材料类型、失效形式、失效程度等有关。故根据零件的材料特性及失效形式来确定影响性能冗余 R_s 的 n 个性能指标 $I_k(k=1, 2, 3, \cdots, n)$。每个性能指标在设计阶段都赋予了一个最大的损伤量 D，经服役时间 t 后，其性能损伤量为 $D(t)$，则其性能冗余量为 $D-D(t)$。若此时对其进行再制造，则损伤性能会得到一定的恢复，用 $H(t)$ 表示性能恢复量，$H(t)$ 与性能指标类型、服役时间及再制造修复技术等因素有关。产品或零部件再制造前后的性能退化曲线如图 3-9 所示。

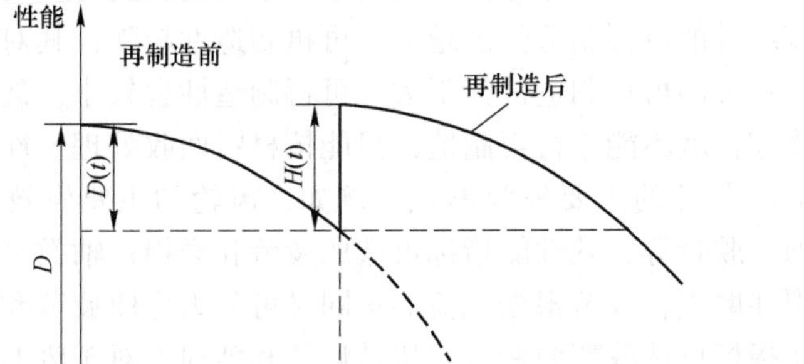

图 3-9 再制造前后的性能退化曲线

不同的性能指标 I_k 所对应的 D、$D(t)$、$H(t)$ 的具体意义不同，但对于相同的性能指标，D、$D(t)$、$H(t)$ 的量纲是一致的，数值不一样。D 指待服役的产品的性能初始值，在设计阶段就确定了，是一个定值，可通过台架试验、理论计算或有限元仿真等方法求得；$D(t)$ 指产品在服役时间 t 内的性能损伤函数，可通过经验公式或概率统计分析等方法得出；$H(t)$ 指产品经再制造后的性能恢复函数，其值大小与服役历史、失效形式、再制造修复方案等有关，主要基于现有技术条件在零件性能损伤 $D(t)$ 的基础上制定再制造方案，然后分析出经再制造后的性能恢复值 $H(t)$，也可利用概率统计分析或者经验数据来确定 $H(t)$。

3.5.2　基于性能冗余的零件可再制造性评价

基于性能冗余的零件可再制造性分析是以产品的最小单元——零件作为分析对象，主要是根据零件的质量状况、疲劳冗余等判断其可再制造性，并采用性能冗余度将其可再制造性进行量化，进而判断是否满足下一个生命周期。性能冗余度是在性能冗余的基础上对废旧零件可再制造性的定量描述，其大小等于性能冗余量值与经再制造后性能恢复值之和与产品或零件设计时所规定的服役阶段允许的性能损伤值的比值，是一个相对数值。产品服役一段时间 t 后对其再制造，其性能冗余度表达式如下：

$$r_k(t) = \frac{D_k - D_k(t) + H_k(t)}{D_k(T_0)} \tag{3-13}$$

式中　$r_k(t)$——t 时刻第 k 个性能指标的性能冗余度；

D_k——第 k 个性能指标在设计阶段所允许的最大性能损伤量；

$D_k(t)$——服役时间 t 内第 k 个性能指标的损伤量；

$H_k(t)$——在 t 时刻对其再制造后的性能恢复量；

$D_k(T_0)$——在使用寿命 T_0 内允许的性能损伤量。

性能指标主要根据废旧产品零件的失效形式来确定，其对应的性能冗余度的值越大，表示该零件的可再制造价值越大、可再制造性越强；其对应的性能冗余度越小，表明该零件的可再制造价值不大、可再制造性也较小，甚至不满足再制造的要求，则该零件就不能进行再制造，只能按材料回收处理。性能指标的确定是根据废旧产品零部件的主要失效形式，例如，齿轮的主要失效形式是疲劳折断、磨损、点蚀、胶合等，其性能指标可选取疲劳和磨损；轴类零件的主要失效形式是疲劳断裂和磨损，疲劳根据载荷的不同又可分为弯曲疲劳和扭转疲劳，故轴类零件的性能指标可选取弯曲疲劳、扭转疲劳和磨损。对于废旧零件磨损、点蚀、胶合等表面失效，通过现有的再制造机械加工技术和表面工程技术是可以完全修复的，零件表面的疲劳损伤也可以得到一定程度的恢复，但是零件内部疲劳损伤不会消除，在服役期间还会继续叠加，故仅选取疲劳寿命作为性能指标。根据上述分析，再制造修复对于疲劳损伤恢复效果不明显，故可取 $H=0$，根据 Miner 疲劳损伤理论，在给定的载荷作用下，n 个循环造成的疲劳损伤 $D=n/N$，其中 N 为给定载荷下的循环次数，即总疲劳寿命。若某机电产品在给定载荷下服役时间为 t，则可将其转化为疲劳寿命 n；允许的疲劳损伤为 1。则零件 i 的疲劳寿命冗余度可以用以下公式描述：

$$r_i' = \frac{D_i - D_i' + H_i}{D_0} = \frac{1 - \dfrac{n_i}{N_i}}{\dfrac{n_0}{N_i}} = \frac{N_i - n_i}{n_0} \tag{3-14}$$

式中 N_i——零件 i 的总疲劳寿命；

n_i——零件 i 退役时损耗的疲劳寿命；

n_0——设计规定的使用寿命。

对于可直接再利用、可再制造加工的零件，需满足 $r_i' \geqslant 1$，为了安全起见，疲劳寿命冗余度需满足公式：

$$r_i' \geqslant [r_i'] \tag{3-15}$$

式中，$[r_i']$ 为许用疲劳寿命冗余度，一般取 $[r_i']=1.25$ 或 1.5。

某些零部件可以多次再制造，则零部件能被再制造的次数可表示为：

$$h = \frac{r_i'}{[r_i']} \tag{3-16}$$

从公式可看出，设计规定的使用寿命是个已知量，故求零件的疲劳寿命冗余度转化为求零件的总疲劳寿命以及退役时零件疲劳寿命的损伤，二者之差即零件的剩余疲劳寿命。

3.5.3 基于性能冗余的产品整机可再制造性评价

机电产品是由若干个零件装配而成，并非所有的零件都会出现疲劳损伤，故产品整机的疲劳性能冗余可以只考虑容易出现疲劳损伤的零件，如齿轮、轴类零件。从理论上废旧产品整机的疲劳寿命冗余度可以取容易出现疲劳损伤的零件的疲劳寿命冗余度的平均值，但由于现阶段的废旧产品在设计时就存在疲劳寿命分配不合理的现象，并且在服役过程中有的零件疲劳损伤较小，而有的零件疲劳损伤较大，因此，废旧产品零部件的疲劳寿命冗余度差异比较大，若以废旧产品零件疲劳寿命冗余度的平均值作为废旧产品整机的疲劳寿命冗余度，可能会出现“以偏概全”的情况，进而做出错误的决策。故按疲劳寿命冗余度大于许用疲劳寿命冗余度 $[r_i']$ 的零件价值占容易出现疲劳损伤的零件总价值的比例，来表征基于疲劳寿命冗余的废旧产品整机可再制造性的大小，即疲劳寿命冗余度价值比：

$$\gamma = \frac{V'}{V} \tag{3-17}$$

式中　V'——疲劳寿命冗余度大于许用疲劳寿命冗余度的零件的总价值；

V——容易出现疲劳损伤的零件的总价值。

γ 值越大，越具有再制造的价值，可再制造性越好。当 $\gamma=1$ 表示废旧产品中容易出现疲劳损伤的零件均满足下一个生命周期；当 $\gamma=0$ 表明废旧产品中容易出现疲劳损伤的零件均不满足下一个生命周期。

对于容易出现疲劳损伤的零部件的总价值占产品总价值的比例比较大的废旧产品，就可根据疲劳寿命冗余度价值比 γ 值的大小来判断废旧产品是否具有拆卸价值，若无拆卸价值，就将废旧产品整机按材料回收处理。对于容易出现疲劳损伤的零部件的总价值占产品总价值的比例较小的废旧产品，还需根据产品的服役信息，通过一些简单的检测工具在不拆卸或部分拆卸的情况下进行初检并结合专家经验判断废旧产品是否具有拆卸价值。

3.6　装备再制造工艺方案决策技术研究

3.6.1　面向不确定性的废旧零部件再制造工艺方案决策方法

综合考虑废旧零部件再制造前损伤状况和再制造后质量要求的不确定性和模糊性，以及再制造工艺方案的可选性，在此基础之上，建立了再制造工艺方案优化决策模型，并提出了一种基于改进模糊神经网络（Fuzzy Neural Network, FNN）的再制造工艺方案决策方法对该模型进行求解。

3.6.2　废旧零部件再制造工艺方案优化决策模型

合理优化的再制造工艺方案可有效提高再制造系统的生产效率，降低再制造生产成本。然而一方面，由于废旧零部件毛坯在其类型、物理特性、损伤状况等方面的差异性，大大增加了再制造工艺方案制定的难度和复杂性；另一方面，随着再制造逐渐批量化、产业化，需根据再制造后零部件的实际用途设定再制造工艺过程的质量要求，以满足不同用户的需求。因此，废旧零部件再制造前损伤状况和再制造后质量要求的差异性导致再制造工艺方案具有不确定性、模糊性和可选性的特征。为确定最优再制造工艺方案，需先对再制造工艺过程的三大特征问题进行分析。

3.6.2.1　不确定性特征

废旧产品进入再制造系统后，首先经过拆解工艺得到多个废旧零部件，随后废旧零部件经过清洗、损伤检测与分类等工艺过程，根据损伤状况将废旧零部件分为“直接重用”“可再制造”和“材料回收”三类。“可再制造”的零部件在其类型、物理特性、损伤形式和损伤程度等方面的不确定性，导致其再制造工艺路线各不相同。此外，随着再制造逐渐批量化、产业化，再制造生产需根据客户需求或再制造后零部件的实际用途，预先为废旧零部件再制造设定相应的质量要求，而客户需求及再制造后零部件的实际用途是多样化的、不确定的，这使得废旧零部件再制造的质量要求具有不确定性。因此，由于废旧零部件再制造前损伤状况和再制造后质量要求的差异性，导致再制造工艺方案具有高度不确定性。

3.6.2.2 模糊性特征

由于在实际再制造活动中，对废旧零部件损伤状况及其再制造质量要求的描述往往存在模糊不精确的语言描述，如损伤状况“严重”“中等”“轻微”等，质量要求“高”“一般”“低”等，这就导致其结果因子（再制造时间和成本）也具有模糊性，如再制造时间“长”“中等”“短”，再制造成本“高”“中等”“低”等这一类模糊语句。

考虑到废旧零部件损伤状况和质量要求的模糊性特征，需对其做直观描述。因此，对进入再制造系统的废旧零部件，经清洗和损伤检测工艺后，除了确定其具体的损伤形式，还需赋予其一个相应的损伤得分 Q；并根据废旧零部件类型确定其再制造质量要求的参量，然后基于再制造后零部件的实际用途，描述各参量的要求程度，并设定一个相应的控制范围和标准值 R。例如，针对某武器装备主轴零部件损伤状况的损伤得分评定标准见表 3-4；该武器装备主轴零部件再制造工艺方案的质量要求设定标准见表 3-5。

表 3-4 某武器装备主轴零部件损伤状况的损伤得分评定标准

损伤形式	损伤情况	损伤程度	损伤得分区间	得分 Q 计算公式
磨损	0	无	0	—
	0<磨损量 $\chi \leqslant 0.6$ mm	轻微	(0, 5)	$Q = 5 - \frac{0.6 - \chi}{0.6 - 0} \times 5$
	0.6 mm<磨损量 χ<2.0 mm	中等	[5, 10)	$Q = 10 - \frac{2 - \chi}{2 - 0.6} \times 5$
	磨损量 $\chi \geqslant 2$ mm	严重	10	—
腐蚀	0	无	0	—
	0<腐蚀深度 $\delta \leqslant 0.1D$	轻微	(0, 5)	$Q = 5 - \frac{0.1D - \delta}{0.1D - 0} \times 5$
	0.1D<腐蚀深度 δ<0.2D	中等	[5, 10)	$Q = 10 - \frac{0.2D - \delta}{0.2D - 0.1D} \times 5$
	腐蚀深度 $\delta \geqslant 0.2D$	严重	10	—

续表 3-4

损伤形式	损伤情况	损伤程度	损伤得分区间	得分 Q 计算公式
裂纹	0	无	0	—
	0<裂纹长度 θ<0.1D	正常	(0, 10)	$Q = 10 - \frac{0.1D - \theta}{0.1D - 0} \times 10$
	裂纹长度 $\theta \geq 0.1D$	严重	10	—
变形	0	无	0	—
	0<弯曲量 ϖ<0.01L	轻微	(0, 5)	$Q = 5 - \frac{0.01L - \varpi}{0.01L - 0} \times 5$
	0.01L<弯曲量 ϖ<0.02L	中等	[5, 10)	$Q = 10 - \frac{0.02L - \varpi}{0.02L - 0.01L} \times 5$
	弯曲量 $\varpi \geq 0.02L$	严重	10	—

注：D 为机床主轴直径，L 为机床主轴长度。

表 3-5　某武器装备主轴零部件再制造工艺方案的质量要求设定标准

损伤状况	再制造工艺路线	质量要求参量	要求程度	单位	控制范围	标准值 R
内锥孔轻微磨损	高频淬火→内圆磨	硬度	高	布氏硬度值	[58, 66]	62
			一般		[51, 58)	54
			低		[45, 51)	47
		精度保持性	高	μm	[4.0, 5.0]	4.5
			一般		[2.5, 4.0)	3.0
			低		[1.5, 2.5)	2.0
		锥孔轴线径向跳动	高	mm	(0, 0.006]	0.003
			一般		(0.006, 0.008]	0.007
			低		(0.008, 0.01]	0.009
		定心轴径径向跳动	高	mm	(0, 0.006]	0.003
			一般		(0.006, 0.008]	0.007
			低		(0.008, 0.01]	0.009

3.6.2.3　可选性特征

由于各种再制造修复技术的广泛应用，导致废旧零部件的再制造工艺路线往往是多种可选的。以某武器装备主轴再制造为例，若其损伤状况为中等腐蚀，则可经过“打槽→激光熔覆→热处理→磨削”或“打槽→冷焊→热处理→磨削”等再制造工艺路线完成再制造修复，最后进入再装配中心得到再制造产品。

由此可见，废旧零部件再制造工艺过程具有不确定性、模糊性和可选性三重特征。

3.6.3 基于失效特征的装备零部件再制造工艺优化

3.6.3.1 基于失效特征的废旧零部件再制造工艺路线优化过程

根据上述分析，结合废旧零部件的失效特征产生机理，将基于废旧零部件的再制造工艺路线优化分为三个过程，分别为失效特征分析过程、再制造工艺设计过程和再制造工艺路线优化过程，如图 3-10 所示。第一个过程包括废旧零部件的失效特征提取、损伤量计算和失效特征定量分析，它是工艺人员合理设计失效特征修复方案的前提；第二个过程包括再制造系统资源、修复工艺和工艺参数等选择，再制造工艺设计过程除了要考虑企业系统资源等约束，还需考虑再制造产品的质量等要求；第三个过程包括优化约束分析、目标函数建立和求解方法的选择等，是整个优化过程的核心部分，需要根据再制造工艺过程的特点，结合再制造企业实际情况，建立合理的优化目标函数，并选择科学的方法进行求解。

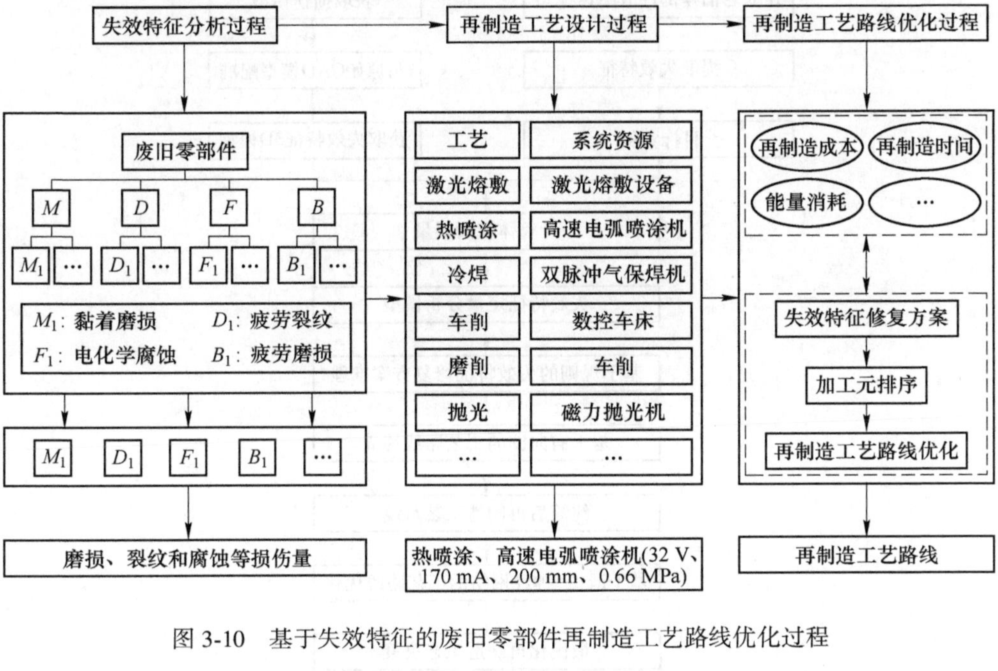

图 3-10 基于失效特征的废旧零部件再制造工艺路线优化过程

3.6.3.2 基于失效特征的废旧零部件再制造工艺路线优化框架

基于失效特征的再制造工艺路线优化是指在满足再制造要求的前提下，建立废旧零部件故障树（Fault Tree Analysis，FTA）模型提取失效特征，计算磨损、断裂和腐蚀等失效特征体积损伤量，结合先进的表面工程技术，基于规则推理设计失效特征修复方案，利用科学的方法进行再制造工艺路线优化。整个过程可分为三个部分：（1）废旧零部件失效特征的提取及损伤量模型。失效特征提取是进行废旧零部件再制造工艺路线优化的前提，建立基于 FTA 的废旧零部件失效特征提取模型，并计算磨损、断裂和腐蚀等失效特征的体积损伤量。（2）失效特征修复方案推理及工艺路线约简。结合失效特征体积损伤量和量化值，基于规则推理进行失效特征修复方案设计，建立废旧零部件修复工艺有向图，进行再制造工艺路线约简。（3）再制造工艺路线优化。以再制造系统资源、修复工艺和工艺参数等约束为前提，结合失效特征的体积损伤量，建立了以再制造过程的时间、成本和能耗为目标的多目标优化模型，应用遗传-神经网络算法进行求解。根据上述分析，构建了基于失效特征的废旧零部件再制造工艺路线优化框架，如图 3-11 所示。

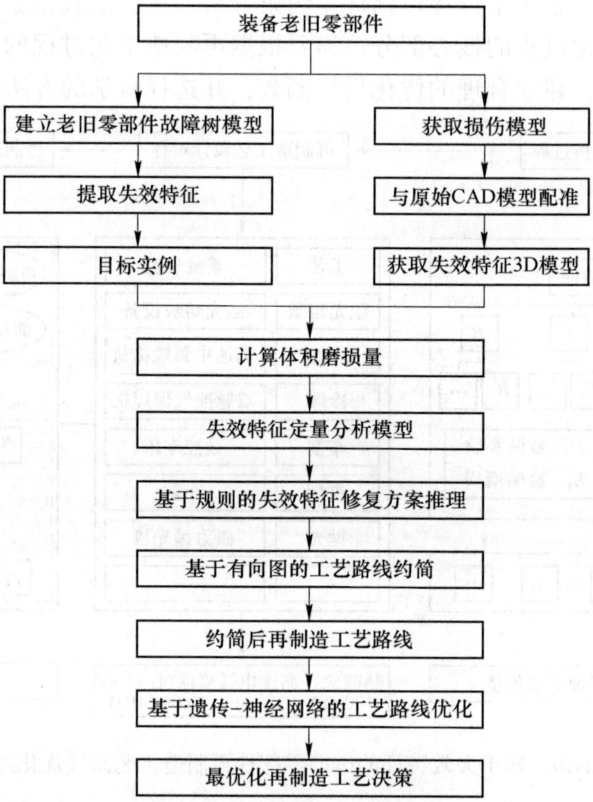

图 3-11　基于失效特征的废旧零部件再制造工艺路线优化框架

3.6.3.3　再制造工艺路线优化问题描述

装备再制造工艺路线优化的基本要素为失效特征加工元，是以废旧零部件再制造要求和车间再制造资源能力等为约束条件，对每个失效特征的修复工艺方案进行排序的过程。设废旧零部件具有 n 个失效特征，则所有失效特征组成的集合可表示为 $F_s = \{f_1, f_2, \cdots, f_i, \cdots, f_n\}$。设第 i 个失效特征的修复方案为 R_i，则所有失效特征的修复方案组成的集合可表示为 $R_s = \{R_1, R_2, \cdots, R_i, \cdots, R_n\}$。显然，如果不考虑排序过程中加工单元间的优先关系，该废旧零部件的再制造工艺路线有 n 的阶乘种，建立基于有向图的再制造工艺路线约简模型，有效删减不符合要求的再制造工艺路线，提高后期优化计算的效率。再制造工艺路线的优化类似于数学中的组合优化问题，得到最优修复方案排序 R''，R''中各失效特征的修复方案排序不仅满足再制造系统资源等约束条件，且优化目标函数值最小。

3.7 基于遗传-神经网络的再制造工艺路线优化

再制造工艺路线的优化除了要考虑系统资源、刀具和夹具等约束因素，还需要综合考虑废旧零部件的失效特征、失效程度和零部件尺寸及性能等其他方面的因素。工艺人员可根据再制造车间的实际情况，为每个失效分配一种或多种可用的工艺设备和工艺装备，同时为这些设备和装备设置相应的成本指数。失效特征的修复过程，一般要经过多道工序才能完全恢复其原有的性能，从而形成失效特征的加工链。对于失效程度较严重的废旧零部件而言，失效特征的修复工艺方案包括不同的夹具、刀具和设备资源等。因此，可将废旧零部件的失效特征修复工艺方案定义为加工元，使再制造工艺路线决策模型化和算法化。

3.7.1 遗传算法和神经网络算法介绍

遗传算法（Genetic Algorithm，GA）是 Holland 教授在 1975 年提出的一种模拟自然界生物进化的全局优化搜索算法，是人工智能领域中常用的一种优化求解方法。人工神经网络（Artificial Neural Network，ANN）是一种由大量处理单元互联组成的非线性、自适应信息处理网络系统。图 3-12 表示了遗传算法与 BP 神经网络的结合，解决了遗传算法在再制造工艺路线优化过程中出现的早熟收敛、局部寻优能力较差等缺点，避免了神经网络算法优化过程中收敛速度较慢，以及易受局部极小点困扰等问题。

3.7.2 基于遗传-神经网络的再制造工艺路线优化模型

目前，针对再制造工艺路线的优化问题，经常采用的优化算法为遗传算法、粒子群算法和模拟退火算法等。遗传算法广泛应用于各类优化问题求解，但遇到较复杂的问题时，容易出现过早收敛的现象，因此，结合神经网络的容错能力、自学习和自适应能力等优点，提出了一种基于遗传-神经网络的再制造工艺路线优化方法，如图 3-13 所示。

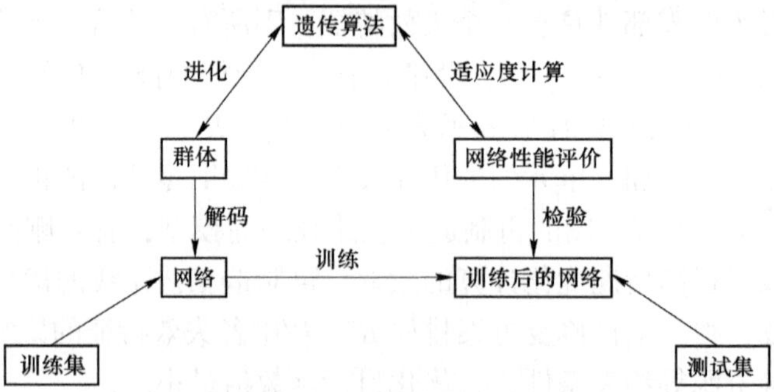

图 3-12　遗传算法与 BP 神经网络算法的融合

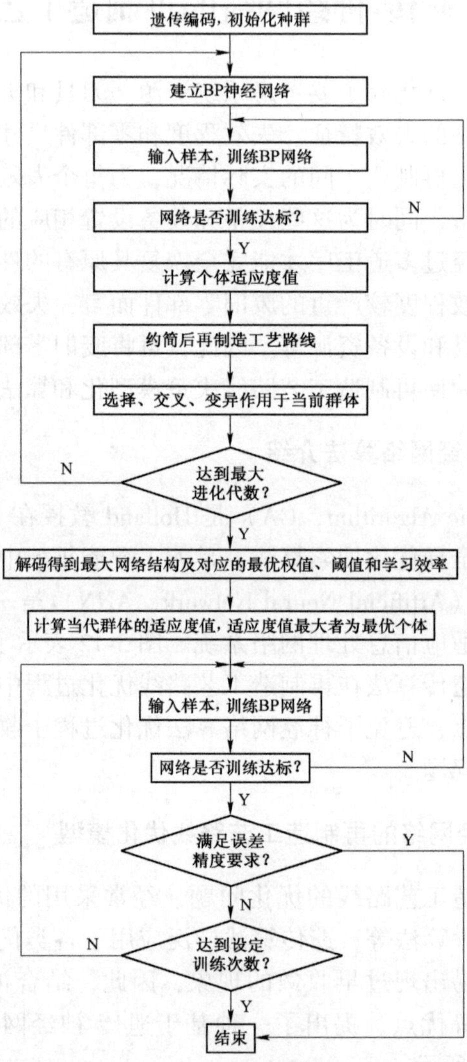

图 3-13　基于遗传-神经网络的再制造工艺路线优化模型

3.7.3　遗传-神经网络优化的实现过程

3.7.3.1　初始种群的创建

初始种群中每个个体均代表问题的一个潜在解。初始种群规模通常根据实际经验或试验确定，一般建议的取值范围是20~100。初始种群通过随机组合的方式生成，并以此作为起点进行迭代计算。

3.7.3.2　个体的编码

为了能同时对网络初始权值和结构进行优化，个体编码方式采用递阶编码机制，从而将基因分为控制基因和参数基因。控制基因用来描述隐层神经元被激活的状态，以二进制中的基本算符“0”和“1”表示，其含义分别为处于激活和非激活状态。参数基因则用来描述神经元的连接权值和阈值，采用实数进行编码，并且基因的摆放规则按照从左向右和自上而下，以便解码和适应度值的计算。下面以一个三层网络为例进行说明，如图3-14所示。

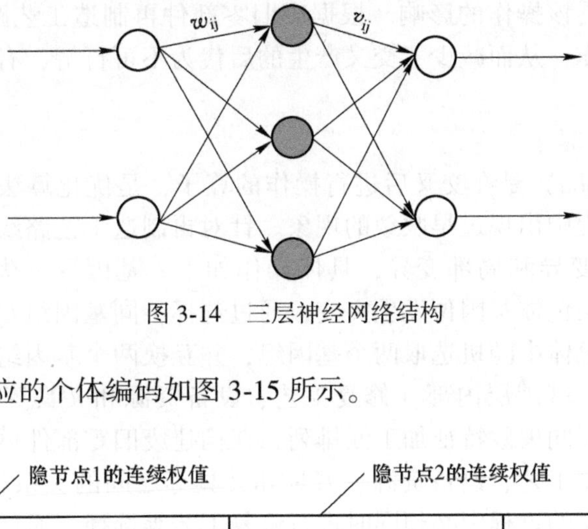

图3-14　三层神经网络结构

该网络所对应的个体编码如图3-15所示。

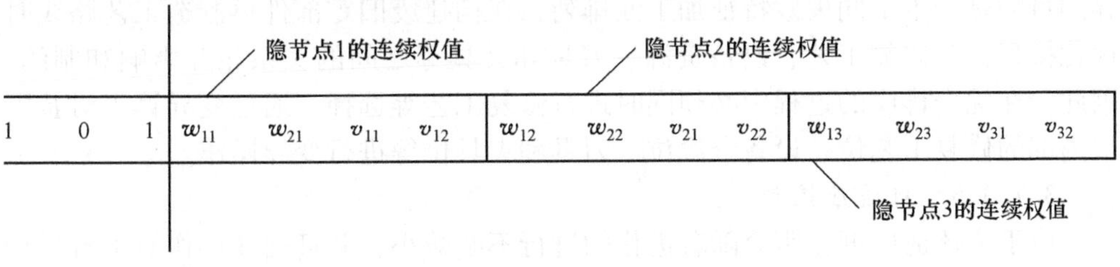

图3-15　个体递阶编码的结构

其中控制基因串“101”表示隐节点1和3被激活，对应于参数基因串中的隐节点1和3的连接权值参与网络计算。

3.7.3.3　适应度函数的选择

再制造遗传算法中个体采用递阶编码机制，为了使网络结构和误差函数同时达到最小，根据“优胜劣汰”遗传机制，构造适应度函数为如下形式：

$$f = \frac{1}{E + w_{a}e^{N}} \quad 0 < w_{a} < 1 \tag{3-18}$$

式中，E 为网络的均方误差函数；N 为网络中激活隐层单元数的频率；w_a 为加权系数，一般取 0.1~0.3。

$$E = \sum_{p} \sum_{b} (t_{pb} - o_{pb})^2 \tag{3-19}$$

式中，t_{pb}表示网络中第 p 个学习样本第 b 个输出点的期望输出；o_{pb}表示第 p 个学习样本第 b 个输出点的期望输出。综合分析，个体的适应度值是受误差 E 和频率 N 两者影响，并且当误差和频率均较小，而网络中个体适应度较大，即为所求目标值，从而实现同时对网络权值和结构进行优化。

3.7.3.4 算子操作

A 交叉操作算子

交叉（Crossover）是遗传算法中非常关键且具有重要作用的操作，算法的全局搜索能力也易受该操作的影响。根据废旧零部件再制造工艺路线优化的特点，选择单点交叉操作，从而减少了交叉产生的后代为不可行解，有效提高了算法的求解效率。

B 变异操作算子

变异（Mutation）是在交叉后进行操作的算子，是优化算法中必不可少的步骤，防止寻优过程中出现过早收敛的现象。针对再制造工艺路线时优化问题，设计了基因层整体变异和局部变异，具体操作如下：基因层（失效特征加工元）整体变异为了使染色体基因位发生突变，通过选择不同基因组互换实现变异，再从发生变异的染色体中随机选取两个基因组，并互换两个基因组的位置，则产生一条新的染色体。基因层内部（修复工艺、设备资源和夹具等）变异基因层变异的目的是产生不同失效特征加工元排列，在构建废旧零部件再制造工艺路线时优化排列，与修复工艺、设备资源、刀具和夹具等之间的关系相互影响和制约。因此，在优先排序的过程中必须同时进行修复工艺等选择，通过变异算子对基因层内部的修复工艺位、设备资源位、刀具和夹具位等进行变异操作。

3.7.3.5 自适应控制

由于个体适应度差距会随着进化的进行不断减小，并且交叉操作对求解过程的影响也将减小，而变异操作的影响却增大。因此，需要相应地调整交叉算子和变异算子的概率，并且能够随着种群个体适应度值的变化进行自动调整。交叉概率 P_c 可表示为：

$$P_{c} = \begin{cases} P_{c1} - \dfrac{(P_{c1} - P_{c2})(f - f_{avg})}{f_{max} - f_{avg}} & f \geq f_{avg} \\ P_{c1} & f < f_{avg} \end{cases} \tag{3-20}$$

变异概率 P_{m1}、P_{m2} 可表示为：

$$P_{m1}=P_{m2}=\begin{cases}P_{m3}-\dfrac{(P_{m3}-P_{m4})(f'-f_{avg})}{f_{max}-f_{avg}} & f'\geqslant f_{avg}\\ P_{m3} & f'<f_{avg}\end{cases} \tag{3-21}$$

式中，f_{max} 为当前种群中最大适应度值；f_{avg} 为当前种群平均适应度值；f 为交叉算子中较大的适应度值；f' 为变异算子的个体适应度值。

3.7.3.6　神经网络的二次训练

当遗传算法在优化求解过程中达到某一程度时，或者神经网络计算所得误差满足用于预先设定的阈值时，则计算将停止迭代，会将求解所得最优染色体作为神经网络的输入，利用神经网络局部寻优的特点，进行二次训练并计算出最优解为止。

3.8　基于熵权的武器装备再制造决策评价方法

3.8.1　装备再制造设计方案的综合评价指标体系

装备再制造方案的综合评价指标体系由 3 层评价模型构成，包括总目标层、准则层、指标层，如图 3-16 所示。其中，准则层主要包括经济性、技术性、资源性、环境性，分别用 C、T、R、E 表示。

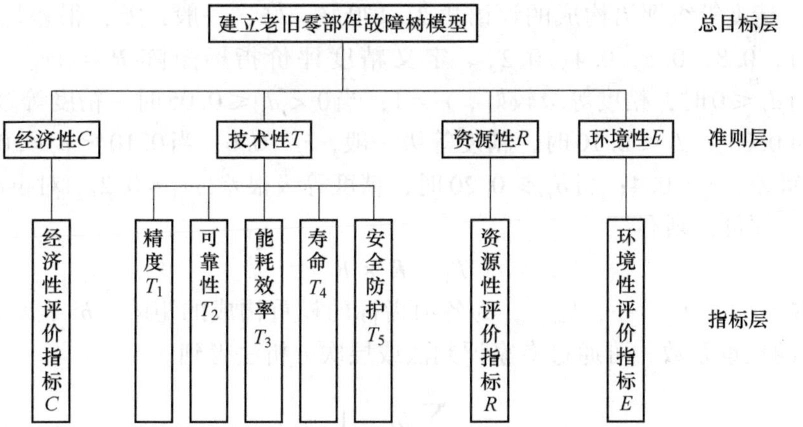

图 3-16　装备再制造方案的综合评价指标体系

由于各个指标具有不同的属性，为消除不同量纲对评价结果的影响，必须对评价值进行无量纲归一化处理。下面对各指标的量化方法进行分析。

3.8.1.1　经济性指标

装备再制造方案的经济性评价主要从装备再制造的成本方面进行评价，判定经济可行性并评价装备再制造的经济效益，为企业进行再制造提供决策支持。

Lund Robert 教授认为，再制造产品的成本或价格如果是同种性能新产品成本或价格的40%~70%，再制造商将获利。

$$C_{\mathrm{R}} = D \times C_{\mathrm{N}} \tag{3-22}$$

式中，C_{R} 表示装备再制造成本；D 表示折扣率；C_{N} 表示同种性能新装备的制造成本。经过装备再制造商实践总结，当 D 低于40%时，企业将获得较高利润；而当 D 高于80%时，由于缺乏市场价格竞争优势，企业基本不会获利。将经济性评价指标 C 定义为一个与 D 相关的归一化函数（根据统计数据进行回归分析所得），如下式所示：

$$C = \begin{cases} 1 & D \leqslant 40\% \\ 7.5D^2 - 11.5D + 4.4 & 40\% < D \leqslant 80\% \\ 0 & D > 80\% \end{cases} \tag{3-23}$$

3.8.1.2 技术性指标

装备再制造方案的技术性评价主要从再制造装备的技术性能方面进行考虑，对再制造装备的精度、可靠性、能耗效率、寿命、安全防护等进行评价。

A 精度 T_1

衡量再制造装备精度的诸项指标值构成的向量用 $\boldsymbol{A} = \{a_1, a_2, \cdots, a_m\}$ 表示，原有退役装备对应的出厂标准各精度指标值构成的向量用 $\boldsymbol{P} = \{p_1, p_2, \cdots, p_m\}$ 表示。定义精度指标比较向量 $\boldsymbol{D} = \{d_1, d_2, \cdots, d_m\}$，其中 $d_i = (a_i - p_i)/p_i$，精度等级评语构成的评语集为｛很好，好，一般，差，很差｝，对应数值为 $\{1, 0.8, 0.6, 0.4, 0.2\}$。定义精度评价指标矩阵 $\boldsymbol{R} = \{r_1, r_2, \cdots, r_m\}$：当 $d_i \leqslant 0$ 时，精度等级较好，$r_i = 1$；当 $0 < d_i \leqslant 0.05$ 时，精度等级好，$r_i = 0.8$；当 $0.05 < d_i \leqslant 0.10$ 时，精度等级一般，$r_i = 0.6$；当 $0.10 < d_i \leqslant 0.20$ 时，精度等级差，$r_i = 0.4$；当 $d_i > 0.20$ 时，精度等级很差，$r_i = 0.2$。对再制造装备进行综合评价，则有：

$$\boldsymbol{T}_1 = \boldsymbol{R} \times \boldsymbol{B}^{\mathrm{T}} \tag{3-24}$$

式中，$\boldsymbol{B} = \{b_1, b_2, \cdots, b_m\}$，为各项指标的权重构成的矩阵，$b_i$ 表示对第 i 项指标 r_i 的权重系数，可通过专家评判法或层次分析法得到。

$$\sum_{i=1}^{m} b_1 = 1 \tag{3-25}$$

B 可靠性 T_2

再制造装备应保证其可靠性达到新装备水平，要保证在规定的使用条件下，在规定的时间内，完成规定的加工功能时，无故障运行的概率要高。由于设计时无法验证装备的可靠性，因此通过专家评判法对再制造装备的可靠性进行评价，评语集为｛很好，好，一般，差，很差｝，对应数值为 $\{1, 0.8, 0.6, 0.4, 0.2\}$。

C 能耗效率 T_3

装备再制造的方案设计要充分考虑装备的节能，提高再制造装备的能耗效率。由于在方案设计阶段，装备能耗效率难以获得，因此，只能通过专家评判法对再制造方案的节能效果进行评价，评语集为｛很好，好，一般，差，很差｝，对应数值为｛1，0.8，0.6，0.4，0.2｝。

D 寿命 T_4

装备的一个大修周期约为 T_R，装备再制造方案设计的再制造装备的设计寿命 T_D 应在 T_R 年以上。当 $T_D \geqslant T_R$ 时，寿命指标 $T_4=1$；当 $T_D<T_R$ 时，$T_4=T_D/T_R$。

E 安全防护 T_5

安全是再制造装备考虑的重要因素之一。再制造装备一般需要加装壳、罩、屏、门、封闭式防护装置等，实现装备的安全防护。如果采用全防护，则 $T_5=1$；如果采用半防护，则 $T_5=0.8$；如果是敞开式，则 $T_5=0.3$。

3.8.1.3 资源性指标

装备再制造方案的资源性评价指标 R 主要对装备再制造实现的资源循环利用情况进行评价，而装备再制造过程的资源或能源消耗情况主要在经济性指标中通过成本值来体现。对装备资源循环利用率进行定义，装备资源循环利用率 η_R 是指退役装备资源被再利用或资源化重用的部分与总回收退役装备的重量之比，如下式：

$$\eta_R = \frac{M_R}{M_{core}} \times 100\% \tag{3-26}$$

式中，M_R 表示退役装备资源被再利用或资源化重用的部分，按重量计；M_{core} 表示回收退役装备的总量，按重量计。经过对装备再制造企业调研分析，当装备资源循环利用率达到80%左右，资源性指标已非常好。本书将资源性评价指标 R 定义为一个与 η_R 相关的归一化函数（根据统计数据回归分析所得），如式下：

$$R = \begin{cases} 1 & \eta_R \geqslant 80\% \\ -\dfrac{25}{16}\eta_R^2 + \dfrac{5}{2}\eta_R & 0 \leqslant \eta_R < 80\% \end{cases} \tag{3-27}$$

3.8.1.4 环境性指标

装备再制造方案的环境性评价指标 E 主要是对装备再制造方案对环境的影响程度进行评价，见表3-6。

表 3-6 装备再制造方案环境性评价矩阵

工艺过程	环境影响要素				
	噪声	有害物质	大气污染	水污染	固体污染
拆解	e_{11}	e_{12}	e_{13}	e_{14}	e_{15}
清洗	e_{21}	e_{22}	e_{23}	e_{24}	e_{25}
检测与分类	e_{31}	e_{32}	e_{33}	e_{34}	e_{35}
再加工	e_{41}	e_{42}	e_{43}	e_{44}	e_{45}
再装配	e_{51}	e_{52}	e_{53}	e_{54}	e_{55}
服役使用	e_{61}	e_{62}	e_{63}	e_{64}	e_{65}

表 3-6 是一种半定量的评价矩阵，其中的一维代表再制造装备工艺过程的 6 个阶段，另一维代表 5 个环境影响要素。评价者需分析研究再制造装备工艺过程各个阶段对不同环境要素的影响程度，并将影响程度分为 5 个等级 {1, 0.8, 0.6, 0.4, 0.2}，给予每个元素一个数值，其中对环境负面影响最大而予以否认的数值取 0.2，影响最小的取 1。在对矩阵中每个元素取值之后，对其求和作为装备再制造方案的环境性评价指标 E，即

$$E = \sum_{p=1}^{6} \lambda_p^e \sum_{q=1}^{5} (e_{pq}\omega_q^e) \tag{3-28}$$

式中，e_{pq} 为矩阵元素的数值，表示第 p 阶段对环境影响要素 q 的影响程度；$p=1, 2, \cdots, 6$；$q=1, 2, \cdots, 5$；λ_p^e、ω_q^e 分别为通过专家评判法或层次分析法所得的工艺过程各个阶段、各个环境影响要素所占的权重。

$$\sum_{p=1}^{6} \lambda_p^e = 1, \ \sum_{q=1}^{5} \omega_q^e = 1 \tag{3-29}$$

3.8.2 基于熵权的装备再制造方案综合评价模型

装备再制造方案评价属多目标决策问题，需要对各方案在技术性、经济性、资源性、环境性等方面进行定量的综合分析比较，从中选择最优的方案。在对装备再制造方案评价的指标体系及量化方法研究的基础上，提出了一种基于熵权与 AHP 的装备再制造方案综合评价方法。熵（Entropy）的概念最初产生于热力学，用于描述运动过程中的一个不可逆现象，后被引入信息论而用于描述系统状态的不确定性。利用熵的概念来衡量某一评价指标对装备再制造方案优劣的影响程度。装备再制造方案的评价指标体系中有 $m=8$ 个指标，设可选再制造方案有 n 个。n 个装备再制造方案对应于 m 个指标的指标值构成评价指标决策矩阵，即：

$$S = \begin{bmatrix} S_{11} & S_{12} & \cdots & S_{1m} \\ S_{21} & S_{22} & \cdots & S_{2m} \\ \vdots & \vdots & \ddots & \vdots \\ S_{n1} & S_{n2} & \cdots & S_{nm} \end{bmatrix} \tag{3-30}$$

式中，元素 S_{ij}表示方案 i 的第 j 个指标评价值。记 S_{ij}与 S_j^* 的接近程度为：$H_{ij} = \frac{S_{ij}}{S_j^*}$，其中 $S_j^* = \max\limits_{1 \leqslant i \leqslant n} \{S_{ij}\}$ $(j = 1, 2, \cdots, m)$ 为 S 中每列的最优值。对 H_{ij}进行归一化处理，记

$$h_{ij} = \frac{H_{ij}}{\sum_{i=1}^{n}\sum_{j=1}^{m} H_{ij}} \tag{3-31}$$

定义第 j 个评价指标的熵值为：

$$E_j = -K\sum_{i=1}^{n}\left(\frac{h_{ij}}{h_j}\ln\frac{h_{ij}}{h_j}\right) \tag{3-32}$$

其中，$h_j = \sum\limits_{i=1}^{n} h_{ij}$，$j = 1, 2, \cdots, m$；$K = \frac{1}{\ln m}$。

则第 j 个指标的熵权定义为：

$$\theta_j = \frac{1 - E_j}{\sum_{j=1}^{m}(1 - E_j)} \tag{3-33}$$

由式（3-33）可得基于熵权的评价指标权重向量为：$\boldsymbol{\theta} = (\theta_1, \theta_2, \cdots, \theta_n)$。熵权的大小可以反映不同指标在决策中所起的作用的大小，某个指标的熵值较小，熵权较大时，说明该指标向决策者提供了较多有用的信息。由熵权法确定的评价指标的权重完全是根据数据之间的关系来确定，具有一定的合理性，但由于装备再制造方案需要考虑客户需求，而不同的客户对评价指标具有不同的侧重，因此权重的大小不仅具有客观性，也应该具有一定的主观性。更为科学合理的权重应当是基于熵权法确定的权重和 AHP 法确定的权重的综合值。设采用 AHP 法确定的权重为：$\boldsymbol{\lambda} = (\lambda_1, \lambda_2, \cdots, \lambda_n)$，则指标 j 的综合权重为：

$$\omega_j = \frac{\lambda_j \theta_j}{\sum_{j=1}^{m}(\lambda_j \theta_j)} \tag{3-34}$$

由此得到综合权重向量为：$\boldsymbol{W} = (\omega_1, \omega_2, \cdots, \omega_n)$。装备再制造方案的综合评价是一个以经济性、技术性、资源性、环境性为目标的多目标决策过程，确定的装备再制造方案综合评价值 Δ 可通过下式而得：

$$\Delta = \boldsymbol{W} \times \boldsymbol{Y}^{\mathrm{T}} \tag{3-35}$$

式中，$\boldsymbol{W}$ 为评价指标的综合权重向量；$\boldsymbol{Y}$ 为评价指标决策矩阵。从中选择最大综合评价值所对应的装备再制造方案为最终所选定的方案。

参 考 文 献

[1] 舒宗文．外军装备发展策略及对我军武器装备发展的启示［J］．国防技术基础，2006（11）：51-54.

[2] 熊颖清，夏绪辉，王蕾，等．面向多生命周期的再制造服务活动决策方法研究［J］．机械设计与制造，2017（2）：108-111.

[3] 王玉玲，孔银响，吴保华．机械产品全生命周期再制造性评估［J］．机械设计与制造，2021（6）：266-268.

[4] 刘涛，刘光复，宋守许．面向主动再制造的产品可持续设计框架［J］．计算机集成制造系统，2011，17（11）：2317-2323.

[5] 柯庆镝，田常俊，李杰，等．基于表面质量需求的机械零件再制造毛坯预处理工艺优化方法［J］．中国机械工程，2018，23（29）：2859-2866.

[6] 徐永尚．发动机再制造清洗技术生命周期成本分析［D］．大连：大连理工大学，2016.

[7] 李骏，谢晓娟，陈刚. 汽车零部件再制造技术性评价模型及应用［J］. 机械设计与研究，2016，1（32）：52-54.

4 美军装备再制造的军事背景

随着现代化武器装备的造价越来越高，生产过程越来越复杂，各军事强国高度重视发展“装备再制造”技术，即通过技术手段修复、改造、升级老旧装备，提高它们的性能指标。经过科学合理的“再制造”，可以将武器装备的使用寿命延长数倍，甚至能大幅提升其作战性能。因此，装备再制造技术对实现国防和军队现代化、提升核心军事能力具有重要价值。长期以来，欧美等西方国家非常关注武器装备再制造技术的发展，美军更是再制造的最大受益者，其车辆和武器装备大量使用了再制造零部件，不仅节约了军费、资源和能源，而且还大大延长了武器装备的使用寿命。再制造为美军维持其庞大武器装备系统的正常运转，实现装备的可持续发展起到了关键作用。美军在再制造领域的研发和实践启动较早，一直处于世界领先的水平，并逐步形成了相对明确的技术路线、保障模式和运行机制，美军装备构件再制造流程图如图 4-1 所示。

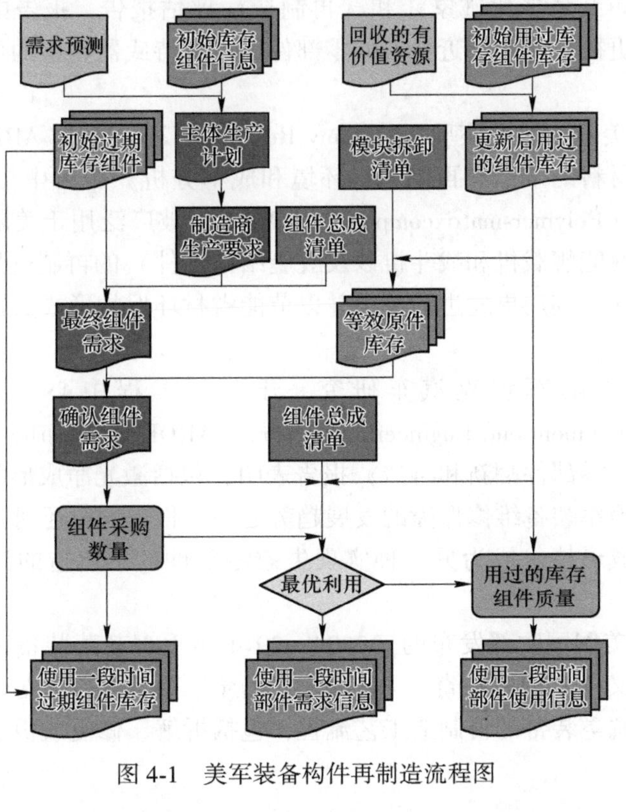

图 4-1　美军装备构件再制造流程图

4.1　美军装备再制造的主要事件

1987 年，由劳伦斯利弗莫尔国家实验室联合美军发布的《至国会关于核武器储存可靠性、再制造以及核试验作用的报告》是目前可查询到的美军最早关于再制造的系统性研究报告，报告对 W84 型核弹头的可再制造性进行了初步验证。

1988 年，美陆军坦克及机械车辆司令部（U. S. Army Tank-Automotive Command，TACOM）发布《野战环境下机动车辆零部件可再制造性分析》报告，报告中对野战环境下的再制造定义为对失效或战损状态下的装备零部件的修复或替换。

1992 年，美国国防部总监察长办公室（Office of the Inspector General，OIG）发布的《M1A2 艾布拉姆斯坦克项目审计报告》中对再制造的定义为将老型号的装备按设计要求改进为新型号装备的过程。

1997 年，物流管理学院（Logistics Management Institute，LMI）为美国国防部编写的《基地维修场景下上市和私营供应商之间的选择方法》调研报告中指出针对装备零部件的再制造是以修复其性能为主的工程活动。

MITRE 公司于 1998 年和 1999 年为美国能源局对美军核武器老化和再制造分别起草了《重审装备老化迹象》和《再制造》评估报告，报告中对核武器的再制造的定义为更换老化和临近失效的零部件，以保持武器整体的可靠性、安全性和威慑性。

1999 年，美陆军研究实验室（Army Research Laboratory，ARL）发布的《军用无污染复合材料的维修和再制造：环境和成本分析》报告中指出，对聚合物-基质复合材料（Polymer-matrixcomposite，PMC）（被广泛用于美陆军阿帕奇和黑鹰直升机、高性能舰载机和战斗机以及舰艇结构部件）的再制造是一种通过对毛坯进行重新设计，利用更先进的技术并以节能省材环保的形式实现零部件维修的过程。

2004 年，美陆军坦克汽车研究、开发和工程中心（Tank Automotive Research，Development and Engineering Center，TARDEC）发布的《基于热喷涂技术的快速制造、零部件翻新和再造》报告表明，包括激光净成形制造技术等在内的成形技术是美军装备维修保障的发展趋势之一。报告同时还对热喷涂技术作为一种代替激光成形技术成为另一种实现失效零部件的再制造的潜在技术进行了分析。

2004 年，美国国防部发布的《2004—2014 年垂直起落装备工业基础分析报告》中明确定义了对“阿帕奇”直升机、“黑鹰”直升机、“支奴干”运输直升机等垂直起落航空装备的再制造工艺流程，包括拆解、修复或更换零部件，以及在现有生产线的装备装配过程中为装备增加新功能等环节。报告同时指出截至2004年，为节省非必要开支，美国国防部已经将此类再制造项目全部打包给主要合同商承担。

2009年，美国海军研究生学院Ferrer教授在《国防再制造的材料规划报告》中对美军再制造修复的流程进行了简要的概述，即再制造流程包括了装备的拆解，拆解后零部件的修复以及零部件的组装。其中拆解过程又包括了清洗、评估、分类等环节，而组装过程则包含了检测、组装、测试和包装入库等环节，如图4-2所示。

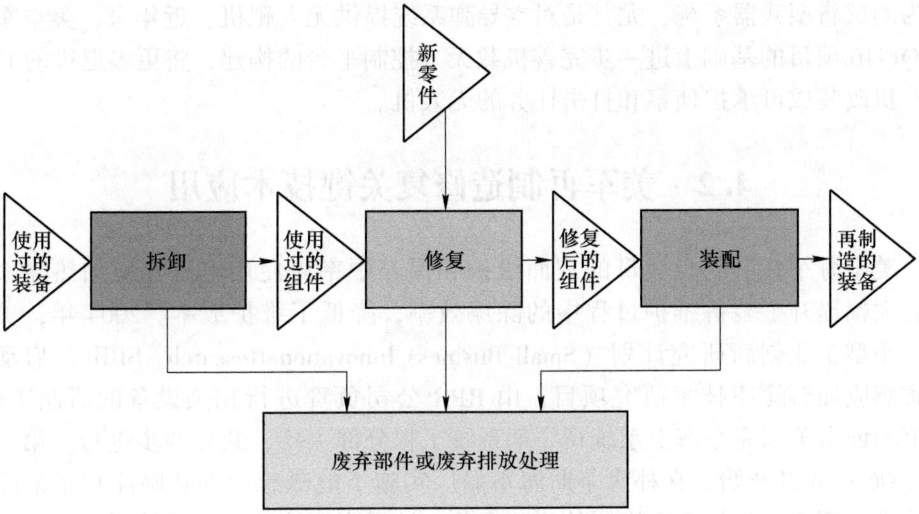

图4-2 美军再制造流程示意图

总体而言，美军许多主战装备的研制始于20世纪60—80年代，而每一代武器装备的设计服役期限一般为10～15年，为维持其庞大军备体系的正常运转，美军利用装备再制造技术以较少的经费和资源投入实现了多种装备的多寿命周期使用，极大推进了美军装备的可持续发展战略。如美军于20世纪50年代初开始列装的B-52轰炸机，经过对其机身及发动机等关键零部件的多轮再制造维护，现役的B-52轰炸机仍然保持良好的机械性能和作战状态，并预计可继续服役至2050年，届时B-52总服役时长达近百年；再如美陆军利用LENS增材制造技术对“黑鹰”直升机叶轮叶片及“艾布拉姆斯”坦克发动机零部件进行再制造修复，相比传统维修方法可节省10余万美元，通过在再制造过程中添加耐磨性能的材料，修复后的叶片的使用寿命也大幅增长。

除了对老旧装备件进行备件再制造修复，美军通过对装备的电子和指控系统升级改造，提升了装备的信息化作战能力，满足了装备在不同环境下的作战需求。作为装备再制造技术的最大受益者，美陆军对其装备的信息化再制造推广力度最强，经费投入也最大，尤其对“阿帕奇”直升机、“艾布拉姆斯”主战坦克、“布拉德利”战车等生产规模大、保有量高、保障能力强、全球部署的武器装备优先进行了信息化再制造升级，并取得显著成效。

在无人智能化升级改造方面，正处于研发阶段的“艾布拉姆斯”M1A2 SEPv4 型坦克将通过加载无人管理系统实现对自身搭配的无人装置的直接操控，用以对敌军进行侦察和打击任务。美空军则针对其航空装备进行了全尺寸无人驾驶改造试验，先后在 F-4“鬼怪”战斗机和 F-16“战隼”战斗机上加载远程遥控飞行设备，改造成 QF-4 和 QF-16 无人战斗机用来模拟敌军第 2 代和第 3 代战机，并为测试新型武器系统，尤其是对空导弹系统提供无人靶机。近年来，美空军拟在 QF-16 项目的基础上进一步完善机载无人控制平台的构建，将更多退役的 F-16 战斗机改装成可承担侦察和打击任务的无人机。

4.2　美军再制造修复关键技术应用

美国海军在潜艇与航母的表面维护和保养中率先使用电磁感应加热除漆技术，大幅提升了装备维护过程中的除漆效率，降低了维护成本。2004 年，美国海军小型企业创新研究计划（Small Business Innovation Research，SBIR）启动了电磁感应加热除漆技术研究项目，由 RPR 公司负责进行相关设备的研制工作。示范验证由美国海军海上系统司令部系统工程分部主持，共分两步进行。第一步于 2006 年 6 月开始，在朴次茅斯海军船厂实施了电磁感应加热除漆技术清除潜艇消声瓦等特殊部位表面涂层的验证实验，结果表明该技术在单片消声瓦去除上效率较高。第二步验证于 2009 年开始，在尼米兹级航母飞行甲板防滑涂层（环氧金刚砂涂层）上进行，并将涂层去除感应头加装在甲板爬行器上，以提高工作效率。结果表明，感应加热技术与超高压水喷射去除涂层技术具有同等效率，但不会产生大量废水。验证过程中发现，此前研制的感应头在飞行甲板防滑涂层去除过程中表现出耐磨性差的缺点，需要不断更换，美国海军研究实验室的后续工作是提高感应头的耐久性和实现自动控制功能。

为保证美国军事基地和战斗人员提供国防部武器的高质量维修，2011 年，美国陆军研发了新型的可手持便携式高温高压冷喷涂系统。目前，美国科珀斯克里斯蒂陆军基地使用冷喷涂增材制造技术修复了 UH-60“黑鹰”直升机、AH-64“阿帕奇”直升机及西科斯基 H-53 等军用飞机；使用冷喷涂技术进行铝铸件及检修面板、钢质液压泵齿轮轴再制造，如图 4-3 所示，延长了美国空军 F/A-18 战斗机和 B1-B 轰炸机等飞机的使用寿命。

2017 年，美陆军战斗能力发展指挥部（Combat Capabilities Development Command，CCDC）下属陆军研究实验室（Army Research Laboratory，ARL）承接

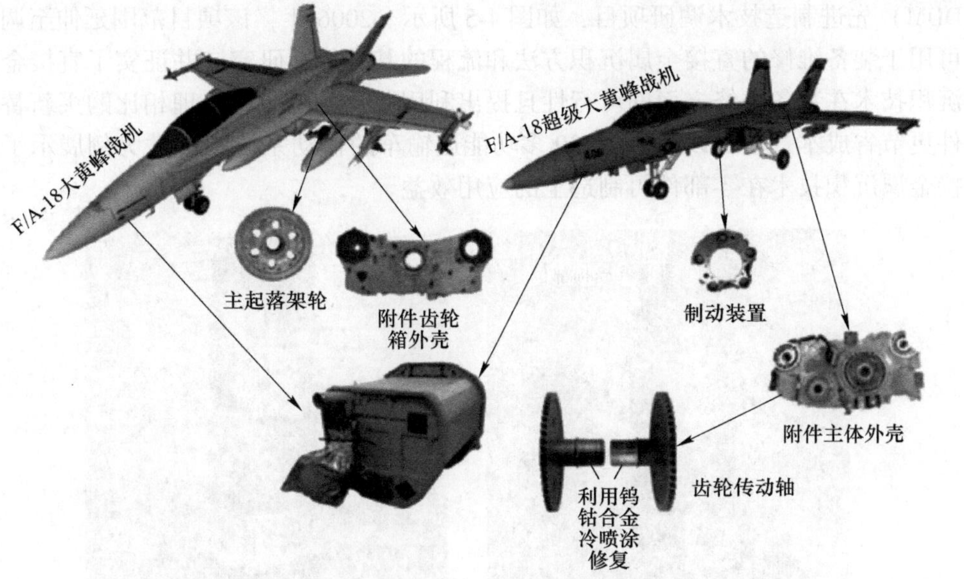

图 4-3 冷喷涂技术应用于美国 F/A-18 战机零部件再制造

了“布拉德利”战车 25mm 炮塔枪架的维修项目。更换全新的枪架需要花费 2.5 万美元的经费，而利用冷喷涂技术对磨损严重的枪架进行再制造修复仅需要花费 1000 美元，并极大缩短了维修的时间，减轻了零部件供应负担，如图 4-4 所示。据陆军研究实验室冷喷涂负责人 Nardi 介绍，目前冷喷涂技术在美军装备维修保养方面的应用主要集中在对装备表面的磨损、腐蚀进行修复和表面性能增强，具有显著的军事效益。

图 4-4 利用冷喷涂技术修复“布拉德利”战车枪架

2005 年，Focus：HOPE 组织为美陆军军坦克及机动车辆军司令部（Tank and Automotive Command，TACOM）开展了直接金属沉积（Direct Deposition of Metal，

DDM）先进制造技术调研项目，如图 4-5 所示。2006 年，该项目范围延伸至调研可用于装备维修的直接金属沉积方法和流程的基础领域研究，并证实了直接金属沉积技术在装备维修方面的可行性且提出利用此技术对零件修理相比购买新替换件更节省成本。项目以美军 M939 多功能运输车的传动系统零部件为例展示了直接金属沉积技术在零部件再制造上的应用效益。

图 4-5　利用直接金属沉积技术对连续轮胎充气系统主轴进行修复的过程演示

近十年，美军对增材制造技术（又称 3D 打印技术）在装备维修保障和再制造方面的应用进行了大量的探索和研究。2012 年，美国总统执行办公室国家科技委员会发布了《先进制造业国家战略计划》研究报告，将增材制造技术列为 11 项优先发展的跨学科技术之一，美国国防部先后于 2016 年和 2021 年分别发布

《增材制造路线图》和《增材制造战略报告》，逐步形成和明确了以增材制造为核心技术的装备维修和再制造发展路线。

为加速推进增材制造技术在美军中的应用，美国国防部对与增材制造技术相关的设计、材料、工艺等领域进行了详细规划。在设计方面，提出要构建以美军的应用需求和保障效益为主导的设计框架，研发一套能适用于各军工企业和合同商的智能综合化的设计软件，对装备维护过程中的材料选取、加工方法以及参数设定进行高效统筹和智能优化，并在此基础上加速建立和完善配套的装备信息数据库、设计标准和网络物理安全保密措施等。在材料体系方面，提出对美军装备增材制造所需材料进行系统有效的信息化网络化管理，归纳整理并建立一个可全网共用的数据库，对不同材料的运输、储存、加工、回收再利用以及废弃处理制定相关的准则，在拓宽材料供应渠道的同时加强对材料供应商的资质审查，并加大对新材料的研发力度。在加工工艺方面，提出要完善传感和控制技术以及无损检测技术，以提升备件加工过程的稳定性和成形质量，改进现有的工艺和设备，推进技术创新，建造可用于大尺寸备件维修的设备，强化多材质加工能力，加强增材制造技术的柔度和可靠度，最终将增材制造技术推广到更多的装备维修和再制造应用中。

4.3 美军基于性能的保障模式

为满足武器装备的快速发展，适应新的作战环境和方式，增大保障效益，美军对装备保障体系进行过多次改革，并提出了基于性能的保障模式（Performance-Based Logistics）。该模式的核心理念是通过装备综合保障方式强化装备全寿命周期保障管理，以保证装备全寿命周期内的战备目标为前提，实现装备维修保障效益最大化。基于性能的保障要求合同商对其承担的武器装备做到全寿命周期的责任管理，保证关键装备备件供应链通畅，最大程度缩短装备生产准备期，降低使用和保障成本。

在履行基于性能的保障协议的过程中，合同商所做的各项决策都可能对装备投入战场后的保障能力造成影响。在开发阶段，项目经理或产品保障经理和系统工程师应考虑两个重要的装备保障问题，即影响可保障性设计的因素及如何设计与开发相应的保障系统。解决上述问题的最佳途径应包含在项目初期（或之前）就开始考虑可保障性和寿命周期成本。这一考量可确保武器系统属性的设计，使后勤保障资源需求最小化，降低使用与保障成本，并确保采办策略和寿命周期持续保障计划（Life Cycle Sustainment Plan，LCSP）可对持续保障期间促进竞争和其他保障来源发展所需的技术与产品保障数据进行处理。例如，负责执行武器系统组件修理合同的持续保障经理应与所有适用的利益相关方合作，将协议并入武器系统寿命周期持续保障计划（其中包含一般和特殊组件）。

装备的使用与保障阶段是装备全寿命周期中最长的一个阶段，绝大部分的装备寿命周期成本（60%~75%）都在该阶段产生。通过实行基于性能的保障模式不仅可最大程度持续满足装备作战需求，还可有效缩减装备全寿命周期的管理成本。美军推行基于性能的协议的目的是通过优化合同机制与奖励措施，来激励装备供应商，在满足供应商利润的同时使最终交付的装备能实现规划的作战能力，以及持续的保障能力。

基于性能的保障模式高度契合再制造技术在装备维修和保养中的发展及应用。同时，全寿命周期管理系统的实施意味着合同商不仅要承担武器装备的生产制造，还要对武器的升级维护负责，这对合同商在武器装备系统的设计论证上提出了更高要求；即一个新武器系统的研发不仅要考虑现状，也要对潜在的作战需求留有改进空间。

4.4　美军再制造的军民融合发展

在基于性能的保障模式基础上，为提升再制造的保障能力，满足日益增长的装备保障需求，美军还大力鼓励装备再制造保障军民融合发展模式，并有效地利用了军民融合发展模式的优势。如在美国俄亥俄州建立的美国制造（American Makes）研发中心，就是由美国国防部牵头，空军研究实验室负责监管，200多个政府部门、企业、实验室、大学等参与组建的大型国防科技研发机构，主要为美军提供与装备增材（再）制造相关的标准制订、技术创新以及应用推广。同时，美军还可以通过合同商或外包等形式灵活选择最佳的装备再制造保障合作方案。自公私合作协议（Public-Private Partnership，PPP）开始施行以来，私营企业被允许共享维修基地的场所、设施以及投资经费，极大地促进了各维修基地的设备场地利用率，强化了基地的主要装备保障能力。通过基地和企业间灵活的共享、租借模式，也为基地提供了战时装备保障需求突增等问题的解决方案。

由于美军大部分武器装备都是由合同商负责设计生产和维修改造的，针对不同的武器系统，合同商可灵活选择相应的再制造技术和流程，不仅能有效提高装备维修效率和保障能力，还可以大幅缩减军队维修保障费用。以军方为主导，合同商统一负责装备全寿命周期内的研发、制造、维修活动的保障模式，有利于加强装备的信息化管理，为再制造提供有效的数据支持。

4.5　再制造在美军两级维修体系下的作用

根据美国国防部对美军装备维修保障能力的定义：生成、维持或恢复装备可用的能力，美陆军构建了两级维修作业体系以增强陆军装备维修保障能力。其中野战级主要进行在线维修任务，由旅战斗队配属的勤务保障营完成；而支援级主要进行离线维修任务，主要由大修基地、野战保障旅、支援旅完成。

现今存在的美陆军建制工业基地（Army Organic Industrial Base，AOIB）主要产生于二战期间。这些陆军基地包括弹药工厂、维修基地和兵工厂。美陆军的维修基地大都建于二战前后，最初共有8个。冷战结束后由于军事需求缩减，维修基地能力相对过剩，美陆军通过调整与关闭基地来缩小基地规模。在经历1988年、1991年、1993年、1995年和2005年的五轮的基地调整之后，最终保留了现有的5个维修基地。除美陆军的5个维修基地外，美空军也保留了3个修理基地，美海军则拥有3个航空装备修理基地。

美陆军的5个维修基地分别是位于宾夕法尼亚州，主要负责通信和电子设备、航空电子、导弹制导与控制系统维修保障的托比汉纳陆军基地（Tobyhanna Army Depot，TYAD）；位于亚拉巴马州，主要负责布拉德利战车等履带式战车维修保障的安尼斯顿陆军基地（Anniston Army Depot，ANAD）；位于宾夕法尼亚州，主要负责防空和战术导弹维修保障的莱特肯尼陆军基地（Letterkenny Army Depot，LEAD）；位于得克萨斯州，主要负责轮式车辆、布拉德利战车以及多管火箭发射系统维修保障的红河陆军基地（Red River Army Depot，RRAD）和位于得克萨斯州，主要负责旋翼式航空装备维修保障的科珀斯克里斯蒂陆军基地（Corpus Christi Army Depot，CCAD）。

美空军的3个维修基地分别是位于俄克拉何马州廷克空军基地（Tinker Air Force Base），主要负责B系列轰炸机、E-3预警机、KC-145空中加油机以及各类航空发动机等航空装备及零部件维修保障的俄克拉何马城空军后勤中心（Oklahoma City Air Logistics Complex）；位于佐治亚州罗宾斯空军基地（Robins Air Force Base），主要负责F-15战斗机以及C系列运输机维修保障的华纳罗宾斯空军后勤中心（Warner Robins Air Force Logistics Complex）；位于犹他州希尔空军基地（Hill Air Force Base），主要负责F-35、F-22、F-16等战斗机维修保障的奥格登空军后勤中心（Ogden Air Force Logistics Complex）。

目前，美海军的3个主要的航空站分别是位于加利福尼亚州圣地亚哥市的北岛海军航空站（Naval Air Station North Island），此基地也是美海军航空力量的发源地；位于佛罗里达州的杰克逊维尔海军航空站（Naval Air Station Jacksonville）；位于得克萨斯州的科珀斯克里斯蒂海军陆战队航空站（Naval Air Station Corpus Christi）。

这些维修基地主要任务是对所管辖的装备进行制造和维修，包括装备的整装大修、部组件大修、再制造升级改造和零部件再制造修复等。如美陆军在安尼斯顿陆军基地（ANAD）成功利用增材再制造技术对艾布拉姆斯坦克上的零部件进行了再制造修复。同时，通过公私合作协议，与装备生产商实现有机合作，维修基地大幅提高了设施利用率、优化了装备保障流程、改进了保障技术、降低了装备保障费用并最终实现了装备保障的敏捷性。如 2014 年，美国海军与波音签订了一份 F/A-18 大黄蜂延寿和再制造合同，有 92%的工作在美海军杰克逊维尔海军航空站完成；2015 年，美陆军与 HPlogIT Manangement 公司签订了一份约 2100 万美元的 MRAP 透明装甲再制造修复合同，所有工作在红河陆军基地完成。

由于美陆军需要长时间执行境外作战任务，其装备维修保障建设也是以提高陆军部队自身的独立作战能力为基础，因此美陆军也相当重视装备维修作业时的野战级维修和现地修理保障能力。

美陆军所配属的装备多为系列型装备，通用性和互换性很强，可以大幅度减少所需携带备品备件的种类。2004 年 10 月，美陆军研制出 M109A6 “帕拉丁”自行火炮的多功能维修车辆，该维修车可以同时完成基层级维修任务和部分直接支援级原位维修任务。美陆军还试图将基层级维修车辆（“艾布拉姆斯”、“布雷德利”、“帕拉丁” 所使用的维修车辆除外）的功能结合起来，研制出一种新型的通用维修车辆。此外，陆军计划建议将所有基层级轮式维修车辆的功能与所有直接支援级轮式车辆的功能综合在一起，研制新型的通用轮式维修车辆。

美陆军坦克及机动车辆司令部研发的 “移动零件医院”（Mobile Parts Hospital, MPH）可在现场利用增材制造设备直接制造所需零部件，如图 4-6 所示。在 “移动零件医院” 基础上，美军集合增材制造及数控加工自动化设备，研制出新一代 “移动远征实验室”（Expeditionary Lab-Mobile, ELM），相比上一代 “移动零件医院” 极大提升了维修效率，并于 2012—2013 年在美军的海外战区进行了部署。

图 4-6　可用于现场装备抢修的移动远征实验室

实践表明“移动远征实验室”可满足战时装备抢修的需要，展现出良好的军事效益。截至 2019 年，美陆军在驻扎于德国、泰国、日本等地的 19 个军事基地都部署了增材制造装备维修保障设备系统，可临时打印急需零部件以保证部队作战能力，减轻备件保障供应链压力，增强部队持续作战能力。此类基于增材制造技术的装备维修保障手段也正在美国空军、美国海军以及美国海军陆战队中迅速推广应用。增材制造技术不仅能胜任大型零部件的快速制造和维修，美陆军还开发了便携轻质的 3D 打印机，供士兵随身携带，可用于战场上快速制造尺寸较小的装备替换零部件。

近年来，美军由于国防经费预算的波动和削减使新型武器装备研发缓慢、老旧装备的维护费用随装备服役时间呈指数增长，进而蚕食国防预算中与装备相关的经费支出，形成恶性循环。为打破这一现象，美国国防部启动了一系列再制造项目，通过对损伤零部件进行换件修复、尺寸修复以及性能加强以最大程度保留零部件的附加价值，并使装备恢复到新品状态。美军在长期的研究过程中积累了丰富的经验，内容覆盖面广，不仅包含了再制造中零部件检测和修复环节的关键支撑技术，还涉及供应链管理、环境和成本分析、现场应用和技术转化研究等领域，形成了较为全面和完善的再制造研究体系。

参 考 文 献

[1] Koivu A H, Saczalski K. Feasibility study for field remanufacture of failed army vehicle parts [R]. Costa Mesa: Mission Research Corporation, 1988.

[2] Office of the Inspector general. Review of the M1A2 Abrams tank program as a part of the audit of the effectiveness of the defense acquisition board review process-FY 1992 [R]. Washington, DC: Department of Defense, 1992.

[3] Forbes J A, Hutcheson D W, Timko A. Choosing between public and private providers of depot maintenance [R]. McLean: Logistics Management Institute, 1997.

[4] Cornwall S, Drell S, Dyson F, et al. Signatures of aging revisited [R]. McLean: JASON Program Office, The MITRE Corporation, 1998.

[5] Fink K B, McKnight H S, Newton H C, et al. Non-polluting composites repair and remanufacturing for military applications: an environmental and cost-saving analysis [R]. Aberdeen Proving Ground: Army Research Laboratory, 1999.

[6] Mohanty P S, Hart A. Thermal spray based rapid manufacturing, part refurbishing and reengineering [R]. Warren: U.S. Army Tank Automotive Research, Development and Engineering Center, TARDEC, 2004.

[7] Under Secretary of Defense (Acquisition, Technology & Logistics). The vertical lift industrial base: Outlook 2004-2014 [R]. Washington, DC: Deputy Under Secretary of Defense (Industrial Policy), 2004.

[8] Ferrer G. Material Planning for Remanufacturing Defense Assets [R]. Monterey: Naval

Postgraduate School, 2009.

[9] 何磊，况阳，罗雯军．舰船装备涂层高效去除与清洗技术概述［J］. 电镀与涂饰，2021，40（6）：1301-1305.

[10] Army Technology. US Army develops cold spray process to repair gun mounts on Bradley ［EB/OL］.（2019-8-22）［2023-6-15］. https：//www. army-technology. com/news/us-cold-spray-gun-mounts-bradley/.

[11] Huetter J. Army cold spray tech an intriguing idea for auto body industry ［EB/OL］.（2019-9-11）［2023-6-15］. https：//www. repairerdrivennews. com/2019/09/11/army-cold-spray-repairs-an-intriguing-idea-for-auto-body-work/.

[12] McDonnell M, Dinda G, O' Neill B. Direct deposition of metal（DDM）as a repair process for metallic military parts ［R］. Contract NO：W56HZV-04-C0721, WD-FH-0004 Task 2, 2012.

[13] National Science and Technology Council. A National Strategic Plan for Advanced Manufacturing ［R］. Washington, DC：U. S. Executive Office of the President, 2012.

[14] Fielding J, Davis A, Bouffard B, et al. Final report department of defense additive manufacturing roadmap ［R］. Washington, DC：U. S. Department of Defense, 2016.

[15] Joint Defense Manufacturing Council, Office of the Deputy Director for Strategic Technology Protection and Exploitation, Office of the Under Secretary of Defense for Research and Engineering. Additive manufacturing strategy ［R］. Washington, DC：U. S. Department of Defense, 2021.

[16] 昝翔，陈春良，张仕新，等．美俄陆军部队及装备维修保障的发展现状及启示［J］. 火力与指挥控制，2019，44（7）：172-177.

[17] 李志国．美军武器装备维修与保障现状及其启示［J］. 国防科技，2014，35（6）：83-86.

[18] Department of Defense. PBL guidebook, a guidebook to developing performance-based arrangements ［R］. Washington, DC：Department of Defense, 2016.

[19] 张文宇，王海斗，宋巍，等．美军武器再制造现状与发展趋势［J］. 装甲兵学报，2022，1（1）：117-122.

[20] 姚世锋，伯彦奇，乔良．美军基于性能的保障模式及启示［J］. 军事交通学院学报，2020，22（4）：47-52.

[21] 曹玉芬．美国数字化部队装备保障研究［R］. 北京：总装备部装甲兵装备技术研究所. 2012.

[22] 董良喜，郑丽珍．美军两级维修体制改革及启示［J］. 装备学院学报，2014，25（5）：40-44.

[23] 董良喜，郑丽珍．美陆军支援司令部（ASC）的任务与编成简介［J］. 维修理论动态，2011，31（7）：33-39.

[24] General Accounting Office. Army depot maintenance：privatization without further downsizing increase costly excess capacity ［R］. Washington, DC：US General Accounting Office, 1996.

[25] Department of the Army. Army stationing strategy ［R］. Washington, DC：Department of the Army, 2003.

[26] Department of Defense. DOD maintenance depot capabilities and services public-private partnerships [R]. Washington, DC: Department of Defense, 2003.

[27] Department of Defense. Contracts for Nov. 4, 2014 [EB/OL]. (2014-7-23) [2023-6-15]. https://www.defense.gov/News/Contracts/Contract/Article/606721/.

[28] Department of Defense. Contracts for Dec. 22, 2015 [EB/OL]. (2014-7-23) [2023-6-15]. https://www.defense.gov/News/Contracts/Contract/Article/637797/.

[29] Hill J D. 3D printing on the frontlines-army deploying $2.8M mobile fabricationlabs [EB/OL]. (2013-3-28) [2023-6-15]. https://singularityhub.com/2013/02/28/3d-printing-on-the-frontlines-army-deploying-2-8m-mobile-fabrication-labs/.

[30] Judson J. Still in service: 'Ex Lab' is the US army's problem-solvingMacGyver [EB/OL]. (2019-10-14) [2022-11-30]. https://www.defensenews.com/digital-show-dailies/ausa/2019/10/14/still-in-service-ex-lab-is-the-us-armys-problem-solving-macgyver/.

[31] Inspector General. Audit of the DOD's use of additive manufacturing for sustainment parts [R]. Washington, DC: Department of Defense, 2019.

[32] Deputy Director for Strategic Technology Protection and Exploitation, Office of the Under Secretary of Defense for Research and Engineering. Additive manufacturing strategy [R]. Washington, DC: Department of Defense, 2021.

5　美军装备再制造

2018 年，美国国防部发布的最新《美国国防战略》报告指出，要将新技术和战场应用相结合，对现役装备进行及时有效的升级改造，加速现代化进程，并建立一支可持续的、高效且经济实用的后勤装备保障力量。这一战略的提出是对美军装备保障能力的考验，而再制造技术在完成对废旧装备性能恢复与功能提升的同时，还能实现节能省材的经济效益，高度契合美国国防战略方针，美军也因此投入了大量的人力和物力，开展了以“艾布拉姆斯”主战坦克为代表的 5 类地面突击装备、以“支奴干”重型运输直升机为代表的 3 类陆航装备以及舰载机、远程战略轰炸机、弹道导弹等共 13 类美军主战装备的再制造工程应用，美陆军主战装备累计生产数量如图 5-1 所示。

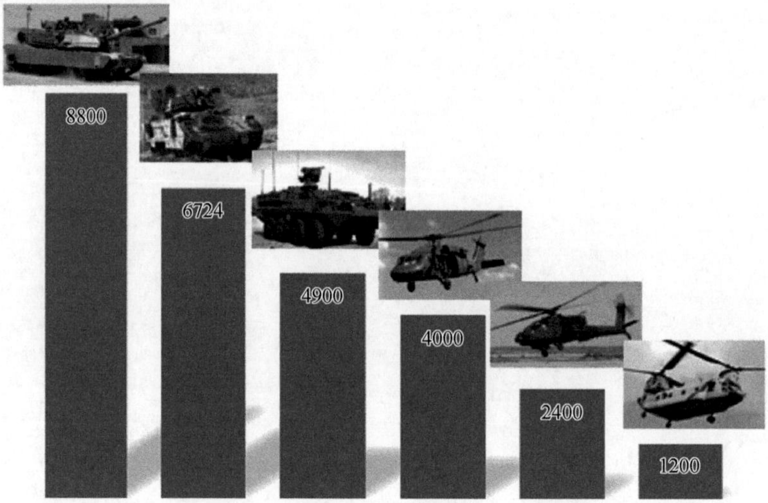

图 5-1　美陆军主战装备累计生产数量

美陆军主战装备原型的研制大多始于 20 世纪 60—80 年代，每一代武器装备的设计服役期限一般为 10～15 年，只有借助再制造技术，才能实现装备的多寿命周期使用，并通过对火控、传动、电子等系统的升级改造，提升装备的作战能力，满足装备在不同环境下的作战需求。目前美陆军对再制造的应用最为广泛，经费投入也最大，主要包括“阿帕奇”直升机、“支奴干”运输机、“艾布拉姆斯”主战坦克、“布拉德利”战车、“斯特瑞克”多功能装甲车等生产规模大、保有量高、保障能力强、全球部署的武器装备。

再制造技术在美海军和空军的航空装备保障中同样发挥了积极作用。美海军再制造的主要装备包括“蝰蛇”和“毒液”舰载直升机以及“超级大黄蜂”战斗机等，而美空军的再制造技术则主要体现在战略意义较高的远程战略轰炸机上。另外，美海军和空军持续在推行利用再制造技术对高价值航空装备进行维护的工作，如利用增材再制造技术对装配于 F-15 和 F-16 战机的 F100-220/-220E 涡轮风扇发动机叶片等零部件进行修复等，以确保美军航空装备的作战状态。鉴于导弹防御武器系统高额的研制成本及无可替代的战略威慑能力，其升级和维护也一直是美国国防部重点投入的项目。自 20 世纪 80 年代起，美军就联合劳伦斯利弗莫尔国家实验室、洛斯阿拉莫斯国家实验室以及 Y-12 国家安全中心对核武器及其载具展开了再制造可行性研究。美军导弹防御武器系统的再制造项目主要针对“三叉戟”弹道导弹及 B61 原子弹的升级和维护，美军再制造升级改造的基本情况如图 5-2 所示。

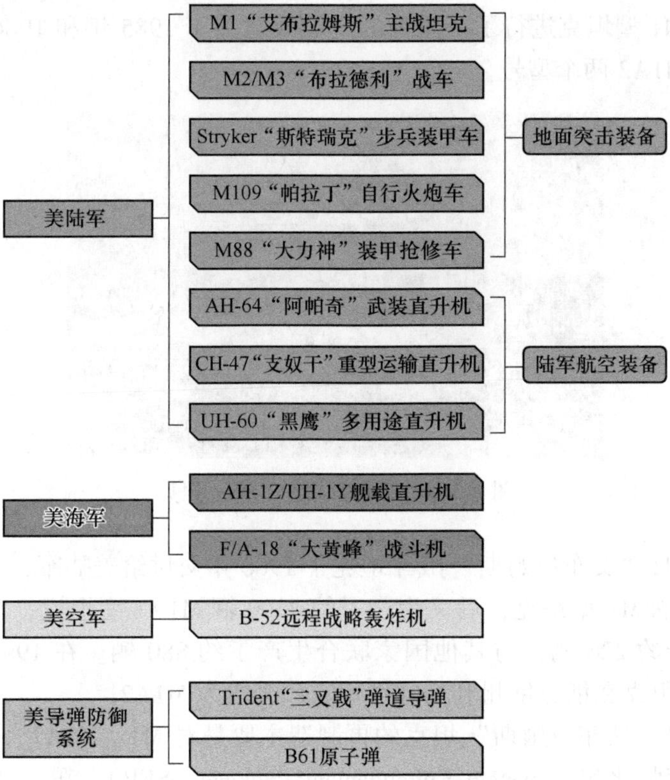

图 5-2　美军再制造升级改造的基本情况

美国国防部发布的《2022财年武器装备系统采办预算报告》显示，目前美军在陆、海、空、太空、综合防御五大军事体系共有八十五种主战装备。本章聚焦美陆军主要武器装备，对“艾布拉姆斯”主战坦克、“布拉德利”战车等地面突击装备以及“阿帕奇”武装直升机、“支奴干”重型运输直升机等陆军航空装备的再制造升级改造信息进行了较为全面的梳理总结，同时对美海军、空军及导弹防御系统部分装备的再制造升级改造情况进行了研究。

5.1　美陆军地面装甲装备再制造

5.1.1　M1“艾布拉姆斯”主战坦克

美国在20世纪70年代后期开发M1“艾布拉姆斯”取代M60“巴顿”系列坦克，如图5-3所示，M1在1980年开始服役，其家族主要有M1、M1A1及M1A2，经历了几十年风霜沙尘，形成了一个拥有26种演进类型的庞大家族，M1“艾布拉姆斯”坦克是由美国通用动力陆地系统（General Dynamics Land System，GDLS）公司设计制造的美军的主战坦克。自第一辆M1型坦克于1978年诞生以来，美军对M1型坦克进行了一系列的升级改造并于1985年和1986年分别衍生出M1A1和M1A2两个型号。

图5-3　“艾布拉姆斯”主战坦克

第一批M1“艾布拉姆斯”战斗坦克于1980年交付给美陆军，美陆军总共生产了近3300辆M1型坦克，后又生产了约4800辆M1A1型坦克，其中为美国海军陆战队生产约220辆，与其他国家联合生产了约880辆。在1996—2001年有600多辆M1坦克在俄亥俄州利马陆军坦克厂升级为M1A2。

目前，对“艾布拉姆斯”坦克的再制造主要是对M1、M1A1、M1A2等老旧型号添加系统强化包（System Enhancement Package，SEP）。第一批系统强化包升级改造于2001—2004年展开，如图5-4所示，其间美陆军共对240辆M1A2进行了再制造。在随后的2005年和2006年又对约300辆M1A2进行了再制造升级改造。M1A2SEP型“艾布拉姆斯”坦克包含了美陆军第二十一部队（ForceXXI）指挥和控制架构的嵌入式版本、雷神公司研制的独立热成像仪（CITV），添加了数字彩色地形图显示仪、DRS技术公司的第二代GENIITIS热成像枪手瞄准器及驾驶员综合显示器和热管理系统。

图5-4 M1坦克正在进行再制造处理

自2007年11月起，通用动力陆地系统公司开始着手对240辆M1A2SEP型“艾布拉姆斯”坦克进行进一步再制造升级改造工作。SEPv2型系统强化包进一步改进了侦察装置并增添了坦克-步兵通信系统。随后通用动力陆地系统公司于2008年2月和8月分别获得两个再制造升级改造的多年期合同，共计将670辆M1A1型“艾布拉姆斯”坦克升级至M1A2SEPv2型，合同总金额超14亿美元。

2015年12月，通用动力陆地系统公司获得了一份9220万美元的合同，对新一代SEPv3再制造进行研发。美陆军于2018年7月向通用动力陆地系统公司下达了将近100辆M1A1型“艾布拉姆斯”升级为M1A2SEPv3配置的订单。2019年1月，通用动力陆地系统公司获得一份7.14亿美元的合同，将174辆M1A1型“艾布拉姆斯”坦克升级为M1A2SEPv3配置。目前，美陆军已经订购了超过三个旅的M1A2SEPv3坦克，数量约274辆。M1A2SEPv3型“艾布拉姆斯”坦克保留了M1A2坦克的布局，坦克长9.7m，宽3.7m，高2.4m，由四名乘员操作，包括一名驾驶员、一名指挥官、一名装填手和一名炮手。驾驶室位于车体前部中央，炮塔位于中间，动力舱位于后部。该坦克集成了可更换模块技术以便于车队的维护。坦克还添加了联合战术无线电系统（JTRS）的手持式、便携式和小型适配无线电，以确保旅战斗队（BCT）的通信和交互行动。

2017 年，通用动力陆地系统公司获得一笔 5.81 亿美元的合同，其中 2.7 亿用于 45 辆 M1A2SEPv3 型坦克的再制造升级改造，另外 3.1 亿用于研制 7 台 SEPv4 型原型车。

攻击力方面，仍然使用 120 mm 滑膛炮的系列弹药，但是已经升级到第五代 120 mm 穿甲弹——M829A4（AKE）贫铀长杆结构尾翼稳定脱壳穿甲弹，在2000 m 距离上的穿深比 M829A3 增强了 20%左右。此外，还装备 XM1069 多用途弹（AMP），采用破片杀伤战斗部，并配用可编程引信，如对付硬目标，引信将以弹头触发模式作用；对付软目标将以空炸模式作用。XM1069 多用途弹是一种为近距离巷战准备的弹药，如图 5-5 所示，它在 500 m 内对人员、轻装甲车辆、建筑物具有极高的毁伤效应，而且反应极为迅捷。美军还曾经研制过 M1CATTB 试验车，换装了 140 mm 的 XM291ATAC61 先进轻型火炮，威力极大提升，如图 5-6 所示。

图 5-5　XM1069 多用途弹

图 5-6　改造后 M1 坦克的车体与炮台

在侦测和火控方面，M1A2SEPv3 型坦克安装了改进型前视红外（Improved Forward-looking Infrared，IFLIR）。改进型前视红外采用了长波和中波红外技术，与现有的第二代改进型前视红外相比，可以增强目标的获取、识别和交战。遥控武器系统（CROWS）配备了一台升级的日间摄像机，该摄像机采用画中画技术，可以显示不同视角，并可提供更宽阔的场景视野。为增强巷战能力，M1A2SEPv3 装备了 LPCROWS 遥控武器站，如图 5-7 所示，替换现役的 CROWS 和 CROWS-Ⅱ遥控武器站，空间和高度均小于 CROWS-Ⅱ，并具有遥控精度和可靠性。

图 5-7 LPCROWS 遥控武器站

在防护方面，M1A2SEPv3 型坦克的车体和炮塔集成了一个新的装甲包，用反应式装甲和板条装甲进行铰接，能有效预防简易爆破设备（Improvised Explosive Device，IED）的伤害。CREWDukev3 反遥控简易爆炸装置（RCIED）电子战系统可以保护乘员免受路边炸弹和简易爆炸装置的攻击。坦克炮塔的两侧装有 M250 型六管烟幕弹发射器用来布设烟幕。

在动力系统方面，M1A2SEPv3 型坦克由一台功率为 1500 PS（马力，1 PS = 0.735 kW）的霍尼韦尔 AGT1500 燃气涡轮发动机提供动力。装甲下的辅助动力装置可以使坦克在静默观察状态下操作车载系统从而提升坦克隐蔽性。当车辆处于静止状态时，发电机可使炮塔在没有主发动机动力的情况下正常运行，从而提高了燃油效率。坦克还配备了先进的发电和配电系统，如改进型交流发电机、远程开关模块和电池监控系统等。运行装置包括七个支重轮，后部有一个驱动链轮，前部有导向轮，两侧又各有两个拖链轮。第一、第二和第七个支重轮都安装了减震器。

由于坦克的光泽不会保持太久，将略显生锈的车体运送到俄亥俄州的联合系统制造中心。通过改装，对车体进行更新，使其能够适应现代计算机和武器系统；利用等离子切割机精确切割钢板，等离子体的温度可以达到 18000 ℃，接着对坦克进行抛光清理、快速喷涂。将安尼斯顿陆军仓库卸下的 12000 个坦克零件，安装回到 M1 坦克中，接着安装坦克两条 55 ft（英尺，1 ft = 0.3048 m）长的履带，每条履带的重量约为 5000 lb（磅，1 lb = 0.454 kg）。M1 的神经中枢除了有像这样的热成像系统外，还有数字指挥控制系统和风速传感器，可以修正射击轨迹。M1 坦克的主炮 120 mm，致命射程可达 2 mi（英里，1 mi = 1.61 km），需要两个人和一个机械臂来帮助将大炮固定在炮塔上。一辆 M1 坦克最多可以容纳三挺机枪和火炮。每一门机枪和瞄准镜都必须进行瞄准测试，以确保正确的对准，这个过程称为“瞄准孔瞄准”，需要一天调试完成。

5.1.2　数字“艾布拉姆斯”增强包计划

美国最早在亚拉巴马州的安尼斯顿陆军基地和俄亥俄州的联合系统制造中心对 M1 坦克进行维修和再制造工作，需要花费 10 个月的时间对坦克进行清洗和再制造，如图 5-8 所示。位于亚拉巴马州安尼斯顿的陆军仓库是 M1 坦克的第一站，这些坦克将在这里停留约 4 个月，然后运往约 600 mi 外的俄亥俄州利马市进行第二阶段的再制造工作。

图 5-8　等待再制造的 M1 坦克

M1A2SEP 是在数字化的 M1A2 平台的基础上，改进了第三代钢制贫铀装甲、新的指挥和控制系统、第二代 FLIR 热成像瞄准镜，包括用于“猎杀者”操作的指挥官独立热成像仪（CITV）、可让乘员在不运行发动机的情况下运行关键电子设备的装甲下辅助动力装置（UAAPU）和热管理系统（TMS，即乘员和电子设备的空调）。M1A2SEP 还具有增强型电子装置，如彩色地图和显示器、改进的网络通信、高密度计算机内存和提高的微处理速度、更易于使用的“士兵人机界面（SMI）”，以及开放的操作计算系统，这将使未来的升级和增加更容易。

再制造是一个复杂的过程：首先将坦克的部件剥离出来，分离炮塔和车体，接着拆除 1.5 t 的燃气轮机发动机。由于 M1 坦克使用多功能发动机，沙子对发动机的损害非常严重，当沙子被吸进发动机中，内部的金属涡轮机会解体，因此，再制造清洗是实施再制造的重要环节。

为加快进度，9 台机器人负责 400 多万个条形编码车体零件的存储和检索。工人将坦克车体上剩余的零件从坦克车体上剥离下来。油箱被完全剥离后，即对其外部的金属外壳进行改造。车体吊到起重机上，起重机将罐体垂直吊在空中，并将其运送到“旋转吊架”中，将其固定在门后，如图 5-9 所示。接着用数以百万计的钢丸在车体喷涂了 1.5 h，喷涂后坦克车体获得了全新的钢质涂层。

图 5-9 旋转吊架上等待再制造的 M1 坦克

与早期的 SEP 版本相比，M1A2SEP 版本增加了改进的显示器、瞄准镜和动力系统，再加上坦克步兵电话。最近的订单还增加了 1 挺 CROWS-Ⅱ型顶装机枪，配备了先进的瞄准镜。CROWS 系统可以通过操纵杆和屏幕在坦克内部控制，无须打开舱门，避免乘员暴露在狙击手面前。SEPv2 是技术最先进的数字化“艾布拉姆斯”坦克，也为未来的通信和其他技术更新做好了准备。

2015 年底，通用动力公司与美国陆军签订了价值 9220 万美元的合同，将“艾布拉姆斯”主战坦克从 M1A2SEPv2 升级到 M1A2SEPv3 配置，如图 5-10 所示。而 2015 年 10 月，M1A2SEPv3 坦克样车首次在美国陆军协会年会上展示。

图 5-10 M1A2SEPv3 坦克样车

M1A2SEPv3 改进最多的地方是信息化技术，该车升级了第三代车际信息系统、旅级战斗指挥系统，这一套数字化指挥系统具备极强的信息传输能力和分布式指挥计算能力，能够实时传送己方、敌方坦克的位置和行动数据，在车长的显示器上显示，就像游戏中的配置。这意味着，指挥官随便跳进一辆完好的 M1A2SEPv3，就可以利用该坦克现有的信息化装备，接过部队指挥权。此外，该车还增设了 ADL 弹药数据链和双色第三代前视红外技术（IFLIR）的红外热像仪。

5.1.3　M2/M3"布拉德利"战车

M2/M3"布拉德利"履带战车（图 5-11）由 BAE 系统公司（BAE System Land and Armaments）研制，自 1981 年服役以来已生产近 7000 辆。M2"布拉德利"步兵战车的主要作用是在战场上运送士兵，为部队提供火力掩护以及压制敌方火力。M2 携带一名指挥官、炮手和驾驶员，外加六名乘员。M3"布拉德利"战车则主要执行侦察任务，除携带三名机组人员外还配有两名侦察员。

图 5-11　"布拉德利"战车

美陆军对 M2A2/M2A2 型"布拉德利"战车升级计划和改进内容主要吸收了海湾战争时期的作战经验。第一批小规模生产的 M2A3/M3A3"布拉德利"战车于 1998 年 11 月交付，2000 年 4 月投入使用，并在 2001 年 5 月被批准进行全速生产。美陆军于 2005 年 2 月向 BAE 系统公司订购了 120 辆 A3 型"布拉德利"战车，其中包括 80 辆 M2A3、29 辆 M3A3 和 11 辆 A3BFIST 火力支援车。2005 年 6 月，美陆军又与 BAE 系统公司签订了一份 450 辆"布拉德利"战车的再制造升级改造合同。2006 年 8 月，BAE 系统公司获得了一份 96 辆（57 辆 M2A3、16 辆 A3BFIST 和 22 辆 A2ODSBFIST）的后续合同。同年 11 月，获得了 610 辆（490 辆 A3 和 120 辆 A2ODS）的改造合同。2007 年 7 月，又签订了 172 辆（108 辆 A2、60 辆 A3 和 4 辆 BFIST）改造合同。

M2A3/M3A3 的升级改造包括添加了 DRS 技术公司的改进型"布拉德利"捕获系统（IBAS），该系统具有白光电视通道和直视光学系统、自动双目标跟踪、激光测距仪和两轴稳定的头镜。同时战车配备了雷神公司研制的指挥官独立热成像仪（CITV），这些成像器以 480×4 扫描红外焦平面阵列为基础，可以独立于炮塔旋转。同时配备的还有 DRS 技术公司的驾驶员视觉增强器（DVE）、一个带有中央处理器的数据总线和供乘员使用的数字信息显示器。

至2010年，M2A3/M3A3“布拉德利”战车数量已达到3390辆。同年10月，BAE系统公司获得了一份9100万美元的合同，用于替换552辆“布雷德利”车辆的老旧和受损系统零部件。同年11月，签订了一份2.5亿美元的合同，为247辆“布雷德利”沙漠风暴行动态势感知（Operation Desert Storm，ODS-SA）车辆更换部分零部件。

2011年10月，美陆军又授予BAE系统公司一份2.7亿美元的合同，用于改装245辆ODS-SA车辆。2012年2月，BAE系统公司获得了一份4700万美元的合同，用新设备和技术更新95辆“布雷德利”车辆。

2018年，美陆军与BAE系统公司签订了一份164辆M2A4和M7A4的再制造项目，经费达3.47亿美元。2019年和2020年，美陆军再斥资2.69亿和2.67亿美元对共计327辆M2A2/M2A3型战车进行新一轮的再制造升级改造。再制造后的M2A4“布拉德利”战车配备了675 PS（马力，1 PS = 0.735 kW）的VTA903E-T675发动机及新型传动系统，安装了最新的主动防御装置，设计了全新的观测室并配备了集成化的通信设备，极大提升了战车的机动性、战场存活能力以及协调作战能力。M2A4型战车计划服役至21世纪20年代末，预计将成为最后一代“布拉德利”战车。

5.1.4 Stryker“斯特瑞克”步兵战车

为填补轻型和重型装甲部队之间的空缺，美国国防部与加拿大通用动力陆地系统公司（General Dynamics Land System Canada，GDLS Canada）研制了“斯特瑞克”八轮步兵战车，如图5-12所示，于2002年正式服役，是自20世纪80年代“艾布拉姆斯”坦克服役以来美陆军最新研发的地面突击装备。根据作战需求设计了运兵车、医疗车、火力支援车、反坦克导弹车、侦察车、防空车等多种型号。

图5-12 “斯特瑞克”步兵战车

“斯特瑞克”旅作战队（The Stryker Brigade Combat Team，SBCT）是美陆军将快速部署能力、战场生存能力和战术机动性相结合的典范。“斯特瑞克”战车使该旅作战队拥有在城市作战环境下的机动作战能力，并能在开放的地形中提供有效火力掩护将人员迅速运送到指定地点。目前美军的 6 个“斯特瑞克”旅作战队共有约 2200 辆“斯特瑞克”装甲车。

2005 年 3 月，联合防务公司（现 BAE 系统公司）获得了一份为“斯特瑞克”战车提供 289 套全车反应式装甲的合同。2010 年 7 月，美陆军与通用动力陆地系统公司（GDLS）签署一份 3000 万美元的合同，为“斯特瑞克”战车研制防御能力更强的双 V 形底盘。

2010 年 12 月，美陆军与通用动力陆地系统公司签署一份 960 万美元的合同，为 350 辆“斯特瑞克”战车提供电子视频显示套件，以及一份 990 万美元的合同，为“斯特瑞克”战车安装新型防御装甲。

2014 年 5 月，通用动力陆地系统公司获得了一份 1.63 亿美元的合同，将 93 辆“斯特瑞克”战车改装为双 V 形底盘。此外，美陆军在 2018 年 6 月与通用动力陆地系统公司签订了一份 2.58 亿美元的合同，要求将 116 辆“斯特瑞克”战车再制造为“斯特瑞克”A1 型近程防空战车，如图 5-13 所示。A1 型近程防空战车除了拥有双 V 形底盘设计外还装备有一台 450 PS 的发动机、60000 lb 的悬挂以及车载网络。通用动力陆地系统公司于 2018 年 10 月又获得了一份 3.83 亿美元的合同，将 173 辆“斯特瑞克”战车升级为 A1 型近程防空战车。

图 5-13　“斯特瑞克”A1 型近程防空战车

2021 年，美军与奥什卡什公司签订了一份近 10 亿美元的再制造升级改造合同，新一代战车将在原车型的基础上装配 30mm 中型火炮，强化双 V 形底盘防御能力，并提升装甲车的机动性及续航能力。

5.1.5 M109“帕拉丁”自行火炮

M109“帕拉丁”自行火炮自20世纪60年代列装以来已经服役超过60年。1988年，在M109A2/A3的基础上，美陆军将M109“帕拉丁”自行火炮再制造升级改造至M109A6型，并于1994年首次部署，如图5-14所示。1999年，美军完成950辆M109A6型“帕拉丁”自行火炮订单。与前一代相比，M109A6在射速和射程上都有大幅提升，持续射速1发/min，发射普通榴弹时的最大射程为24 km，最大射速4发/min，发射火箭增程弹时的最大射程达到30 km，弹药携带量也增加到39发。

图5-14 M109A6型“帕拉丁”自行火炮车

M109自行火炮最新的PIM系统于2007年开始由BAE系统公司承担研发工作，此次升级保留了自行火炮主要的武器系统和驾驶室结构，但将底盘更换为“布拉德利”战车的通用底盘。发动机和传动系统更换为和“布拉德利”战斗车通用的康明斯600 PS柴油发动机和L3HMPT-500自动变速器，悬挂和转向系统的升级使得PIM系统自行火炮生存能力得到了改善。同时PIM系统还配备了新的自动装填器、电动炮塔驱动系统，与未来战斗系统的非视距火炮（NLOS-C）相适应，并由BAE系统的通用模块化电源系统（CMPS）提供空调供电。现有的39倍口径炮塔换成58倍口径的30 ft炮管，以提高车辆的火力。M109A7配备了扩展射程火炮系统（ERCA），以提高射速和炮兵射程。

2014年，被美陆军正式定型为M109A7型自行火炮，相应的弹药补给车为M992A3。BAE系统公司分别于2013—2019年共获得4份M109A7的再制造升级改造合同。美陆军计划将现役580辆M109A6型自行火炮再制造升级改造为M109A7型。

5.1.6 M88“大力神”装甲抢修车

M88“大力神”装甲抢修车最初由 Bowen McLaughlin York（BMY）公司于1961年设计制造，随后于1977年再制造升级改造至M88A1型。后BMY公司与食品机械和化学公司（Food Machineryand Chemical，FMC）于1994年合并，成立了联合防御工业公司（United Defense Industries，UDI），后又于2005年被BAE系统公司收购，目前M88装甲抢修车的研发和制造商为BAE公司。

M88A2型装甲抢修车于1997年列装美陆军并参与了海湾战争和科索沃战争。M88A2装甲抢修车可牵引高达70 t的装甲车辆以及架桥设备，基本满足了美陆军对抢修车的性能要求，可以在战场有效地进行牵引、绞盘和救援作业，如图5-15所示。再制造后的M88A2型抢修车装备了额外装甲，综合性能也更为强大，采用35 t拉力的长吊杆，以及14万磅的恒定拉力主绞盘，相较M88A1增加了55%的绞盘动力、40%的拉升强度和25%的额外牵引力。同时还可以在需要时为车辆提供加油和卸油设施。

图5-15　M88A2型“大力神”装甲抢修车

美陆军于2006年11月向BAE系统公司订购了113辆M88A2型抢修车以及后续的备件供应和技术支持服务，合同价值2.51亿美元，在2009年完成交付。美陆军分别在2008年和2009年向BAE系统公司追购了90辆和39辆M88A2型抢修车，合同总金额达2.66亿美元。2010年7月，BAE系统公司获得了一份7000万美元的合同，将30辆美陆军M88A1车体改装成M88A2型抢修车，随后在2011年7月又获得了一份1.655亿美元的合同，为美陆军提供43辆M88A2型抢修车。同年8月，BAE获得一份价值1.084亿美元的合同，分别向美陆军和美海军陆战队提供29辆和16辆M88A2型抢修车。截至2012年10月，BAE系统公司已分别向美陆军和美海军陆战队交付了500辆和75辆M88A2型抢修车。

美陆军与BAE系统公司分别于2015年7月和2016年4月签订了两份M88A1型升级改造合同，共计完成72辆M88A2型抢修车的再制造。后于2019年10月又获得一份约1.5亿美元的升级改造合同，使M88A2型抢修车的总采购数量增加到914辆。

M88A2型抢修车还销售至澳大利亚、埃及、伊拉克、科威特和摩洛哥等国家。澳大利亚政府在2017年4月接受了6辆新车的交付。2020年3月，美国批准向摩洛哥出售25辆M88A2，总价达2.3935亿美元。此外，2019年10月，美国批准了以2.81亿美元向科威特出售19辆M88A2救援车的计划。

BAE系统公司在2001年5月被埃及国防军授予一份价值2180万美元的合同，用于共同生产13辆M88A2抢救车。继2010年向伊拉克军队交付8辆M88A2后，该公司于2012年10月获得3180万美元的合同，再向伊拉克军队交付8辆M88A2车辆。

然而，随着美陆军对M1A2“艾布拉姆斯”的持续再制造升级改造，最新的M1A2SEPv3型“艾布拉姆斯”坦克的重量已超出单个M88A2抢修车的运载能力。因此，美陆军为提升M88A2的抢修能力、生存能力和响应速度，对现役的M88A2抢修车进行了新一轮再制造升级改造工作。

2019年9月，美陆军与BAE系统公司签订了一份3.18亿美元的合同，对M88A2抢修车进行全面再制造升级改造，项目在BAE系统公司位于美国宾夕法尼亚州、南卡罗来纳州、亚拉巴马州和密歇根州的基地中展开。新型M88A3抢修车进行了一系列的性能提升，包括配置可提供1350 PS的卡特彼勒C32ACERT柴油发动机、7段式液压气动悬挂装置（7-station Hydro-pneumatic Suspension Units，HSUs）等现代化的动力系统以提高车辆的马力、扭矩和越野机动性，并添加了第七个支撑轮以增加车体稳定性，配备改进的装甲保护以提高生存能力，这些改进将提高抢修车整体的速度、吊装和绞盘能力、生存能力和可靠性。

5.2 美陆军航空装备

5.2.1 CH-47“支奴干”重型运输直升机

自1963年服役以来，“支奴干”运输机便是美陆军主要的航空运输装备，目前大部分CH-47F“支奴干”运输机（图5-16）是通过对原CH-47D机型的再制造升级改造而来。目前全球范围内已有约1200架各类型号的“支奴干”重型运输机，其中美陆军和美海军陆战队共计拥有约480架。

相比CH-47D，CH-47F“支奴干”重型运输直升机优化了机身结构以减少飞

图 5-16 CH-47F“支奴干”重型运输直升机

行时的机身振动，并对驾驶舱、机舱、机尾部分、塔架和坡道进行了其他结构性改进。通过安装通用航空电子架构系统（Common Avionics Architecture System，CAAS），改进电气、航空电子和通信系统等手段对驾驶舱进行了全面的信息化升级。通用航空电子架构系统（CAAS）包括五个多功能显示器、移动地图显示器、数字调制解调器、BAE 系统公司的数字高级飞行控制系统（Digital Advanced Flight Control System，DAFCS）和一个存储飞行前和任务数据的数据传输系统。对直升机的动力系统也进行了提升，配备了功率更大的霍尼韦尔 T55-GA-714A 发动机，推力为 3529kW（4733shp），并可实施全数字控制（Full Authority Digital Engine Control，FADEC）。飞行半径增至 609 km，任务半径增至 370 km。

通过再制造技术，CH-47F“支奴干”运输机预计服役时限可延长到 21 世纪 30 年代末。自从 2003 年 1 月美陆军开始小批量对 CH-47D“支奴干”重型运输机进行再制造升级改造以来，截至 2019 年，美陆军已完成约 400 架 CH-47D 型的延寿和升级改造工作，成本从新制造的每架 3200 万降低至 850 万美元。

5.2.2 AH-64“阿帕奇”武装直升机

“阿帕奇”武装直升机最初由麦道公司（McDonnell-Douglas）设计生产，该公司于 1997 年被波音公司收购，如图 5-17 所示。“阿帕奇”直升机于 1984 年开始在美陆军服役，现已出口到包括埃及、希腊、以色列、印度、新加坡、荷兰、日本、沙特阿拉伯、卡塔尔、阿联酋和英国等许多国家。

波音公司共计生产了 2200 多架各型号的“阿帕奇”攻击直升机，其中美军拥有超过 1200 架。“阿帕奇”直升机累计完成了 400 多万个飞行小时，其中有 130 万小时的飞行战斗。“阿帕奇”直升机于 1989 年美国在巴拿马的军事行动中首次亮相，后又在沙漠风暴行动、波斯尼亚和科索沃的维和行动中发挥了巨大

图 5-17 AH-64“阿帕奇”直升机

作用。

第一架 AH-64D“长弓”型直升机于 1997 年 4 月交付给美陆军并被广泛部署在美陆军在阿富汗、韩国等地区的军事基地。截至 2006 年 8 月，波音公司已将 501 架 AH-64A 型再制造为 AH-64D 型。美陆军在 2010 年 10 月授予波音公司一份 2.47 亿美元的合同，开始小规模生产 51 架 AH-64D BlockIII 型直升机。该合同下的第一架直升机于 2011 年 10 月交付。2012 年 BlockIII 型重新命名为 AH-64E“阿帕奇”直升机。

美陆军自 2012 年以来对 AH-64D“阿帕奇”直升机开展了大规模的再制造。截至 2021 年，美军已累计投入约 83 亿美元对 400 多架 AH-64D 型直升机进行了再制造升级改造。与新制造相比，再制造每架 AH-64E 型直升机可节省经费约 1 千万美元。

AH-64E 具有开放的系统架构设计，支持持续的模块化升级改造，这也决定了 AH-64E 能长期成为多领域作战（Multi-Domain Operations，MDO）战场的关键装备。该攻击直升机配有最新的导航、通信、传感器和武器系统。现代化目标获取指定系统在白天和夜间都能提供全天候的目标信息。机载设备还提供夜视导航能力。升级后的火控雷达也使 AH-64E 实现了海上目标锁定功能。

波音公司于 2021 年 1 月向位于华盛顿州刘易斯-麦考德联合基地（JBLM）的美陆军第 1-229 攻击侦察营交付了最新 AH-64E（V6）“阿帕奇”直升机。V6 是一个以网络为中心，为多领域作战（MDO）战场设计的综合集成武器系统。它将提供在高度竞争和复杂的战斗环境中获得优势的能力。该直升机将结合机载和非机载传感器、连接性和远距离武器，以确保当前和未来的联合任务成功。V6 系统结合了 Link16 战术数据链，能够根据需要切换网络连接，合并不同的网络以获得实时态势感知的作战画面。它还支持在驾驶舱内实时传输无人驾驶航空系统（UAS）的视频，并为机组成员提供指挥无人驾驶航空系统飞行路径的能力，实现与无人机的协同作战，这一突破有效提升了 AH-64E 型直升机的目标识别能力，扩大了打击范围。

5.2.3　UH-60“黑鹰”多用途直升机

UH-60“黑鹰”是西科斯基公司（Sikorsky）于 1978 年为美陆军研发的一种多用途直升机，如图 5-18 所示。“黑鹰”直升机主要用于运兵和后勤支援，也可通过再制造改造成为适合执行医疗后送、指挥和控制、搜索和救援、武装护送、电子战和行政运输任务的机型。目前美陆军共计有 2000 多架各类型号的“黑鹰”直升机服役，另有 600 多架出售到了阿根廷、澳大利亚、巴西、智利、埃及、日本、韩国、沙特、立陶宛等 29 个国家和地区。

图 5-18　UH-60“黑鹰”多用途直升机

美陆军于 2001 年 4 月批准了一项将 1500 多架“黑鹰”升级为 UH-60M 标准的计划。UH-60M 在 2003 年 9 月进行了首次飞行，并且已经为测试计划交付了三架直升机。2007 年 12 月，西科斯基公司与美陆军续签了一份 950 架 UH-60M 的再制造升级改造合同并计划在 2025 年前交付。UH-60M 具有新的宽弦复合翼主旋翼（比目前的 UH-60L 叶片多提供 500 lb（磅，1 lb = 0.454 kg）的升力），加强的机身和先进的红外抑制。电线飞行的玻璃驾驶舱拥有数字化的 1553 总线航电套件，包括四个罗克韦尔-柯林斯公司的多功能显示器、四轴全耦合自动驾驶仪、两个加拿大马可尼公司（CMC）的电子飞行管理系统、双霍尼韦尔公司的嵌入式 GPS 惯性（EGI）导航系统、数字移动地图和古德里奇综合健康管理系统（IVHM）。同时 UH-60M 将配置最新通用电气 T700-GE-701D 发动机（可实施全数字控制），动力更强，在吊装作业中能提供额外的升力。

5.3 美军导弹武器装备再制造

外军导弹武器装备升级改造在导弹整个研发过程中一直占有重要的地位，导弹升级改造是外军弥补装备无形老化、减缓采购费压力必不可少的重要手段。在未来可预见的时间内，世界军事安全形势仍将以缓和为主流，升级改造仍将成为导弹研发活动的主流之一。导弹武器升级改造既要坚持提高性能水平以应对复杂战场环境和多元威胁，更要注重适应未来信息化与网络化战场的综合改进。现代战场是陆海空天电等多维立体战场，导弹要面临高技术武器平台及其携带弹药的多批次高强度威胁以及全空域多类型威胁。因此，导弹武器需要具备打击多种目标、应对严峻的电磁环境以及适应多平台发射能力的多用途系列化改进。

5.3.1 适应现代战场环境的改进

由于导弹武器需要应对复杂多变的现代战场环境，因此西方国家不断改进导弹武器系统，使其能够适应不断变化发展的战场环境，如美国的“爱国者”防空导弹与法国的“飞鱼”反舰导弹等。“爱国者”导弹于 1984 年服役，原型为拦截作战飞机的中高空地空导弹。“爱国者”导弹经历的数次重大改进均有很强的针对性。为对付中近程战术弹道导弹，“爱国者”导弹进行了重大改进，即“爱国者先进能力”1/2（PAC-1/2）阶段，但“爱国者”PAC-1/2 采用破片杀伤战斗部，拦截中近程战术弹道导弹能力有限。随后又进行了“爱国者”PAC-3 重大改进。PAC-3 采用直接碰撞杀伤战斗部，增加了数据链路，使其成为能够有效拦截战术弹道导弹，并且未来能够很好适应网络中心战的末段低层导弹防御系统。

“飞鱼”MM38 升级改造为 MM40，非常注重提高抗干扰能力。MM40 Block2 采用了超级 J 频段（10~20 Ma，1 Ma=340 m/s）抗干扰自动导引单脉冲频率捷变主动雷达导引头以及新的电子设备与制导计算机，显著提高了导弹的抗干扰能力；该弹还具有更低的雷达和红外信号特征，优化了掠海飞行高度，可在强电子对抗条件下和恶劣海况下作战。

5.3.2 多用途系列化改进

由于作战空域立体化，导弹要进行能够对付各种空域目标、打击各种类型目标以及能适应多种平台装备的多用途系列化改进。导弹武器多用途系列化改进已经进行了二三十年，各种案例不胜枚举，各个时期各有特点。下面以美国的“陆军战术导弹系统”（ATACMS）导弹装备进行典型案例剖析。

ATACMS 是美国在 1990 年开始部署的战术弹道导弹，并且在基本型研制成功后，随即进行了各种改进。其改进思路与战斧导弹的多用途系列化改进极为相似。ATACMS 以基本型 H700-3A 激光陀螺惯性制导系统和单级固体火箭推进系统为基础，通过装备不同类型的弹头和改变子弹药的数量，形成多种改进型，可以打击多种目标，最大射程分别约为 150 km 和 300 km，包括 Block1A、Block2、Block2A、Block3 和 Block4 各种型别的战术弹道导弹系列。ATACMS 的多用途系列化改进均采用 GPS 辅助制导和红外成像导引头等先进的制导技术。Block1A 将基本型 150 km 的射程增加到 300 km，中制导系统改进为全球定位系统/惯导系统（GPS/INS）；Block2 将 Block1A 的单模红外导引头改进为红外与声学双模末制导系统，具有更强的全天候作战和抗干扰能力；Block2A 改进为红外成像传感器与毫米波雷达导引头，提高了智能反装甲子弹药应对恶劣天气条件的能力，能够打击静止冷目标；Block3 装备钻地弹头，Block4 装备整体战斗部，主要攻击建筑物和掩体。

5.3.3　信息化改进

现代战场由以平台为作战中心转向以网络为作战中心，战场几乎没有了纵深，实施的是非接触打击与精确、瞬时打击。因此，导弹改进关注的重点是提高打击精度、扩展导弹射程、最大限度提高防区外打击能力等方面。

5.3.3.1　提高无纵深战场防区外打击能力的改进

现代战场是在核威慑下，以战场信息网络为纽带，以纵深精确打击为主要攻击方式，达到打赢局部战争的目的，因此射程无疑是实现战争目的的关键战术指标之一。卫星导航定位精度与距离无关，它与其他制导技术的复合以及采取导弹联网，大大缓解了导弹精度与射程的矛盾，减轻了精度要求对射程的制约。

在信息化改进的前提下，各国都在拓展导弹的射程，使进攻性导弹达到防区外射程，使防御性导弹能够在更远的距离拦截目标。例如，美国捕鲸叉 Block2 等，均是在基本型的基础上增加射程，变成防区外导弹。但防区外的概念是模糊的，因为防区外是针对特定的防御系统提出的，所以不同的防御系统，其防区外概念相差甚远。在近一二十年中，由于信息化战场大纵深趋势的发展，西方国家的导弹射程也呈现一再增加的趋势。例如，“战术战斧”在战斧原射程的基础上，增加到 2965 km；AGM-86C 的射程在原来 965 km 的基础上增加到 2300 km；“联合空面防区外导弹”（JASSM）增程型的射程提高到 927 km；捕鲸叉 Block1E（斯拉姆）由原来的近岸攻击 180 km 射程增大到 Block2 的 278 km 射程，进一步发展为对陆攻击导弹。

5.3.3.2　改进制导系统，提高精确打击能力

对导弹制导系统进行改进，主要是对中制导与末制导系统进行改进，通常采用雷达、光电、星光制导和先进惯导等传感器技术。对中制导的改进，如采用光

纤陀螺仪捷联惯导，捷联惯导/星光制导、地形匹配、无线电指令等组合制导系统，捷联惯导/导航定位卫星组合制导等，大幅度提高远程导弹的制导精度与全天候作战能力。从20世纪90年代起，美国采用GPS/INS进行中制导，在中段制导精度就能够达到十几米，未来随着GPS定位精度的提高，制导精度还将提高，能够达到米级甚至1 m以内。例如，美国的SLAMER、JASSM、JASSM-ER、ATACMS、“战术战斧”等均采用GPS/INS中制导。

对末制导的改进主要是针对导引头，采用多模传感器，以获得丰富的目标特征信息。例如，采用光学凝视成像，多光谱成像，射频宽带高分辨率一维、二维、三维成像传感器等，获取目标雷达散射特征信息。目标特征含量的增强可以使导弹提高命中精度。在对导弹进行升级改造方面一般采用双模成像导引头成熟技术，如ATACMSBlock2和“战术战斧”分别采用了被动雷达/红外双模导引头、毫米波主/被动双模导引头、被动雷达/红外成像双模导引头。

5.3.4 网络化改进

信息化战场已推进到网络化战场阶段，导弹武器系统要满足网络化作战，需要进行如下改进：一种改进是在导弹上加装数据链，将导弹集成到战场一体化网络中，共享并利用数字化信息，实现对任意目标的瞬时精确打击与协同作战；另一种改进是对多型分立的导弹武器系统进行局域互联改进，使多型导弹武器联网作战。

5.3.4.1 将导弹联入战场信息系统，实现时敏打击

西方国家在导弹武器系统信息化改造中十分重视运用各种战术数据链，使导弹武器能够持续共享最新的陆基、海基、空基和天基平台目标数字信息，实现了导弹与其他武器、导弹与发射平台、导弹与控制中心之间的数据交换，使导弹能够进行目标选择与重瞄、战场杀伤效果评估、多种武器协同作战等多重作战任务。这样，导弹不仅能够实时打击固定目标，而且能够对目标进行重新定位，对高速移动目标进行瞬时打击，还能在对目标毁伤情况进行评估后进行再次打击。美国的“战斧导弹”、“捕鲸叉”Block2与法国的“飞鱼”Block3等飞航导弹加装了单向数据链，“战术战斧”进行了双向数据链改进，可以实现机动弹道攻击、可重复瞄准，具备了战场实时效能评估的能力，也可以与其他武器配合使用，增强导弹的灵活性和响应能力，使导弹能够快速精确打击固定与移动目标。

5.3.4.2 多型分立的导弹武器系统局域互联改进

未来防空导弹必须形成联网作战体系，才能有效应对日益强大的空天威胁。将分立的防空导弹系统改进为网络化系统主要是从导弹本体与系统其他部分两个方面进行改进。美国末段导弹防御系统是逐步改进成为网络化作战系统的，主要改进是针对预警探测和信息传输系统，发展联合数据通信系统，并试验探测器联

网技术，采用 Link16 数据链、协同作战能力（CEC）系统、陆军 1 号战术数据链与“爱国者”导弹数据链等。经过改进将“爱国者”PAC-3、“扩展的中程防空系统”（MEADS）、“末段区域高空防御系统”（THAAD）、改进型霍克、“标准-2”等末段导弹防御系统联成一体；利用数据链及时在战区内各种导弹防御系统之间传输目标数据，在各防空反导系统、地面指挥中心、宙斯盾军舰、航空母舰之间实现信息传输与交换；建立联合战术地面站，接收、处理和融合现役预警卫星等视距外获得的导弹目标信息，并转发给导弹防御系统。

5.3.5　提高可靠性改进

提高导弹可靠性的改进也是导弹改进的重要内容之一。美国对战略导弹“民兵-3”和“三叉戟-2”D5 进行改进的一个重要内容就是增强系统的可靠性。美国科学家指出，“三叉戟-2”D5 的弹头在设计上存在缺陷，W76 弹头外层放射屏蔽壳在有些地方像“啤酒罐一样薄”。这将引发所谓的瑞雷-泰勒不稳定现象，即放射屏蔽壳内材料和能量的膨胀将使周围金属的均匀表面产生不规则破裂缝。反过来，这些不规则状况将导致反应堆无法反应或反应无法达到设计威力。因此，对“三叉戟”的改进不仅仅局限于延长武器寿命，而且更换了大量核部件，在一定程度上消除了设计缺陷，使系统更加可靠。对“民兵-3”导弹在服役 30 年后所进行的升级改造，主要是由于其服役数十年，导弹各部分出现老化，亟待进行部件更换，延寿改进。例如，发动机的固体推进剂出现干裂、收缩现象，导致助推器内部出现空隙，影响导弹的飞行性能；制导系统湿芯钽电容器变干，控制器变压器内绝缘层短路，集成电路表面残留的导电粒子改变位置引起短路，以及电路板分层、振动疲劳等问题，降低了制导性能。因此从 20 世纪 90 年代末到 2000 年，美国对“民兵-3”导弹实施了综合延寿改进，用性能先进的新部件更换各分系统老化的部件，大幅度提高了导弹在未来服役期间的可靠性。

总体而言，美军普遍采用成熟技术对各种导弹武器装备进行升级改造，而且采用技术集成的方法，以新的作战概念综合运用多项成熟技术，创新产生作战效能更高的导弹武器系统。尤其是当前广泛开展的导弹武器系统信息化改造，注重提高整体效能而不是单项性能指标。将成熟技术与信息技术集成，运用信息化“装备再制造”手段，能够使行将退役的老装备获得新生，已成为导弹武器老装备在 21 世纪跨代升级备受推崇的做法。

5.4　美军其他装备

5.4.1　AH-1Z“蝰蛇”/UH-1Y“毒液”舰载直升机

AH-1W“超级眼镜蛇”和 UH-1N“休伊”直升机是美海军陆战队舰载攻击

直升机和通用直升机，分别于1971年和1985年开始投入使用。自1996年起，美军与贝尔直升机公司合作，通过再制造已将37架AH-1W“眼镜蛇”直升机改造成AH-1Z“蝰蛇”直升机，10架UH-1N“休伊”直升机改造成UH-1Y“毒液”直升机，如图5-19和图5-20所示。

图5-19 AH-1Z“蝰蛇”直升机

图5-20 UH-1Y“毒液”多用途直升机

经过优化再制造设计，此次改造的两种机型有85%的部件可交换使用，大幅降低了改造成本。新一代的“蝰蛇”和“毒液”直升机将原有的双旋翼系统升级为四旋翼系统，驾驶舱集成了最新的通信、火控、全天候导航和高精度目标定位等系统。这些改造极大提升了直升机的巡航速度和范围，以及武装侦察能力和协同作战能力。

5.4.2 F/A-18E/F“超级大黄蜂”战斗机

“超级大黄蜂”是波音公司为美海军设计生产的主力舰载战斗机，F/A-18F

如图 5-21 所示。在服役近 20 年后，美国国防部和波音公司于 2018 年签订了一份近 6300 万美元的合同，内容包括对战斗机机翼的再制造加工和机身的升级延寿工作等。

图 5-21　F/A-18F“超级大黄蜂”战斗机

通过再制造，美军计划将“超级大黄蜂”战斗机的飞行时间从 6000 h 延长至 10000 h，服役期限延长至 2046 年。

5.4.3　B-52“空中堡垒”远程战略轰炸机

B-52“空中堡垒”远程战略轰炸机是美军服役时间最长的航空装备之一，第一代机型于 1955 年投入使用，2013 年波音公司的“作战网络通信技术”（Combat Network Communication Technology，CONECT）项目获得批准，对 B-52 型轰炸机展开了全面的信息化升级改造工作，如图 5-22 所示，包括安装现代化航空电子通信设备、“Link16”战术数据链系统等，以提升和其他空中及地面单位的协同作战效率，并实现对任务计划、打击目标和投弹方案的实时调整。美军准备通过持续的再制造计划，将 B-52 轰炸机的总服役时限延长至 100 年，直到 2050 年后退役。

图 5-22　B-52H 远程战略轰炸机

5.4.4 Trident-Ⅱ “三叉戟”弹道导弹

Trident-Ⅱ “三叉戟”D5 型潜射弹道导弹是美海军重要的海基核威慑力量，射程达 12000 km，1990 年开始在美国海军俄亥俄级核潜艇上装配，如图 5-23 所示。通过再制造升级延寿，目前该导弹已将服役期限延长至 2042 年，并将不断更新其电子和制导模组以及动力、引信等关键零部件，以确保导弹的可靠性和破坏力。

图 5-23 Trident-Ⅱ “三叉戟”潜射弹道导弹

5.4.5 B61 原子弹

B61 原子弹自 1968 年服役至今已有 50 多年的时间，是美国最具威慑力的武器之一。2016 年，美国国防部联合国家核安全管理局斥资 76 亿美元对现有所有型号的 B61 原子弹实施再制造升级延寿计划以确保 B61 原子弹的安全性和可靠性。改造工作不仅将更换老旧的组件，还将对含铀的备件进行再制造处理。升级改造后的 B61-12 型原子弹预计至少可服役至 2036 年。

总体而言，美军装备再制造起步最早，也是唯一将规范的“再制造”融入武器装备全寿命周期管理的国家，在各兵种开展了广泛深入的装备再制造实践，已经形成一套完备的政策制度。美军再制造的武器装备在实战中表现优异，取得令人瞩目的装备再制造成果。美军在组织实施武器装备再制造方面的诸多做法值得借鉴。

参 考 文 献

[1] Inspector General. Audit of the DOD's use of additive manufacturing for sustainment parts [R]. Washington, DC: Department of Defense, 2019.

[2] Deputy director for strategic technology protection and exploitation, office of the under secretary of defense for research and engineering. additive manufacturing strategy [R]. Washington, DC: Department of Defense, 2021.

[3] U. S. Department of Defens. National defense strategy [R/OL]. (2018-1-19) [2023-6-15]. https://www.defense.gov/Multimedia/Photos/igphoto/2001867424/mediaid/2451071/.

[4] U. S. Department of Defense. Program acquisition cost by weapon system (fiscal year 2023 budget request) [R/OL]. (2022-4-1) [2023-6-15]. https://comptroller.defense.gov/Budget-Materials/Budget2023/.

[5] Army Technology. M1A1/2 Abrams main battletank [EB/OL]. (2020-8-25) [2023-6-15]. https://www.army-technology.com/projects/m1a1-2-abrams-main-battle-tank/.

[6] Army Technology. Abrams M1A2 SEPv3 main battletank [EB/OL]. (2020-2-21) [2023-6-15]. https://www.army-technology.com/projects/abrams-m1a2-sepv3-main-battle-tank/.

[7] Army Technology. General dynamics wins $581m contracts for Abrams main battle tankupgrades [EB/OL]. (2017-9-5) [2023-6-15]. https://www.army-technology.com/news/newsgeneral-dynamics-wins-581m-worth-contracts-for-abrams-main-battle-tank-upgrades-5918179/.

[8] Army Technology. Bradley M2/M3-tracked armoured fighting vehicle [EB/OL]. (2020-7-3) [2023-6-15]. https://www.army-technology.com/projects/bradley-m2-m3/.

[9] Army Technology. BAE systems to provide additional Bradley A4 IFV to US Army [EB/OL]. (2019-10-9) [2023-6-15]. https://www.army-technology.com/news/bae-systems-bradley-a4-ifv-us/.

[10] BAE System. US Army extends contract for Bradley fighting vehicle upgrades [EB/OL]. (2019-10-8) [2023-6-15]. https://www.baesystems.com/en/article/u-s--army-extends-contract-for-bradley-fighting-vehicle-upgrades.

[11] Army Technology. Strykerarmoured combat vehicle family [EB/OL]. (2022-3-14) [2023-6-15]. https://www.army-technology.com/projects/stryker-armoured-combat-vehicle/.

[12] Army Technology. Stryker A1 initial maneuver short-range air defence (IM-SHORAD) vehicle [EB/OL]. (2020-6-9) [2023-6-15]. https://www.army-technology.com/projects/stryker-a1/.

[13] Oshkosh Defense. Oshkosh defense awarded $942.9m contract to update weapon system on U. S. Army Stryker infantry carrier vehicles [N/OL]. (2021-6-4) [2023-6-15]. https://oshkoshdefense.com/oshkosh-defense-awarded-942-9m-contract-to-update-weapon-system-on-u-s-army-stryker-infantry-carrier-vehicles/.

[14] 龚钰哲，岳松堂．揭秘美国 M109 自行火炮家族：计划服役百年 [EB/OL]. (2015-6-23) [2023-6-15]: http://military.cntv.cn/2015/06/23/ARTI1435024463800769.shtml.

[15] Army Technology. Paladin M109A7 155mm artillerysystem [EB/OL]. (2022-8-3) [2022-11-10]. https://www.army-technology.com/projects/paladin-m109a7-155mm-artillery-system/

[16] Army Technology. M88A2 Herculesarmoured recovery vehicle [EB/OL]. (2021-9-13) [2023-6-15]. https://www.army-technology.com/projects/herculesrecoveryvehi/.

[17] Army Technology. M88A3 Hercules heavy recovery vehicle [EB/OL]. (2020-5-15) [2023-6-15]. https://www.army-technology.com/projects/m88a3-hercules-heavy-recovery-vehicle/.

[18] Global Security. CH-47F improved cargo helicopter (ICH) [EB/OL]. (2008-9-28) [2023-6-15]. https://www.globalsecurity.org/military/systems/aircraft/ch-47f-ich.htm.

[19] Army Technology. CH-47D/F MH-47E Chinook Helicopter [EB/OL]. (2020-2-3) [2023-6-15]. https://www.army-technology.com/projects/chinook/.

[20] Army Technology. Apache Attack Helicopter (AH-64A/D) [EB/OL]. (2021-10-25) [2023-6-15]. https://www.army-technology.com/projects/apache/.

[21] Army Technology. UH-60M black hawk multi-missionhelicopter [EB/OL]. (2020-7-3) [2023-6-15]. https://www.army-technology.com/projects/uh-60m-black-hawk-multi-mission-helicopter/.

[22] U.S. Congressional Budget Office. Projected acquisition costs of ground battle vehicles [R]. Washington, DC: Congressional Budget Office, 2021.

[23] U.S. Congressional Budget Office. The cost of replacing today's army aviation fleet [R]. Washington, DC: Congressional Budget Office, 2019.

[24] U.S. Department of Defense. Selected acquisition report (SAR): UH-60M black hawk helicopter (UH-60 black hawk) [R]. Washington, DC: Department of Defense, 2017.

[25] U.S. Department of Defense. Selected acquisition report (SAR) on Apache remanufacturing (AH-64EReman) [R]. Washington, DC: Department of Defense, 2017.

[26] U.S. Department of The Army. Selected acquisition report (SAR) on Apache remanufacturing (AH-64EReman) [R]. Washington, DC: Department of Army, 2021.

[27] Department of The Army, 2017. Select acquisition report (SAR) on CH-47F modernized cargo helicopter (CH-47F Block II) [R]. Washington, DC: Department of Army, 2017.

[28] 张文宇，王海斗，宋巍，等．美军武器再制造现状与发展趋势 [J]. 装甲兵学报，2022，1 (1)：117-122.

6　美军装备再制造分析

美军的再制造已有效应用于美军的两级维修体系，并形成了规模化、系统化的装备再制造保障能力以及成熟的技术成果转化机制。通过分析美军再制造的经费投入、数量规模和实战效益，以及美军再制造关键技术发展与应用、保障模式类型与特点，能够获取美军再制造升级改造的周期、经费、规模及实战效益等信息，有助于剖析美军再制造发展决策并对未来发展趋势进行解读评估，相关数据源见本书附录。

6.1　美军装备再制造项目信息统计分析

6.1.1　各军种装备再制造项目信息统计

美国国防部官方网站公开的合同公示的统计数据结果显示，2014—2022 年，美军共审批通过了 117 项再制造合同，如图 6-1 所示，涉及美陆军、海军、空军、后勤保障局（Defense Logistics Agency）、特别行动指挥部（Special Operation Commands）等五大部门，合同总金额达 226 亿美元。其中，美陆军再制造合同 50 项，总经费约 189 亿美元，经费投入最大；美空军合同 50 项，总经费约 31.9 亿美元；美海军合同 15 项，总经费约 4.4 亿美元；后勤保障局和特别行动指挥部各 1 项合同，金额分别为 9800 万美元和 1800 万美元。

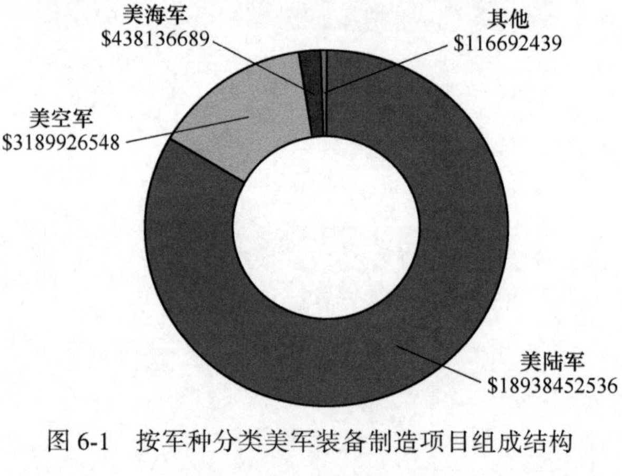

图 6-1　按军种分类美军装备制造项目组成结构

6.1.2 各装备类型再制造项目信息统计

地面车辆装备和航空装备是美军再制造需求最大、占比最高的两种装备类型。其中，地面车辆装备的再制造升级改造和零部件再制造修复项目数量共达36项，金额约122.8亿美元，占美军再制造项目总经费的54%；航空再制造升级改造及零部件再制造修复项目数量共达67项，总金额超99亿美元，其中对外军售再制造项目15项，金额达60亿美元，占航空再制造项目经费的61%；其次是导弹相关再制造项目共10项，金额达2.7亿美元；舰船类再制造项目1项，金额为1884万美元；其他与舰载装备、枪械零部件以及海军陆战队地面装备相关的再制造项目共3项，合计1.45亿美元。美军再制造项目组成结构（按装备类型分类）如图6-2所示。

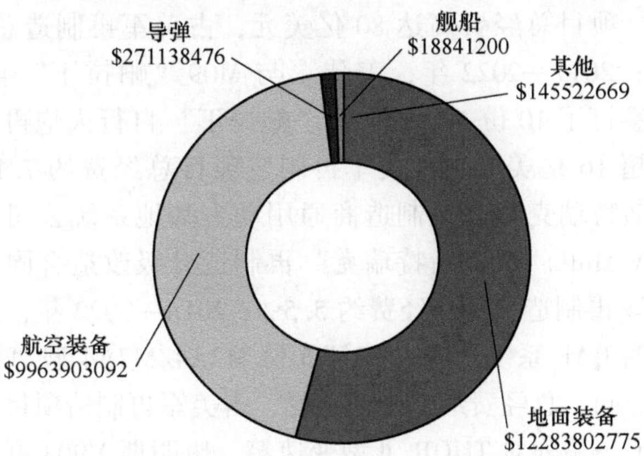

图6-2 按装备类型分类美军再制造项目组成结构

6.1.3 各装备型号再制造项目信息统计

从美军再制造的装备的具体型号来看，美军对M1“艾布拉姆斯”坦克和AH-64“阿帕奇”武装直升机的再制造升级改造投入经费最多，远超其他装备型号的再制造项目。再制造经费投入最高的8个装备型号中，美陆军装备占6个，包括M1“艾布拉姆斯”坦克、AH-64“阿帕奇”武装直升机、M109“帕拉丁”自行火炮、“斯特瑞克”战车、M2/M3“布拉德利”战车以及H-47“支奴干”重型运输直升机的再制造升级改造，也从另一方面体现了美陆军对再制造的重视程度，如图6-3所示。

图6-4展示了地面车辆再制造升级改造和零部件再制造修复项目的具体经费分布。可以看出，2017—2022年，美陆军与“艾布拉姆斯”坦克制造商通用动力陆地系统公司共签订了8份M1A2 SEPv3和SEPv4型“艾布拉姆斯”坦克再制

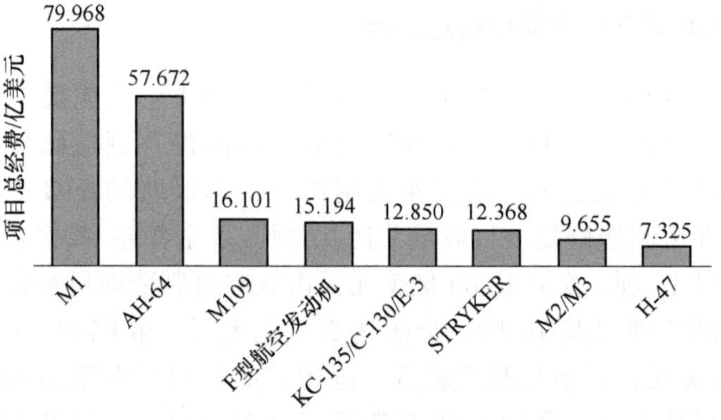

图 6-3 美军再制造经费支出前 8 的项目

造升级改造合同，项目总经费高达 80 亿美元，占美军再制造总经费约 35. 3%，居所有装备之首；2017—2022 年，美陆军与 M09 “帕拉丁” 自行火炮制造商 BAE 系统公司共签订了 10 份 M109A7 型 “帕拉丁” 自行火炮再制造升级改造合同，项目总经费超 16 亿美元，占美军再制造项目总经费约 7. 1%；2015—2022 年，美陆军与 “斯特瑞克” 战车制造商通用动力陆地系统公司签订了 6 份双 V 形底盘（Double V-Hull）型 “斯特瑞克” 再制造升级改造合同，项目总经费约 12 亿美元，占美军再制造项目总经费约 5. 5%；2018—2022 年，美陆军与 “布拉德利” 战车制造商 BAE 系统公司共签订 5 份 M2A4/M7A4 型 “布拉德利” 战车再制造升级改造合同，总经费约 9. 7 亿美元，占美军再制造项目总经费约 4. 3%；另外美军还签订了一系列对 THOR Ⅱ型变速箱、康明斯 V903 型柴油发动机等地面装备发动机传动系统及其他零部件的再制造修复合同。

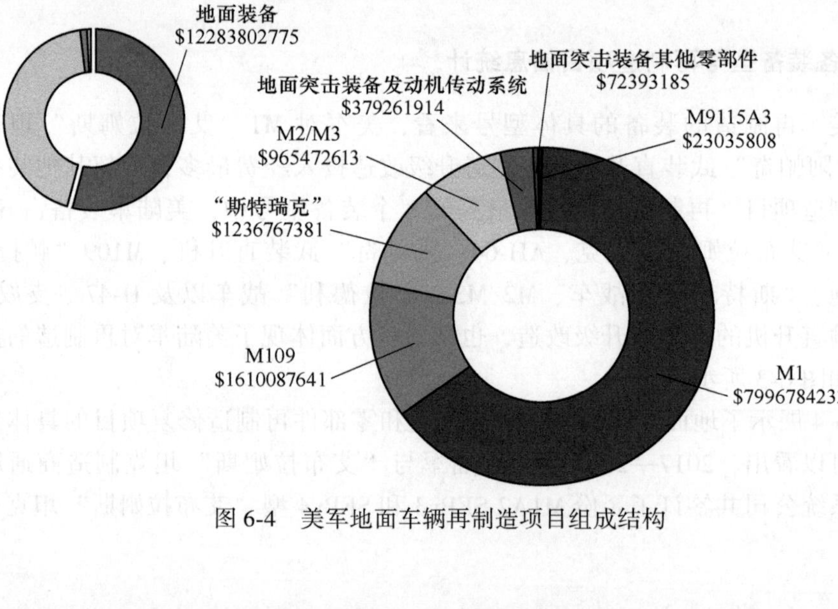

图 6-4 美军地面车辆再制造项目组成结构

图 6-5 展示了美军航空再制造升级改造和零部件再制造修复项目的具体经费分布。可以看出，2016—2022 年，美陆军与“阿帕奇”武装直升机制造商波音公司共签订 11 份 AH-64D 和 AH-64E 型“阿帕奇”武装直升机再制造升级改造合同，项目总经费高达 57.7 亿美元，占美军再制造项目总经费 24%，是航空装备中再制造经费支出最高的装备型号，仅次于“艾布拉姆斯”坦克的再制造升级改造经费，其中对外军售再制造 6 项，共计 47.3 亿美元，占项目经费约 80%；2014—2022 年，美空军对包括 F100、F101、F110、F108、F118 在内的 F 系列航空发动机签订了 25 份再制造修复合同，总金额达 15.2 亿美元，占美军再制造项目总经费 6.7%；2015—2022 年，美空军对 KC-135 型空中加油机的隔热板、机轮、刹车系统，C-130 大力神运输机以及 E-3 预警机的着陆系统的部分零部件进行了再制造修复，项目总金额约 12.9 亿美元，占美军再制造项目总经费 5.7%；2015 年和 2022 年，美陆军和波音公司分别签订了 2 份 CH-47F/MH-47G“支奴干”重型运输直升机的再制造升级改造合同，总金额约 7.3 亿美元，占美军再制造项目总经费 3.2%（经费主要来源是 2015 年的对外军售装备的再制造项目，该项目为荷兰再制造了 26 架 CH-47F 型“支奴干”重型运输直升机，项目经费为 7 亿美元）；另外美海军还签订了对 F/A-18、AV-8 舰载战斗机、AH-1Z 舰载直升机的再制造升级改造合同，而美空军也对 B-1、B-1B、B-2、B-52 型轰炸机的制动器、热转换器、液压着陆支架等部分零部件进行了再制造修复。

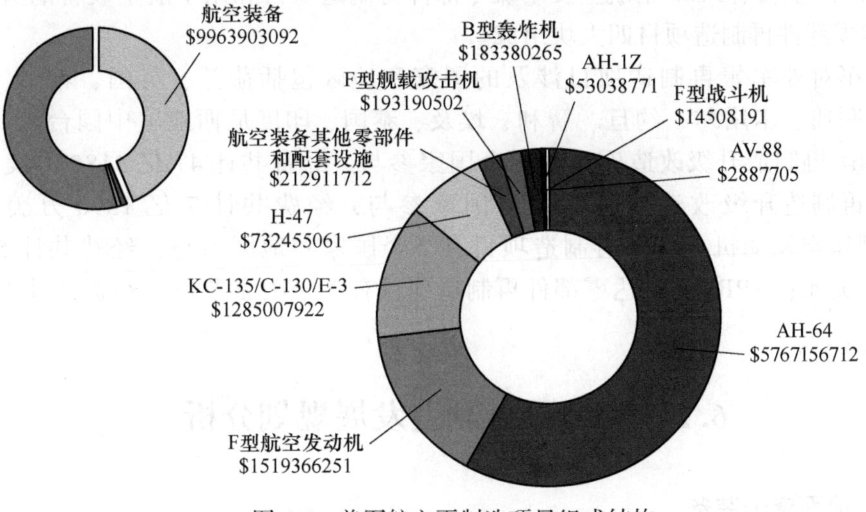

图 6-5　美军航空再制造项目组成结构

6.1.4　对外军售再制造项目

在美军 117 个再制造项目中，有 15 个对外军售再制造项目，均为航空再制造升级改造或零部件再制造修复，占总项目数 13%，经费约 60 亿美元，占总经费约 27%。其中美陆军对外军售再制造项目经费共约 54.6 亿美元，占陆军再制造项目总经费约 30%；美空军对外军售再制造项目经费共约 5.7 亿美元，占空军再制造项目总经费约 18%。美军对外军售再制造项目经费占比情况如图 6-6 所示。

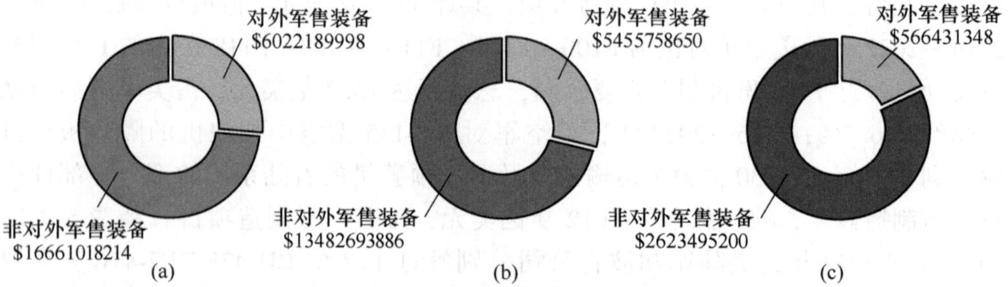

图 6-6　美军对外军售再制造项目经费占比情况

（a）美国对外军售装备再制造项目经费占比；（b）美陆军对外军售装备再制造项目经费占比；（c）美空军对外军售装备再制造项目经费占比

作为美军再制造重要经费来源，对外军售再制造的核心内容主要由 AH-64"阿帕奇"武装直升机再制造升级改造、CH-47"支奴干"重型运输直升机再制造升级改造项目、F100 型航空发动机零部件再制造项目和用于航空装备的 APR-39 雷达零部件再制造项目四大块组成。

美军对外军售再制造项目涉及的国家和地区包括荷兰、英国、希腊、沙特、阿联酋、卡塔尔、约旦、智利、埃及、泰国、印度尼西亚、中国台湾。其中 AH-64 再制造升级改造项目有 4 个国家参与，经费共计 47 亿 3185 万美元；CH-47 再制造升级改造项目有 1 个国家参与，经费共计 7 亿 1390 万美元；F100 型航空发动机零部件再制造项目有 7 个国家和地区参与，经费共计 5 亿 6643 万美元；APR-39 雷达零部件再制造项目有 3 个国家参与，经费共计 1000 万美元。

6.2　美陆军再制造发展规划分析

6.2.1　地面突击装备

图 6-7 展示了 1980—2020 年美陆军地面突击装备采办及再制造、研发的费用支出。2000—2009 年，美陆军平均每年花费 56 亿美元用于地面突击装备的采办及再制造，而从 2010—2019 年下降到了每年 33 亿美元。发动对外战争（如伊拉

克战争）是不同时期经费差异的主要原因。

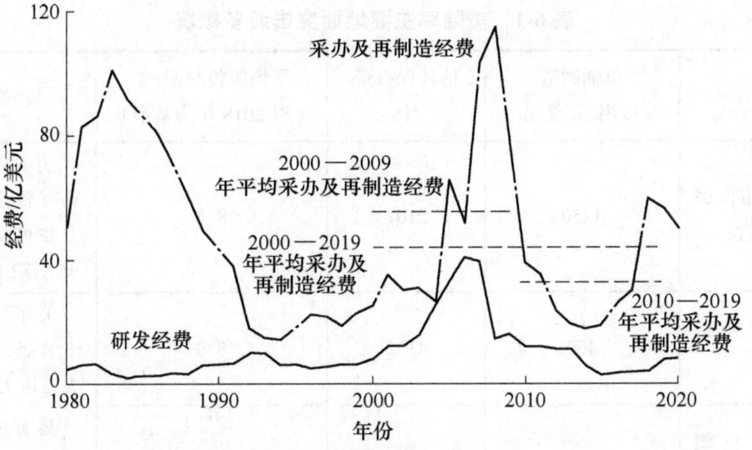

图 6-7　1980—2020 年美陆军地面突击装备采办及再制造、研发经费

预计至 2050 年美陆军用于地面突击装备的采办及再制造、研发的经费相比 2000—2019 年 20 年间的平均值将增长 40%，达到每年 50 亿美元，如图 6-8 所示，其中采办及再制造经费占比约 90%，研发经费占 10%。虽然美陆军计划未来研发的重心将向“布拉德利”战车的迭代型号“新型可选载人战车”（Optionally Manned Fighting Vehicle）、M113 的迭代型号“多功能战车”（Armored Multi-Purpose Vehicle）以及“艾布拉姆斯”主战坦克的迭代型号“移动防护火炮坦克”（Mobile Protected Firepower Tank）有所倾斜，但大部分经费预算仍将用于现役装备的再制造升级改造，如 40% 的总经费预算将用于“艾布拉姆斯”坦克的研发和再制造工作。

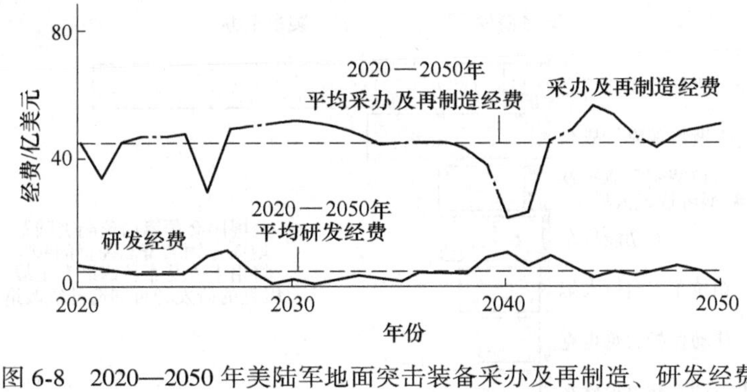

图 6-8　2020—2050 年美陆军地面突击装备采办及再制造、研发经费

美陆军现役的主要地面突击装备包括“艾布拉姆斯”坦克、“斯特瑞克”装甲车、“布拉德利”战车、“帕拉丁”自行火炮、“大力神”装甲抢修车五大类，

见表 6-1。

表 6-1　美陆军主要地面突击装备概况

装备型号	单辆制造费用/万美元	估计保有量/辆	平均服役时间/年（以 2018 年为基准）	装 备 简 介
M1“艾布拉姆斯”主战坦克	1250	2101	8.3	美军主战坦克，具有较强的防御能力并可提供强大的火力输出
Stryker“斯特瑞克”战车	460	4152	8.9	美军轮式地面突击装备，主要功能为运送士兵
M2“布拉德利”战车	400	3335	10.7	具有可靠火力掩护的履带式装甲运兵车
M109“帕拉丁”自行火炮	1420	689	12.9	可提供远距离火力支援的履带式自行火炮车，配有一辆弹药补给车
M88“大力神”装甲抢修车	360	933	9.0	可对战损装甲突击装备进行回收的履带式装甲抢修车

截至 2050 年，美陆军主要地面突击装备的采办经费有 80%将用于以上五种装备的再制造升级改造工作，而剩余的 20%经费将用于新造装备，2020—2050 年美陆军地面突击装备采办经费预测如图 6-9 所示。

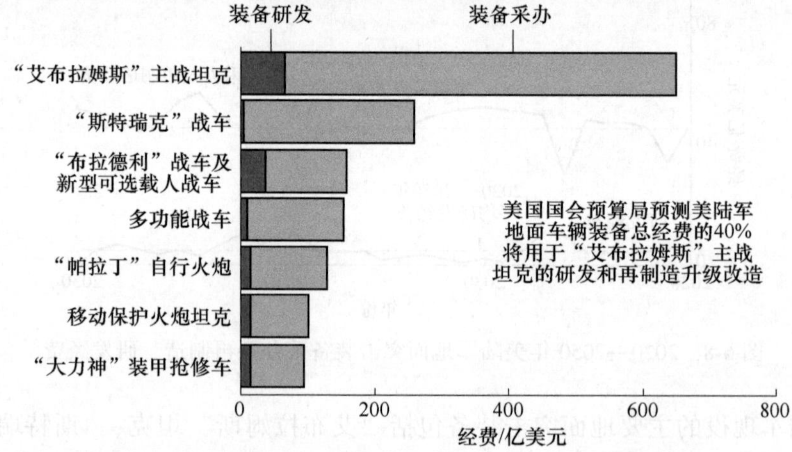

图 6-9　2020—2050 年美陆军地面突击装备采办经费预测

（1）M1“艾布拉姆斯”坦克。“艾布拉姆斯”坦克作为美陆军主战坦克，自20世纪70年代末服役以来经历过多轮再制造升级改造。M1A2 SEPv3型“艾布拉姆斯”坦克是美陆军当前最新型号也是主要的采购型号，而其继任者M1A2 SEPv4型坦克计划于21世纪20年代中晚期开始生产，“艾布拉姆斯”坦克的采办和研发计划如图6-10所示。据预测，未来美陆军将继续保持每15年一次的频率对现役“艾布拉姆斯”坦克型号进行再制造升级改造，每年采办经费平均为22亿~23亿美元。据此推算M1A2 SEPv5可能将于2040年开始投入生产。而“艾布拉姆斯”坦克的采购计划将在未来30年逐渐放缓或停滞，以为研发新型主战坦克提供足够的资金，而这一周期变化将成为美陆军地面突击装备整体采购经费变化的最大因素。

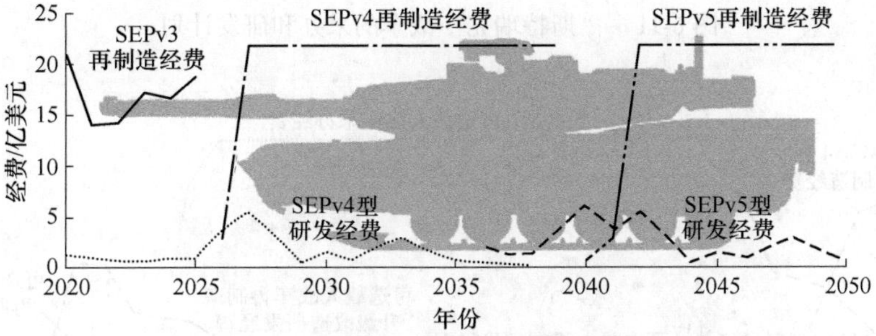

图6-10　“艾布拉姆斯”坦克的采办和研发计划

（2）Stryker“斯特瑞克”步兵战车。“斯特瑞克”战车是继“艾布拉姆斯”坦克之后美陆军最新配备的地面突击装备，是以城市作战为主要任务的8轮式战车。“斯特瑞克”战车于2001年开始服役，截至2050年，美陆军预计将每年拨款8亿美元用于战车的采办和研发，“斯特瑞克”战车的采办和研发计划如图6-11所示。“斯特瑞克”战车的再制造升级改造周期和其他美陆军地面突击装备相似，目前美陆军已经对现役的“斯特瑞克”战车展开再制造工作，主要是将现有战车的底盘升级强化为保护性能更强的双V形底盘（Double V-hull），此再制造升级改造项目的经费约占“斯特瑞克”战车项目总支出的20%。据美国国会预算局推测，新一代“斯特瑞克”战车的再制造升级改造工作将于21世纪30年代末展开，该再制造项目的经费支出将与目前双V形底盘改造项目的经费相近。

（3）M2“布拉德利”战车和可选载人战车。“布拉德利”履带式战车目前已经再制造至M2A4型号，然而由于“布拉德利”战车已接近技术改造极限，美陆军计划在21世纪20年代末开始用更先进的具有无人驾驶功能的可选载人战车（OMFV）逐步替换已服役40余年的“布拉德利”战车。而对可选载人战车的再制造升级改造预计将在21世纪40年代末开始展开，经费可能是第一代可选载人战车采办经费的 80%，“布拉德利”战车和可选载人战车的采办和研发计划如图 6-12 所示。

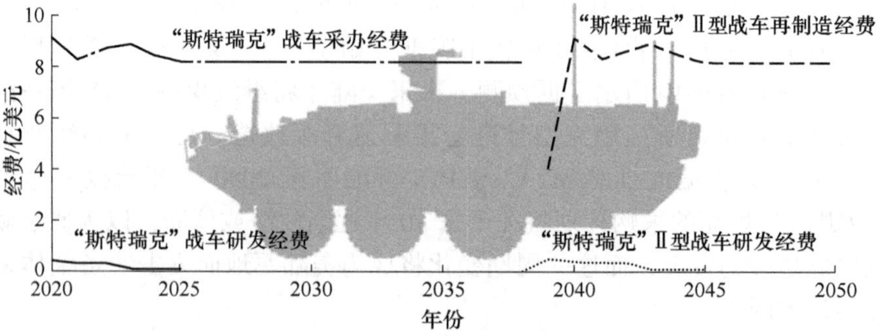

图 6-11　“斯特瑞克”战车的采办和研发计划

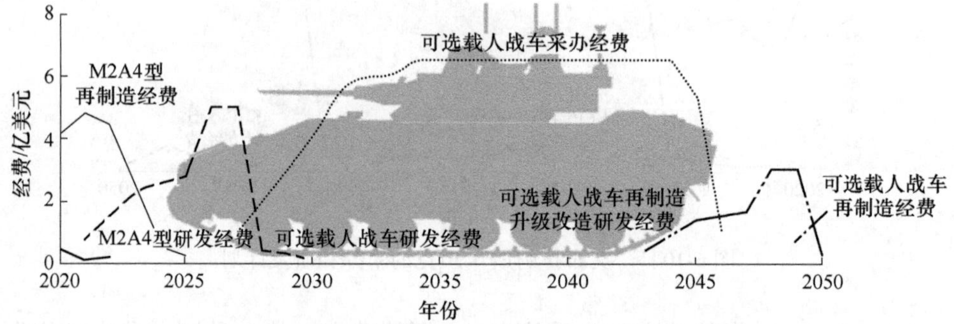

图 6-12　“布拉德利”战车和可选载人战车的采办和研发计划

（4）M09“帕拉丁”自行火炮。“帕拉丁”自行火炮是美陆军主要的远程火力支援装备之一，已服役多年。目前列装型号主要为 M109A7 型自行火炮和 M992A3 弹药补给车。当前型号的设计服役期限为 26 年，新型号 M109A8 和 M992A4 的再制造升级改造工作预计将于 21 世纪 30 年代末开始实施，经费为每年 2 亿~8 亿美元，“帕拉丁”自行火炮的采办和研发计划如图 6-13 所示。

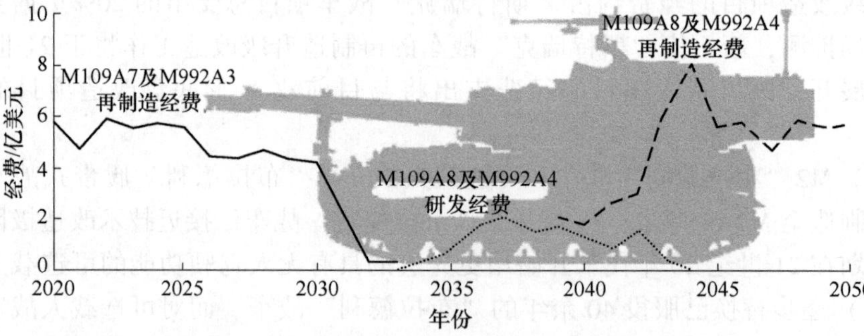

图 6-13　“帕拉丁”自行火炮的采办和研发计划

（5）M88“大力神”装甲抢修车。“大力神”履带式装甲抢修车是美陆军配备数量最多的装甲抢修车辆。此前服役30余年的M88A2型“大力神”装甲抢修车于2020年停产，最新的M88A3型号已于2022年开始列装，这两种车型都是从早期“大力神”型号再制造而来。预计到2050年，美陆军在M88A3基础上还会对“大力神”装甲抢修车进行两次再制造升级改造以满足对升级改造后的“艾布拉姆斯”坦克的抢修能力，大力神装甲抢修车的采办和研发计划如图6-14所示。

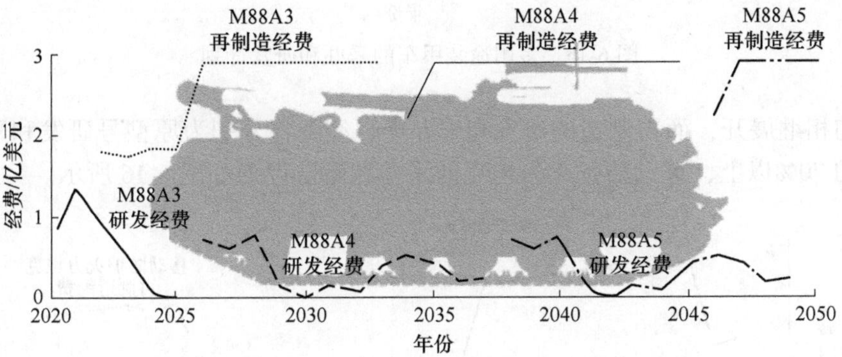

图6-14 “大力神”装甲抢修车的采办和研发计划

除上述五大现役地面突击装备以外，美陆军正在进行两种新型地面突击装备的研发项目：用于替代M1113型装甲运兵车的新型战车的多用途装甲车（The Armored Multi-Purpose Vehicle，AMPV）以及可以为步兵提供火力支援和目标打击的移动防护火力轻型坦克（Mobile Protected Firepower，MPF）。另外美陆军还在筹划一个替换现役“艾布拉姆斯”主战坦克的新型装备的研发项目——精准致命打击平台（The Decisive Lethality Platform，DLP），新型平台将提供有人和无人驾驶两种模式。

（6）多用途装甲车。多用途装甲车是美陆军全新研发的地面突击装备，相比M113型装甲运兵车拥有更好的战场防御能力，目前已经开始小规模生产。项目采办报告显示，多用途装甲车的服役年限为26年，因此最早一批再制造升级改造工作将在21世纪40年代中期展开，预计保有量将在2900辆左右。用于多用途装甲车再制造升级改造的研发和采办经费预计将达到7亿美元，占项目总经费的80%，多用途装甲车的采办和研发计划如图6-15所示。

（7）移动防护火力坦克。移动防护火力坦克是美陆军正在研发的一种轻型坦克，主要功能是配合步兵摧毁敌方防御工事、碉堡和军事设施等，将分配给目前还未配备坦克装备的步兵旅战斗队以提升火力压制能力和防御能力。移动防护火力轻型坦克的再制造升级改造的研发和列装工作将于21世纪30年代末和40

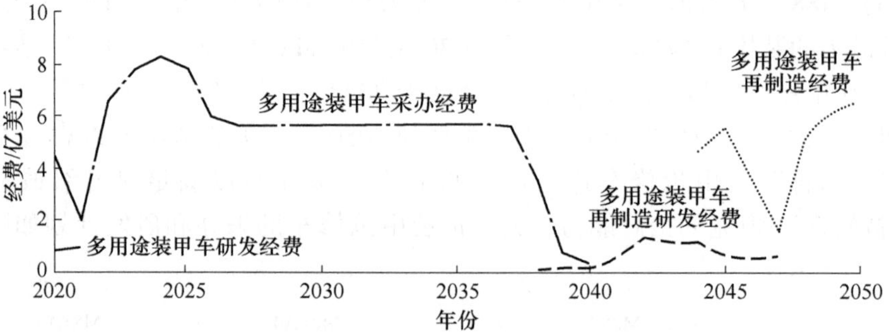

图 6-15　多用途装甲车的采办和研发计划

年代初相继展开，而再制造的研发和采办项目经费将分别为原型号研发和采办总经费的 70%以上，移动防护火力坦克的采办和研发计划如图 6-16 所示。

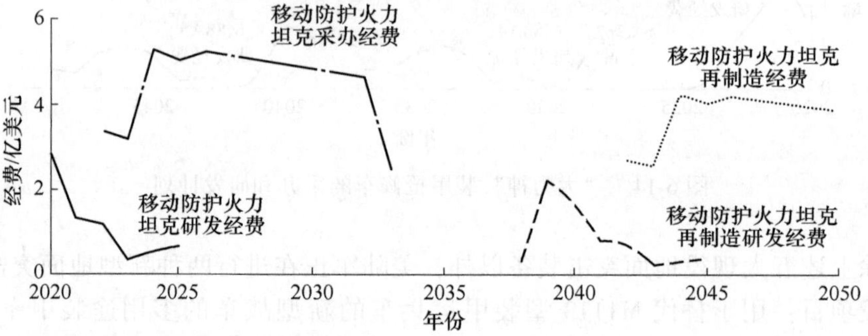

图 6-16　移动防护火力坦克的采办和研发计划

（8）精准致命打击平台。目前美陆军所有地面突击装备都是有人驾驶的，但美军一直在试图将无人驾驶战车从概念变为现实。无人地面突击装备由于无须考虑车载人员的安全问题，其推广和应用可极大削弱装备对重型装甲的依赖，因此可以实现装备轻量化设计，也意味着可以大幅节省采办支出。精准致命打击平台就是美陆军正在筹划研发的一款具备与“艾布拉姆斯”主战坦克火力相近的无人地面突击装备。截至 2050 年，美军如在精准致命打击平台取得突破性进展并顺利列装，其采办经费与 M1A2 SEPv4 型“艾布拉姆斯”坦克相比可减少近一半，精准致命打击平台的采办和研发计划如图 6-17 所示。考虑到“艾布拉姆斯”坦克的采办费用占美陆军地面突击装备采办经费的 40%，相比再制造一辆“艾布拉姆斯”坦克，精准致命打击平台低廉的制造价格将直接影响美陆军地面突击装备的总体经费预算。

虽然精确致命打击平台的预算比现役“艾布拉姆斯”坦克的采办经费要少，但从长远来看，其研发和生产的总体经费支出反而可能会高于“艾布拉姆斯”坦克。从装备更迭的历史进程上看，每一款新型地面突击装备的采办经费都比前一代要高，精确致命打击平台可能也不例外。以通信和火控系统为例，为全面实现无人化操作，其软硬件的研发将会非常昂贵，同时可能需要美陆军将现有的通信系统进行整体的升级或更替以实现和无人平台的协同作战能力。种种因素可能导致精准致命打击平台最终的研发和采办经费远超预期，甚至远高于“艾布拉姆斯”坦克的再制造项目。因此精准致命打击平台项目虽然符合美陆军对未来地面突击装备的作战设计和需求，然而诸多挑战使得这一项目仍存在很多不确定性。

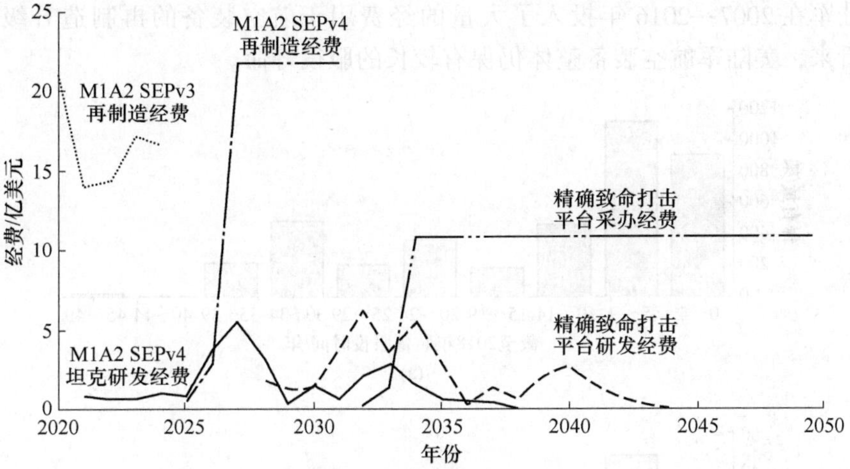

图 6-17 精准致命打击平台的采办和研发计划

6.2.2 陆军航空装备

本节结合未来 30 年美陆军航空装备经费预算，分析梳理了美陆军主要航空装备的再制造进展规划。见表 6-2，截至 2018 年 4 月，美陆军共有约 4300 架航空装备，主要为 H-60“黑鹰”直升机、AH-64“阿帕奇”直升机以及 H-47“支奴干”运输直升机三种保有量大、制造成本高的航空装备型号。因此，对以上三种类型的航空装备的再制造升级改造或替换将直接影响美陆军对其航空装备采办的经费预算。

表 6-2 美陆军航空装备数量统计

装备型号	保有量/架	生产商	功能
H-60“黑鹰”直升机	2279	Sikorsky（西科斯基）	多功能运输直升机
AH-64“阿帕奇”直升机	744	Boeing（波音）	重型武装直升机
H-47“支奴干”运输直升机	423	Boeing（波音）	重型运输直升机
UH-72“勒科塔”直升机	411	Airbus（空客）	多用途轻型直升机
C-12 固定翼飞机	92	Beechcraft（比奇飞机）	人员运输

据推测，美陆军用于现役航空装备替换的经费将在 2020 年逐年递减，从 2018 年的每年 40 亿美元降至 2027 年的每年约 15 亿美元（以 2018 年美元购买力计算，全节同）。而此后将稳步增加，至 2032 年达到 47 亿美元峰值，此后从 2035—2045 年经费将再次回落。图 6-18 统计了美陆军航空装备不同服役时间保有量分布以及替换这些装备所需经费，表 6-3 统计了装备的具体数量和服役情况。美陆军航空装备的服役时间跨度较长，最高达 40 年以上，但总体来看，由于美陆军在 2007—2016 年投入了大量的经费用于航空装备的再制造升级改造，因此看来，美陆军航空装备整体仍保有较长的服役寿命。

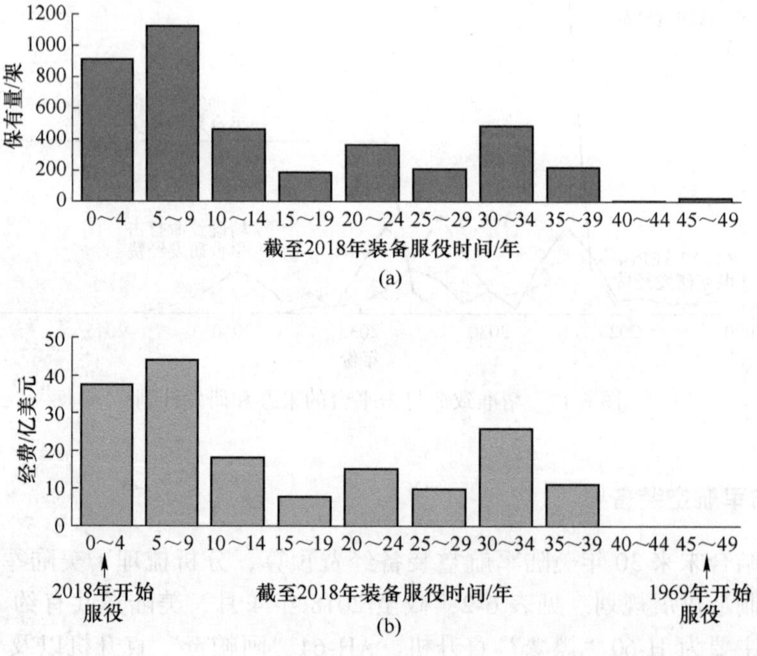

图 6-18　美陆军航空装备不同服役时间保有量分布（a）以及替换所需经费（b）

表 6-3　美陆军航空装备具体数量和服役情况（截至 2018. 4）

装备种类和型号	装备保有量/架	服役时间/年		
		最短	平均	最长
直升机	3446	0	14. 9	39
AH-64 “阿帕奇” 直升机	744	0	7. 8	29
H-47 “支奴干” 运输直升机①	423	0	9. 7	32
H-60 “黑鹰” 直升机②	2279	0	18. 1	39
固定翼	206	0	21. 2	40

续表 6-3

装备种类和型号	装备保有量/架	服役时间/年		
		最短	平均	最长
C-12	92	0	25.1	40
C-20	1	26	26	26
C-23	3	20	22	26
C-26	13	0	14.2	26
C-27	7	N/A	N/A	N/A
C-37	3	13	15.3	18
CE-182	2	27	27	27
EO-5C	8	11	17.4	21
RC-12	30	18	23.9	37
T-6	12	3	3	3
T-34	1	1	1	1
UC-35	28	16	18.8	21
UV-18	6	2	20.3	40
其他	649	0	8.1	46
MH-6M	53	N/A	N/A	N/A
OH-58	28	45	45.5	46
TH-67	155	N/A	N/A	N/A
UH-1H	2	N/A	N/A	N/A
UH-72	411	0	5.6	11
总计	4301	0	14.4	4

①包括 CH-47 和 MH-47 两种型号；

②包括 EH-60、HH-60、MH-60 和 UH-60 四种型号。

以 2018 年美元购买力指数计算，美陆军为航空装备采办的经费额度由 2000 年的平均每年 19 亿美元飙升至 2011 年的 83 亿美元，12 年间增幅超 300%，然而 2011 年后出现持续下跌，截至 2018 年美陆军航空装备采办经费已下降至每年约 41 亿美元。在 2000—2018 年，美陆军航空装备采办经费约占美陆军装备采办总经费的 15%，约占美陆军总经费的 3%，美陆军航空装备采办经费趋势如图 6-19 所示。

据美国国会预算局预测，陆军现有航空装备的采办经费在 21 世纪 20 年代总体将呈下滑趋势，在 2027 年下降到大约 15 亿美元。随着两个未来垂直升力（Future Vertical Lift，FVL）项目的采购量的增加，在 21 世纪 30 年代前中期美陆军航空装备采办经费将回升到每年 40 亿美元以上，而在 2035—2045 年将缓慢回

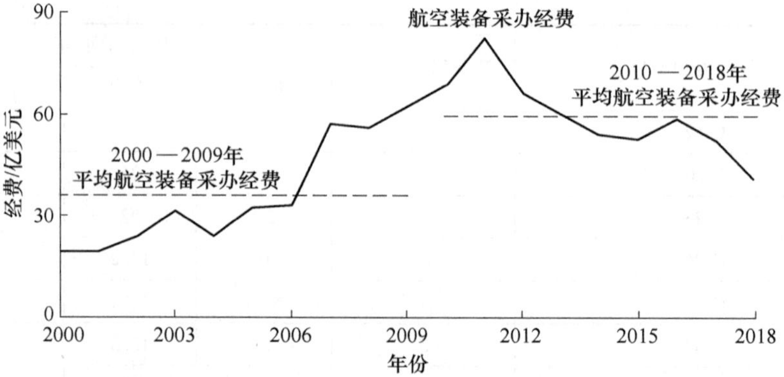

图 6-19　美陆军航空装备采办经费趋势

落至 30 亿美元左右。2019—2050 年美陆军航空装备采购的平均经费预算将低于 2010—2018 年的平均水平，但与 2000—2009 年的平均预算相似，2019—2050 年美陆军航空装备采办预算如图 6-20 所示。

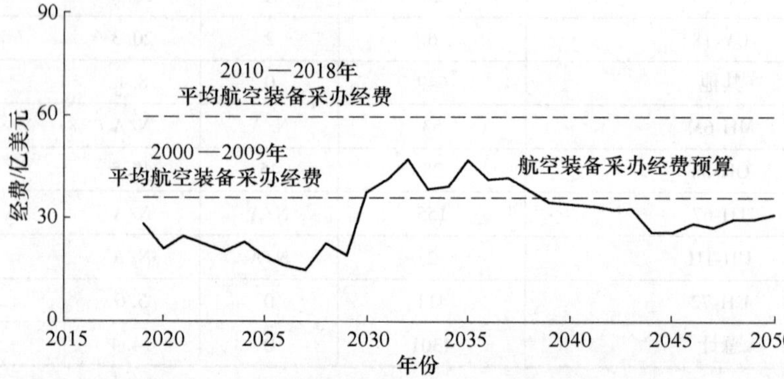

图 6-20　2019—2050 年美陆军航空装备采办预算

2032 年的美陆军航空装备预算将达到 47 亿美元的峰值，其经费主要由以下四个项目组成：一是未来攻击侦察机（Future Attack Reconnaissance Aircraft, FARA）项目，经费约 14 亿美元，该机将增强陆军目前的武装侦察能力，以后可能取代 AH-64“阿帕奇”；二是未来远程突击机（Future Long-Range Assault Aircraft, FLRAA）项目，经费约 13 亿美元，该机将取代 H-60“黑鹰”；三是替换 MQ-1C 灰鹰的项目，约 10 亿美元；四是“支奴干”运输直升机的再制造升级改造项目，约 7 亿美元。“阿帕奇”武装直升机的采购将在 2025 年左右结束，取而代之的是将于 2028 年启动的未来攻击侦察机采购计划，而 H-60“黑鹰”直升机（将于 2035 年结束）和其替代型号未来远程突击机（将于 2030 年开始）的采购项目则会有 5 年左右的重叠时间。

对美陆军航空装备采办和再制造升级改造以及研发经费的统计和预算，主要结合了美国国防部发布的《选定采购报告》对各类型航空装备的采办数量和经费以及航空装备的服役时间统计和各类装备的设计服役年限及对应的替换成本等信息。本节对美陆军三种主要航空装备：H-60“黑鹰”多功能直升机、AH-64“阿帕奇”武装直升机和CH-47“支奴干”重型运输直升机的采办和再制造升级改造情况进行了预测。

2017年12月公布的《UH-60M“黑鹰”直升机选定采购报告》预测了截至2028年UH-60M“黑鹰”直升机的采购数量和采购经费。另外，美国国会预算局推测“黑鹰”直升机的替代品（未来远程突击机FLRAA）的采购将在2030年开始，并根据目前“黑鹰”直升机的成本对FLRAA的采购成本进行了估计，且针对陆军为未来远程突击机提出的具体的性能特点，对总采办经费总额进行了调整。

2017年12月公布的《AH-64E“阿帕奇”直升机再制造选定采购报告》预测了截至2025年AH-64E“阿帕奇”直升机的采购数量和采购经费，如图6-21所示。美国国会预算局预计，正处于研发阶段的未来攻击侦察机（FARA）的采购需求将增加，以便在“阿帕奇”的使用寿命结束时能全面取代它们。结合美

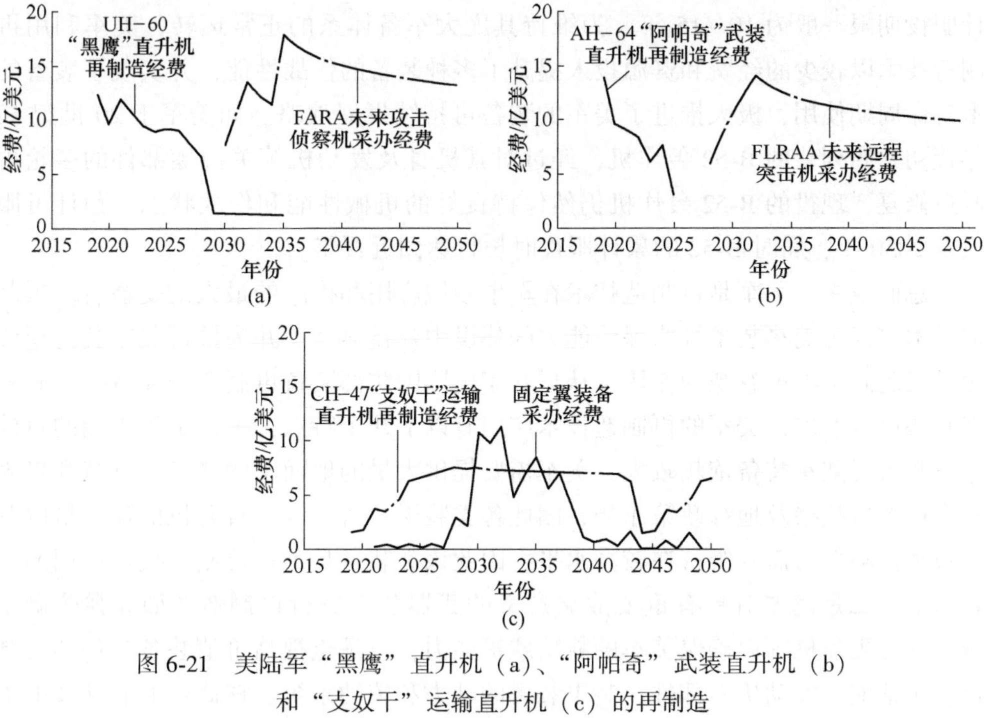

图6-21 美陆军“黑鹰”直升机（a）、“阿帕奇”武装直升机（b）和“支奴干”运输直升机（c）的再制造经费以及未来攻击侦察机和未来远程突击机的采办计划

陆军未来对航空装备的规划，美国国会预算局预计美军将每年采购 30 架未来攻击侦察机，但并没透露这些被用于增强现有部队编制或用于取代退役的“阿帕奇”的未来攻击侦察机（FARA）的数量。而美陆军 2021 年 12 月份发布的最新《“阿帕奇”直升机再制造选定采购报告》显示，目前陆军对“阿帕奇”武装直升机再制造升级改造的需求稳定、经费充足，项目所需的经费支出、时间安排，以及升级性能指标均可实现，然而由于 2022 财年的相关军费支出削减导致再制造数量有所减少。截至 2021 年底，美陆军对 406 架“阿帕奇”直升机进行了再制造升级改造，完成项目预计 631 架总量的近 65% 。

2017 年 12 月发布的《CH-47F Block Ⅱ型“支奴干”运输直升机选定采购报告》预测了截至 2043 年 CH-47F“支奴干”运输直升机的采购数量和采购经费。对于 2043 年之后的年份，美国国会预算局预测美陆军将按照 25 年前采购的年度数量来替换 CH-47F。

6.3　美军再制造发展趋势

美军许多主战装备的研制始于 20 世纪 60—80 年代，而每一代武器装备的设计服役期限一般为 10 ~ 15 年，为维持其庞大军备体系的正常运转，美军利用再制造技术以较少的经费和资源投入提升了多种装备的作战性能，并实现了装备的多寿命周期使用，极大推进了美军的装备可持续发展战略。如美军于 20 世纪 50 年代初开始列装的 B-52 轰炸机，经过对其机身及发动机等关键零部件的多轮再制造修复，现役的 B-52 轰炸机仍然保持良好的机械性能和作战状态，预计可服役至 2050 年，届时 B-52 的累计服役时长将达到近百年。

总而言之，美军是再制造技术在军事领域应用和推广的最大的受益者。再制造技术在提升美军装备维修保障能力的建设中效益显著，并为推进美军装备现代化发展起到了不可忽视的作用。从近几年美国国防部装备再制造的经费投入和发展趋势可以看出，美军的再制造技术应用有以下几个特点：一是由于美国的对外军事政策对陆军装备依赖较大，美军需要提供大量的地面车辆装备以维持和巩固其全球军事战略及地缘政策布局，因此各类装甲装备、武装直升机的保有量以及作战和保障能力需要维持在较高水平，因此该类装备是美军再制造技术应用的主要目标；二是优先对具有重要战略意义的武器装备进行再制造，如导弹防御系统、远程轰炸机等以确保美军的战略威慑能力；三是重视高价值装备备件的再制造，包括航空发动机零部件、装甲装备的动力和传动系统、核武器的制导及电子系统等。

参 考 文 献

[1] General Accounting Office. Army depot maintenance: privatization without further downsizing increase costly excess capacity [R]. Washington, DC: US General Accounting Office, 1996.

[2] Department of the Army. Army stationing strategy [R]. Washington, DC: Department of the Army, 2003.

[3] Department of Defense. DOD maintenance depot capabilities and services public-private partnerships [R]. Washington, DC: Department of Defense, 2003.

[4] Department of Defense. Contracts for Nov. 4, 2014 [EB/OL]. (2014-7-23) [2023-6-15]. https://www.defense.gov/News/Contracts/Contract/Article/606721/.

[5] Department of Defense. Contracts for Dec. 22, 2015 [EB/OL]. (2014-7-23) [2023-6-15]. https://www.defense.gov/News/Contracts/Contract/Article/637797/.

[6] Hill J D. 3D printing on the frontlines-army deploying $2.8M mobile fabrication labs [EB/OL]. (2013-3-28) [2023-6-15]. https://singularityhub.com/2013/02/28/3d-printing-on-the-frontlines-army-deploying-2-8m-mobile-fabrication-labs/.

[7] Judson J. Still in service: 'Ex Lab' is the US army's problem-solving MacGyver [EB/OL]. (2019-10-14) [2022-11-30]. https://www.defensenews.com/digital-show-dailies/ausa/2019/10/14/still-in-service-ex-lab-is-the-us-armys-problem-solving-macgyver/.

[8] Inspector General. Audit of the DOD's use of additive manufacturing for sustainment parts [R]. Washington, DC: Department of Defense, 2019.

[9] Deputy director for strategic technology protection and exploitation, office of the under secretary of defense for research and engineering. Additive manufacturing strategy [R]. Washington, DC: Department of Defense, 2021.

[10] U.S. Department of Defens. National Defense Strategy [R/OL]. (2018-1-19) [2023-6-15]. https://www.defense.gov/Multimedia/Photos/igphoto/2001867424/mediaid/2451071/

[11] U.S. Department of Defense. Program acquisition cost by weapon system (fiscal year 2023 budget request) [R/OL]. (2022-4-1) [2023-6-15]. https://comptroller.defense.gov/Budget-Materials/Budget2023/.

[12] Army Technology. M1A1/2 Abrams main battletank [EB/OL]. (2020-8-25) [2023-6-15]. https://www.army-technology.com/projects/m1a1-2-abrams-main-battle-tank/.

[13] Army Technology. Abrams M1A2 SEPv3 main battletank [EB/OL]. (2020-2-21) [2023-6-15]. https://www.army-technology.com/projects/abrams-m1a2-sepv3-main-battle-tank/.

[14] Army Technology. General dynamics wins $ 581 m contracts for Abrams main battle tank upgrades [EB/OL]. (2017-9-5) [2023-6-15]. https://www.army-technology.com/news/newsgeneral-dynamics-wins-581m-worth-contracts-for-abrams-main-battle-tank-upgrades-5918179/.

[15] Army Technology. Bradley M2/M3-trackedarmoured fighting vehicle [EB/OL]. (2020-7-3) [2023-6-15]. https://www.army-technology.com/projects/bradley-m2-m3/.

[16] Army Technology. BAE systems to provide additional Bradley A4 IFV to US Army [EB/OL].

(2019-10-9) [2023-6-15]. https: //www. army-technology. com/news/bae-systems-bradley-a4-ifv-us/.

[17] BAE System. US Army extends contract for Bradley fighting vehicle upgrades [EB/OL]. (2019-10-8) [2023-6-15]. https: //www. baesystems. com/en/article/u-s--army-extends-contract-for-bradley-fighting-vehicle-upgrades.

[18] Army Technology. Stryker armoured combat vehicle family [EB/OL]. (2022-3-14) [2023-6-15]. https: //www. army-technology. com/projects/stryker-armoured-combat-vehicle/.

[19] Army Technology. Stryker A1 initial maneuver short-range air defence (IM-SHORAD) vehicle [EB/OL]. (2020-6-9) [2023-6-15]. https: //www. army-technology. com/projects/stryker-a1/.

[20] Army Technology. Paladin M109A7 155mm artillery system [EB/OL]. (2022-8-3) [2022-11-10]. https: //www. army-technology. com/projects/paladin-m109a7-155mm-artillery-system/.

[21] Army Technology. M88A2 Hercules armoured recovery vehicle [EB/OL]. (2021-9-13) [2023-6-15]. https: //www. army-technology. com/projects/herculesrecoveryvehi/.

[22] Army Technology. M88A3 Hercules heavy recovery vehicle [EB/OL]. (2020-5-15) [2023-6-15]. https: //www. army-technology. com/projects/m88a3-hercules-heavy-recovery-vehicle/.

[23] Global Security. CH-47F improved cargo helicopter (ICH) [EB/OL]. (2008-9-28) [2023-6-15]. https: //www. globalsecurity. org/military/systems/aircraft/ch-47f-ich. htm.

[24] Army Technology. CH-47D/F MH-47E Chinook Helicopter [EB/OL]. (2020-2-3) [2023-6-15]. https: //www. army-technology. com/projects/chinook/.

[25] Army Technology. Apache Attack Helicopter (AH-64A/D) [EB/OL]. (2021-10-25) [2023-6-15]. https: //www. army-technology. com/projects/apache/.

[26] Army Technology. UH-60M black hawk multi-missionhelicopter [EB/OL]. (2020-7-3) [2023-6-15]. https: //www. army-technology. com/projects/uh-60m-black-hawk-multi-mission-helicopter/.

[27] U. S. Congressional Budget Office. Projected acquisition costs of ground battle vehicles [R]. Washington, DC: Congressional Budget Office, 2021.

[28] U. S. Congressional Budget Office. The cost of replacing today's army aviation fleet [R]. Washington, DC: Congressional Budget Office, 2019.

[29] U. S. Department of Defense. Selected acquisition report (SAR): UH-60M black hawk helicopter (UH-60 black hawk) [R]. Washington, DC: Department of Defense, 2017.

[30] U. S. Department of Defense. Selected acquisition report (SAR) on Apache remanufacturing (AH-64EReman) [R]. Washington, DC: Department of Defense, 2017.

[31] U. S. Department of the Army, . Selected acquisition report (SAR) on Apache remanufacturing (AH-64E Reman) [R]. Washington, DC: Department of Army, 2021.

[32] Department of the Army, 2017. Select acquisition report (SAR) on CH-47F modernized cargo helicopter (CH-47F Block Ⅱ) [R]. Washington, DC: Department of Army, 2017.

7 俄罗斯武器装备再制造

俄罗斯军队由于其强大的军事工业背景和丰富的实战经验，其在武器改装方面的实践尤为引人注目。叶利钦时期，由于政治动荡、经济危机等原因，俄罗斯在军队武器装备现代化方面非常失败，20 世纪 90 年代的危机使俄军武器装备老化现象十分严重。2003 年出台的《俄联邦武装力量发展的迫切任务》指出："定性分析表明，现代化武器装备的比重只有 20%～30%，而在世界现代军队中，这一指标超过 70%。"这种情况严重削弱了俄军的战斗潜力，并使俄罗斯的军事安全缺乏可靠的物质保障，对现役或老旧武器装备的升级改造（统称为"再制造"）成为俄军武器装备现代化的重要途径，为此，俄军采取一系列积极有效的措施推进武器装备再制造，并取得良好的效果。

俄罗斯武器装备再制造是指俄罗斯在工业和军事领域中，对已使用过的设备、机械等进行修复、改造和升级，以延长其使用寿命或提高其性能的过程。俄军再制造工程的目标是提高设备的可靠性和性能，同时降低成本和提高资源利用率。此外，俄武器装备再制造还包括对设备的整体性能进行评估，并根据评估结果制定相应的修复和升级方案，修复和升级方案可能包括更换零部件、修复机械结构、升级控制系统等。在俄武器装备再制造中，通常会采用一些先进的技术和工艺，如激光熔覆、等离子喷涂、纳米涂层等，这些技术和工艺可以有效地提高设备的表面硬度和耐腐蚀性，同时还可以提高设备的性能和可靠性。

7.1 俄军轻武器再制造

7.1.1 AK-12 突击步枪

AK-12 作为俄罗斯军队的制式步枪，如图 7-1 所示，以其稳定的射击性能和强大的火力著称。在实战中，根据实际需求对其进行一系列个性化改装能大幅提升该装备作战效能，常见的改装包括更换更高效的瞄准镜、加装战术导轨以连接各种附加设备，尤其是通过优化握把和扳机机构大幅提升了射击舒适度。AK-12 突击步枪个性化改装不仅提升了 AK-12 的作战性能，还使其更加适应各种复杂战场环境。

图 7-1　AK-12 突击步枪个性化改装

7.1.2　AKS-74U 短步枪

作为一款经典的俄罗斯步枪，AKS-74U 在战场上具有广泛的适用性，如图 7-2 所示。AKS-74U 短步枪以其紧凑的身形和出色的机动性而受到俄军士兵的喜爱。在改装方面，注重的是提升其火力和射程。通过更换高性能的枪管、加装消声器和夜视仪等设备，以及优化弹匣容量和供弹系统，这款短步枪在近距离作战中展现出了更强的威力。同时，其灵活的机身设计也使得使用者在执行特殊任务时能够更加游刃有余。

图 7-2　AKS-74U 火力和射程改装

为了提升其实战效果，俄军前线士兵会进一步对其外观、射程和火力进行局部针对性改装。例如，增加皮卡汀尼导轨以便安装更多的战术附件，更换高精度的瞄准具以提升射击精度，以及优化枪托设计以提高射击稳定性等，这些改装使得 AKS-74U 在应对不同战场环境和任务需求时更具灵活性。

7.1.3　PKM 机枪

PKM 机枪以其强大的火力和稳定的射击性能赢得了“重火力手”的称号，如图 7-3 所示。为了满足现代战争中对高速移动和精确打击的需求，俄军对 PKM 机枪进行一系列的轻量化改装，通过采用高强度材料制造枪身、优化供弹系统和冷却系统等措施，降低机枪的整体重量和提高射速。此外，通过加装先进的瞄准设备和夜视装置，PKM 机枪在夜间和低光环境下的作战能力得到增强。

7.1.4　AKMS 突击步枪

AKMS 突击步枪是俄罗斯军队中的另一款经典武器，如图 7-4 所示。为了提

图 7-3 PKM 机枪轻量化改装

高其在不同战场环境中的适用性，俄军对其进行精准化改造，包括更换高精度的枪管和瞄准具，优化供弹机构和握把设计，以及加装战术附件如手电筒、激光指示器等。通过一系列精准化改造，AKMS 的射击精度、操作舒适度和战场适应性得到显著改善，使其成为一款近乎完美的突击战斗利器。

图 7-4 AKMS 突击步枪精准改造

7.1.5 SVD 半自动狙击步枪

SVD 半自动狙击步枪以其出色的远程打击能力而备受青睐，如图 7-5 所示。为了满足高精度射击和快速响应的需求，俄军对其进行全方位改造，例如，更换高精度的狙击镜，优化枪管的热管理和弹道补偿机制，以及定制专用的弹药以确保长距离射击的准确性。通过这些改装，SVD 半自动狙击步枪在长程打击能力上得到了显著提升。

图 7-5 SVD 半自动狙击步枪长程打击能力升级

总体而言，俄军在轻武器改装方面具有深厚的实践经验和技术实力，具备根据战场环境和任务需求对各种步枪进行个性化的改正和优化的意识和能力，通过个性化、针对性、精准化再制造，实现了枪械实战效能的跃升。俄军对枪械的再制造实践不仅展示了俄罗斯军事工业的雄厚实力和创新能力，也为世界各国的轻武器发展提供了宝贵经验。

7.2　俄军炮射装备再制造

近年来，世界各国陆军都在大力发展大口径轮式车载炮，甚至越南、伊朗、印度这样的军工研发能力并不是很强的发展中国家都改造出了车载炮。但是，在这一领域，一向视火炮为“战争之神”的苏俄陆军却长期没有研发和装备大口径轮式车载炮。针对这一情况，俄罗斯对 2S43“锦葵”型 152 mm 轮式车载炮进行升级改造。与 2S35-1“联盟-SV-KSh”型 152 mm 轮式车载炮不同，2S43“锦葵”型 152 mm 轮式车载炮是以老式装备为基础进行改造的“新装备”。只不过经过了“技术美颜”之后，很难再一眼看出其原貌。

早在 20 世纪 80 年代，苏联陆军就计划研发一种采用 8×8 轮式底盘的 152 mm 车载榴弹炮，即 2S21Msta-K。当时，世界上第一种大口径轮式车载炮——法国“凯撒”尚未问世。所以，从某种意义上讲，苏联陆军当属世界大口径轮式车载炮的开先河者。可是，由于 20 世纪 80 年代苏联军工企业在大口径轮式车载炮的火炮与轮式底盘匹配及选择方面面临很多困难，最终 2S21Msta-K 项目还是被叫停，取而代之的就是如今俄罗斯陆军的主力履带式大口径自行火炮——2S19Msta-S 型 152 mm 自行榴弹炮。

直到 2015 年俄罗斯陆军新一代履带式大口径自行火炮——2S35“联盟-SV”型 152 mm 自行榴弹炮公开亮相后，俄罗斯军工企业才重新开始大口径轮式车载炮的研发，这就是 2S35-1“联盟-SVKSh”。2S35-1“联盟-SVKSh”型 152 mm 车载炮采用了 KamAZ-6560 型 8×8 轮式底盘，车体后部安装了一座体积硕大的 2S35“联盟-SV”型 152 mm 自行榴弹炮炮塔，由于该炮塔为全自动化无人操作模式，整个 2S35-1“联盟-SVKSh”型 152 mm 车载炮最多只需要 3 名成员就可以独立作战。

2S35-1“联盟-SVKSh”车载炮，如图 7-6 所示，自动化程度很高。不过，2S35-1“联盟-SVKSh”型 152 mm 车载炮也不是完美无缺，其最主要的不足在于整车重心过于靠后，特别是所有弹丸以及装药都装备在炮塔后部，导致 2S35-1“联盟-SVKSh”型 152 mm 车载炮在行驶中稳定性较差，很容易翻车，此外，KamAZ-6560 型 8×8 轮式底盘的越野性能也不是非常理想，在部队实际测试中暴露出了很多缺陷。而且，2S35“联盟-SV”型 152 mm 自行榴弹炮的全自动化无人操作炮塔造价十分高昂。

图 7-6 2S35-1“联盟-SVKSh”152 mm 车载炮

随着 2S35“联盟-SV”型 152 mm 自行榴弹炮的投产服役，老一代的 2S19Msta-S 型 152 mm 自行榴弹炮逐步退役。在这种情况下，俄罗斯陆军要求军工企业研发一种总体性能更好、造价相对能够接受的大口径轮式车载炮，利用 2S19Msta-S 型 152 mm 自行榴弹炮的火炮部分，再结合越野性能更好的 8×8 轮式底盘，造就了一款相对廉价的大口径轮式车载炮。于是，俄罗斯军工企业想到了“旧物改造”的办法（即“再制造”），这就是新一代大口径轮式车载炮——2S43“锦葵”，如图 7-7 所示。

图 7-7 2S43“锦葵”型 152 mm 车载炮结构图

与 2S35-1“联盟-SVKSh”不同，2S43“锦葵”型 152 mm 车载炮换装了 BAZ-6010-027 型 8×8 高机动越野轮式底盘。这款底盘此前也曾经被 S-400 以及 S-300PMU2 远程防空导弹发射车所采用，性能较为出色。而火力部分，2S43“锦葵”型 152 mm 车载炮直接采用了 2S19Msta-S 型 152 mm 自行榴弹炮的前半部分炮塔，包括火炮以及半自动装填机，弹丸以及发射药则全部存放在车体中部。这样，整车的重心稳定性以及平衡性相比 2S35-1“联盟-SVKSh”大为改善。而且，由于火炮安装位置更为靠后，2S43“锦葵”型 152 mm 车载炮的炮口位于驾驶室后方。由此，2S43“锦葵”型 152 mm 车载炮也避免了像 2S35-1“联盟-SVKSh”那样在发射时，炮口冲击波有可能对驾驶室造成损伤的缺陷。

当然，由于取消了弹丸以及发射药全自动装填装置，2S43“锦葵”型 152 mm 车载炮的自动化程度不如 2S35-1“联盟-SVKSh”，其班组成员至少要达到 7 人。此外，2S43“锦葵”型 152 mm 车载炮所采用的火力部分还是上一代的型号，总体性能与 2S35-1“联盟-SVKSh”相比也有差距。但是，对于俄罗斯陆军来说，通过这样“旧物改造”的技术手段，获得一款至少能够达到国际主流水平的大口径轮式车载炮，其造价也能够承受得起，也算物有所值。

7.3　“克拉斯诺波尔”制导炮弹再制造

为了提高“克拉斯诺波尔”制导炮弹打击效率，俄军开发并生产了这种弹药的现代化版本，其基础版如图 7-8 所示。基于 3OF39“克拉斯诺波尔”制导炮弹（UAS）的 2K25 制导武器系统在特别行动区获得积极使用。

图 7-8　“克拉斯诺波尔”基础版

3OF39“克拉斯诺波尔”来自 2K25 复合体的一部分及其改装，其设计特点、工作原理、战术和技术特点等已经完全公开。2023 年 8 月中旬，“高精度综合体”控股公司的新闻服务宣布开始生产这种制导炮弹，并向俄军供应系列产品。据报道，俄罗斯“克拉斯诺波尔”在半径偏差方面优于美国 M982Excalibur 炮弹，这种炮弹通常直接击中目标，且具有打击移动中目标的能力。2023 年 11 月 8 日，俄罗斯国际新闻通讯社报道了“高精度综合体”的“克拉斯诺波尔”现代化版本在战区成功使用的消息，并显示出更高的精度。

3OF39“克拉斯诺波尔”炮弹的第一个版本为口径 152 mm、长 1.3 m、重 50.8 kg 的型号，重点是进行了局部的针对性改进，例如，3OF39M 型炮弹的长度小于 1 m，而 K155 和 K155M 项目为北约火炮提供的 155 mm 口径炮弹。此外，弹头装有控制设备，包括可伸缩的方向盘与转向机器；在中心部分放置的主要装药重量为 6.3~11 kg；底部有气体发生器和可伸缩稳定器；为简化运输，炮弹的外壳被拆解为隔间，如图 7-9 所示。所有已知的 UAS3OF39 版本都配备了半主动激光导引头，其 2K25 系统还包括炮兵侦察使用的激光测距仪，激光 GOS 击中目

图 7-9 3OF39 剖面图

标的概率为 0.8~0.9，误差不超过几米。最新升级的“克拉斯诺波尔”炮弹命中准确性大幅提高，具备以最少弹药消耗方式取得最优化攻击效果的能力。

7.4 俄海军舰船再制造

舰船改装是保持和提升现有装备作战能力的重要手段，是海军装备建设的重要内容。俄罗斯在新造大型舰船能力不足的情况下，积极挖潜现有舰船潜能不失为一条好途径。俄罗斯分析专家认为，相比于建造更有前景但是造价极为昂贵的新舰艇，对现有大型水面舰艇的修复和深度现代化改装是更为符合俄罗斯的战略首选。俄罗斯在舰船再制造方面做出诸多尝试，使用这些再制造后的“老将”以面对西方国家海军新型舰船及武器装备的冲击。

20 世纪 80 年代末，在美苏军备竞赛的大背景下，针对美国航母舰队，苏联列装了四艘“基洛夫”级巡洋舰。自苏联解体后，俄罗斯承接了该系列巡洋舰。然而，由于军费紧张，俄军先后退役了其中两艘巡洋舰，并开始对另外两艘进行现代化升级改造。一方面，俄罗斯对“彼得大帝”号巡洋舰进行体系化的性能恢复和升级改造，使“彼得大帝”号巡洋舰重新焕发生机；另一方面，持续对“纳希莫夫海军上将”号巡洋舰深化改造，使“纳希莫夫海军上将”号巡洋舰实战适用性更好。值得注意的是，“基洛夫”级巡洋舰明显的设计优势为其现代化升级改造创造了有利条件。

“基洛夫”级巡洋舰在 1988 年正式加入苏联海军，如图 7-10 所示，该巡洋舰原本配置的是升级版 S-300F 导弹，升级后装备了改进型 S-400 系列导弹，新型导弹最多可携带 96 枚地空弹头，战斗力足以震撼。此外，巡洋舰还可以配备武器装备，如“铠甲 ME”防空系统，自身防卫能力大幅增强。

弹药搭载方面，俄军为“基洛夫”级巡洋舰配备了 P-800、“锆石”等反舰导弹，取代原有的 P-700 反舰巡航导弹，P-700 导弹的飞行时速为 3 Ma（马赫，1 Ma = 340 m/s），打击范围超过 625 km；而 P-800 导弹最高时速可达到 9 Ma，有

图 7-10　“基洛夫”级巡洋舰

效打击射程为 1000 km，弹药攻击力的升级使得“基洛夫”级巡洋舰的战力更强，能有效对敌方战列舰编队进行致命攻击。

此外，改进型巡洋舰还可发射 3M14T“口径”导弹，射程为 2500 km，其火力布局如图 7-11 所示。尽管仅有两艘，但凭借强大的火力优势，该巡洋舰一跃成为俄海军远洋作战的重要威慑力量。

图 7-11　“基洛夫”级巡洋舰舰面火力布局

“纳希莫夫海军上将”巡洋舰是一种多功能核动力导弹巡洋舰，满载排水量超过 2.5 万吨，仅次于航空母舰，是海上作战能力强的大型水面战舰。它采用核动力系统，其动力足以为超过 15 万居民的城市提供电力和供暖。起初，该舰艇的主要武器系统是 P-700“花岗岩”反舰导弹。这种导弹在低空飞行时可以达到 1.6 Ma，而在高空飞行时可以超过 2.5 Ma。可携带 750 kg 常规弹头或相当于 50 万吨 TNT 当量的核弹头，射程可达 625 km。此外，舰艇还配备了全面的防空和反潜系统。然而，随着美国海军基线-7 型“宙斯盾”作战系统的升级及“标准-3”和“标准-6”防空导弹的部署，2.5 Ma 的超声速反舰巡航导弹很难穿透美国航空母舰的防御系统。因此，“纳希莫夫海军上将号”巡洋舰舰载攻击武器系统升级成为亟待解决的问题。2024 年，俄罗斯联合造船集团总经理普奇科夫在“海军-2024”国际海军论坛上透露，俄罗斯海军“纳希莫夫海军上将”号重型核动力导弹巡洋舰（以下简称“纳希莫夫海军上将”号巡洋舰）正在北方机械厂升级，预计 2024 年 11 月进行海上试验。人们之所以高度关注这艘船的动态，是因为它是一个真正的“航母杀手”。

1144 型“纳西莫夫海军上将”号是“基洛夫”级的 3 号舰，1988 年加入北方舰队。该舰的核动力系统主要由两座各 300 MW 的 KN-3 型核反应堆以及两座辅助性蒸汽锅炉组成，核动力装置功率 14 万马力，最大航速 31 kn（节，1 kn=1.852 km/h），仅使用辅助蒸汽锅炉动力时速度为 17 kn。该舰排水量 2.8 万吨，宽 28.5 m，长 251.2 m，吃水 9.1 m。1997 年，“纳西莫夫海军上将”号在航行中发生严重的核反应堆和主机机械故障，被拖船拖回北德文斯克北方机器制造厂港口，由于财政和技术原因，一直无力修复。在 1 号舰和 2 号舰面临舰船老化无法继续服役的状况下，相比之下状态最好的 3 号舰“纳希莫夫海军上将”号则成了大规模现代化的必然选择。

早在 2012 年，“纳希莫夫海军上将”号的现代化升级工作就已展开，北方机械宣布完成对“纳希莫夫海军上将”号的勘察和改装设计工作，并在 2013 年和政府签约，正式开始了实际改装工程。改装工程 2013 年正式开始，原定于在 5 年之内完成，2018 年开始海试，但俄罗斯经济的持续低迷与熟练造船工人的不断流失导致该舰的改装工程进度缓慢。2023 年 12 月，“纳希莫夫海军上将”号在北方机械制造厂进行改装升级，按照计划，造船厂将替换并更新舰船的生命支持、无线电技术武器和船舶动力系统，改造计划还包括更换舰上的导弹和火炮系统。在改装过程中，船厂采用了 3D 扫描技术，对整艘巡洋舰船体进行了全方位 3D 扫描。船体部分部位的差异甚至达到了半米级，这种检测方法对后续舰艇改装的精确度具有重要意义。从公布的资料和改装现场图片来判断，“纳希莫夫海军上将”号的现代化升级基本是在围绕原舰体结构基础上结合现有成熟装备进行的设备级别现代化升级改造。

雷达探测方面，“纳希莫夫海军上将”号将会换装“5P-20K”四面固定阵列 X 波段有源相控阵雷达，最大探测距离 200 km，可同时跟踪处理超过 200 个目标，偏重对低空/对海高精度搜索；远程雷达为 MR-650“桦木林下”L 波段远程警戒雷达，总的来说，装备雷达多为成熟型号，雷达探测与感知能力得到大幅提升。

攻击武器方面，“纳希莫夫海军上将”号将会装备俄罗斯近年来大规模装备的 3K14“海军通用垂直发射装置”来取代原本 20 枚硕大的 P-700“花岗岩”发射筒，一共安装 10 部八联装共计 80 单元，装填“口径”系列、“俱乐部”系列、“缟玛瑙”等多种远程对陆、反舰巡航导弹。防空导弹仍然是传统的“转轮”发射筒，发射 S-300 家族的最新改进型“48H6E2”中远程防空导弹，最大射程 150 km，数量上也应该仍为 12 套“转轮”装填 96 枚；在武器区最前方可能会安装 4 组八联装“鲁道特”，装填 9M96 中程防空导弹和以“一坑四弹”的形式装填 9M100 近程防空导弹，这点上与 22350 是相同的。

其他攻击武器方面，目前近防系统仍不明朗，可能会换装在 22800 型导弹舰上开始大规模应用的舰载版“铠甲 M”弹炮合一武器系统，整合 8 枚近程防空导弹（射程 1.2～20 km，无线电指令复合红外制导）和 2 门 6 管 30 mm 速射炮（射速 5000 发/min，射程 4000 m）；主炮也有可能换装 22350 上装备的新 AK-192 型 130 mm 舰炮取代 AK-130。

该舰完成改装后，将称为 11442M 型，将拆除战舰上原有的 3K45“花岗岩”系统（SS-N-19 反舰导弹系统）配备的 20 套 SM-225 发射器，取而代之的是 10 套 3S14 垂直发射系统，这套系统可以发射 3M14 与 3M54“口径”系列导弹；巡洋舰升级中将接收联合仪器公司开发的新型强大的舰载计算机提供决策支持，该计算机模块能够预测各种状况，帮助指挥官制定作战规划。此外，控制系统还能够确保为全舰提供视频链接。

升级后的“纳希莫夫海军上将”号将接收统一的发射器并能够携带多类型导弹，能够发射“口径”（图 7-12）、“缟玛瑙”“布拉莫斯”以及“锆石”导弹（图 7-13）。改装后，“纳希莫夫海军上将”号将具有全新的战术技术特征，将显著提高俄罗斯海军的能力。

图 7-12　“口径”巡航导弹

图 7-13 “锆石”高超声速巡航导弹

7.5 俄军装甲车辆再制造

俄军的装甲装备主要有各型坦克、步战车、装甲运输车等。近年来，俄军通过不断列装装甲装备、组织开展演习演练等活动，有效推动了部队战备训练水平的提升。装甲装备使用周期长、维护保养复杂、单价成本高。因此，为了更好地节约成本，最大限度地发挥现有装甲装备的作战效能，俄军不断对现有装甲装备进行现代化改造，以有效提升综合性能水平，适应现代战争的需要。

7.5.1 T-80 主战坦克

相比俄罗斯陆军现役的另外两大系列主战坦克——T-72 和 T-90，T-80 系列主战坦克（图 7-14）不仅数量较少，而且维护使用成本也更高。所以，在以往的升级改造计划中，T-80 系列主战坦克受重视的程度也不如前两者。但是，随着俄罗斯北极战略的进一步加强和深化，俄罗斯陆军在北方严寒地带的作战任务需求大大增加，而采用柴油发动机的 T-72 和 T-90 系列主战坦克在北方严寒地带的使用受到很多限制，特别是启动时需要几十分钟的预热时间，不利于应急作战。而采用燃气轮机的 T-80BV 主战坦克启动时间只需要数分钟，加速性也优于采用柴油发动机的 T-72 和 T-90 系列主战坦克。所以，俄罗斯陆军便重新启动封存的 T-80BV 主战坦克并进行升级改造，赋予其 T-80BVM 的新编号。

俄军经过对 T-80 主战坦克进行现代化改造，发展出了“北极”版本的 T-80БВМ 坦克。2019 年 12 月中旬，俄国防部第 603 军事代表处列装了一批经现代化改造的“北极”版本的 T-80BVM 坦克。T-80BVM 主战坦克保留了原有的 2A46M1 型 125 mm 滑膛炮，重点提升了火控系统和装甲防护能力，其技术水平基本上与经过升级的 T-72B3M 和 T-90M 相当。为了保护乘组人员安全，坦克上安装有防积聚栅栏挡板，以及舱式动力防护装置。2019 年 5 月下旬，东部军区第

图 7-14　T-80 主战坦克

35 集团军驻阿穆尔州摩步旅的坦克分队列装了 40 辆经现代化改造的 T-80 坦克。经现代化改造的 T-80 坦克被称为“飞行的”坦克，其主要特性是安装有燃气涡轮动力装置，最快时速能够达到 70 km，加满燃油后行程可达 500 km。这种坦克曾经在北极地区最极端的环境下证明过自身优良性能，相应地也能够适应远东地区的严寒气候。列装坦克后，将大幅提升坦克分队在完成教学、战斗任务时的能力。

与目前其他国家现役的第三代改进型主战坦克相比，T-80BVM 主战坦克的总体性能也并不逊色，通过对封存装备的翻新改造，俄陆军部队获得了性能提升的主战装备，俄罗斯陆军可谓是把“物尽其用”这四个字做到了极致。

7.5.2　T-72 坦克

除了 T-80 主战坦克再制造外，俄军通过对 T-72 坦克进行升级改造，如图 7-15 所示，生产出了 T-72B3 坦克。T-72B3 坦克上安装了新一代无线电雷达、新的火力控制系统、数字式弹道计算系统、带热成像的多渠道瞄准器，同时还换装了能够自动填装弹药的高能量弹药。2019 年，俄方又发展出了 T-72B3M 坦克，经过现代化改造后，T-72B3M 上安装了新的发动机，动力达到 1130 PS，几乎比 T-72B3 多出了 300 PS。坦克上安装了具有更出色性能和使用寿命的 125 mm 炮、“松树”瞄准镜、弹道计算器和安装在车长位置上的全景象瞄准仪。这样就能够让坦克手更快地发现目标，并实施打击。显示器能够显示坦克运转性能，相应地减轻了机械师、驾驶员的工作量。显示器上还能够显示坦克后部的影像。同样，坦克的防护性能也得到了加强。车身上安装了栅栏格栅，预防填充弹药的攻击，还安装有“列里克特”动力防护装置。

图 7-15 T-72 坦克

7.5.3 BTR-82A 步兵战车

在再制造主战坦克的同时，俄罗斯军工大力开展步兵战车改造升级，在现役 BTR-82A（图 7-16）轮式步兵战车基础上，推出了升级改造的新型轮式步兵战车——BTR-87。BTR-82A 轮式步兵战车属于 BTR-80 系列步兵战车的发展型号，BTR-80 步兵战车是从 1986 年开始服役的，从目前国际主流步兵战车的技术水平来看，毫无疑问已经显得过时了。但是，BTR-80 系列步兵战车在俄罗斯陆军中服役数量很多，全部用新一代“回旋镖”轮式步兵战车替换显然是不现实的，所以，俄罗斯陆军通过一系列再制造的手段以提升 BTR-80 系列步兵战车的总体性能。

图 7-16 BTR-82A 轮式步兵战车

为了满足俄陆军既想省钱，又要性能提升的苛刻要求，俄罗斯军工企业采用了一种“换汤不换药”的办法：一是保留原有的 BTR-80 车体总体设计布局，对乘员舱进行优化改造，改善人员乘坐的舒适性；二是换装新型遥控武器站，其武器配置包括 1 门 2A42 型 30 mm 自动炮以及 2 具“突击”反坦克导弹发射筒，其火控系统具备“猎-歼”能力，夜视设备也得到了大幅升级。升级改造后，在火力性能方面，BTR-87 轮式步兵战车能够达到与新一代“回旋镖”轮式步兵战车相当的水平。

7.6　俄军航空装备再制造

7.6.1　Su-57 升级改造

《科技日报》援引俄罗斯空天军以及俄罗斯国防部的消息称，虽然 Su-57（图 7-17）战斗机尚未正式列装俄罗斯空天军，但是俄方一直想要为 Su-57 进行大规模升级。据悉，此次的升级涉及 Su-57 战斗机的所有重要系统，无论是发动机、航电还是机载设备都会做出大规模的升级。根据苏霍伊航空公司安排，这个被命名为“第二阶段 Su-57”的升级计划，将会在 2022 年夏季开始测试。如果说现在的 Su-57 因为其许多设计缺陷，尤其是隐身设计一直不被西方承认为第四代隐身战斗机，即便经历了此次的大幅度升级，Su-57 想要媲美歼-20 或者 F-22 的可能性也是非常低的。

图 7-17　Su-57 战斗机

实际上，Su-57 战斗机已经是俄罗斯在军用飞行器设计领域的集大成者。毫不夸张地说，俄罗斯几乎是将所有在这个领域先进的技术和设备都用在了 Su-57 的身上。而此次的升级计划，俄罗斯也将用更加先进的“产品-30”发动机来替换目前装备的发动机，如图 7-18 所示。按照苏霍伊航空公司的宣传数据，“产品-30”除了在使用寿命这些常规指标上有所提升之外，最重要的是其推力达到了惊人的 18 t。这意味着，“产品-30”的性能将远远超过 F-22 所使用的 F-119 发动机，Su-57 也将拥有更好的超声速巡航性能。

图 7-18　产品-30 发动机

其次，就是对 Su-57 进行一系列航电和机载系统上的升级，毕竟电子技术一直是俄罗斯的短板。在歼-20 和 F-35 战斗机已经采用了 EODAS 和 EOTS（图 7-19）系统的情况下，俄罗斯似乎至今都无法拿出任何一款可以实用化的类似产品。不过从苏霍伊航空公司的计划来看，此次升级将通过加装全景式情况显示器、新型多功能显示屏和宽角度瞄准等系统来弥补在这方面的不足。最令人意外的是对 Su-57 战斗机传动系统的升级，竟然才在这个阶段打算将传统的液压传动换成电传操纵，由此可见俄罗斯的电子技术确实不尽如人意。从目前的情况来看，即便 Su-57 顺利完成上述的一系列改造，也不会产生质的变化。毕竟 Su-57 的设计基础就已经很差，来自“侧卫”战斗机的直通式进气道将直接影响 Su-57 的隐身性能。第四代隐身战斗机，与其他战斗机最大的不同就是拥有隐身能力。除非俄罗斯愿意将整个计划推倒重来，否则 Su-57 的隐身性能比大多数三代半战斗机好不了多少。更何况目前的俄罗斯，人力、财力以及物力均奇缺，推倒重来是根本不可能的。

7.6.2　MiG-31 战斗机性能升级

尽管 MiG-31（北约代号：猎狐犬）早在 1975 年就由苏联空军首次飞行，如

图 7-19　F-35 的 EOTS 设备

图 7-20 所示，但它仍然是世界上最快的战斗机之一。随着俄罗斯宣布计划在 2020 年将飞机的服役年限再延长三分之一，退役的时间延期到 2030 年，工程师们不得不寻找新的解决方案来应对以上难题。

图 7-20　MiG-31 战斗机

美国和俄罗斯此前都曾使用 3D 打印来提高他们在军事领域的战备状态，但后者凭借增材制造升级的 MiG-31 喷气式飞机在西方抢占了先机。由 UEC-PermMotors 和国有 Rostec 集团的附属公司 UEC-Star 实施的这项改进极大地提高了俄罗斯拦截高超声速飞机的能力，这些战机还能够发射被称为“匕首”的 Kinzhal 高超声速导弹。

俄罗斯军方设法实现这一目标的方法是利用 UEC-PermMotors 和 UEC-Star 的 3D 打印功能。据说这些公司的工程师找到了 MiG-31 D-30F6 发动机的 3D 打印部件，通过 3D 打印技术使其涅槃重生。俄罗斯国家技术集团增材技术中心获得了俄罗斯工业和贸易部的许可证，可以通过 3D 打印的方式批量生产军品，该增材技术中心能够将部分单个部件的生产时间从 6 个月缩短到 3 周。增材制造的部件特点是在保持功能特性的同时重量更轻，能够增加航空器的有效载荷并改善其他性能。

这款改进型 MiG-31 战斗机在多个方面进行了升级和改进，包括新的航电系统、武器系统、通信系统以及飞行控制系统。这些改进使战斗机具有更高的作战效率和更强的战斗力，能够更好地应对现代战争的挑战。在新的航电系统中，改进型 MiG-31 战斗机采用了更先进的雷达系统，能够更好地探测和跟踪目标。同时，还增加了更多的传感器，提高了战斗机的感知能力，使其能够更好地了解周围环境。在武器系统方面，改进型 MiG-31 战斗机可以携带更多的武器，包括空对空导弹、空对地导弹、精确制导炸弹等。这些武器使战斗机具有更强的攻击能力，能够更好地应对不同的作战任务。在通信系统方面，改进型 MiG-31 战斗机采用了更先进的通信技术，能够实现更快的数据传输和更清晰的语音通信。这使战斗机能够更好地与其他部队进行协同作战，提高作战效率。在飞行控制系统方面，改进型 MiG-31 战斗机采用了更先进的飞行控制技术，能够实现更精确的飞行控制和更稳定的飞行状态。这使战斗机能够更好地应对复杂的飞行环境，提高飞行安全性能。

总的来说，俄罗斯联合飞机公司 UAC 的索科尔飞机制造厂成功完成了 2023 年生产计划，向俄国防部交付了现代化改装的 MiG-31 战斗机批次，并已部署到相应基地。

7.6.3 战斗机发动机再造除雪车

目前，全世界喷气式战斗机服役数量已经达到了惊人的地步，而这些喷气式战斗机的发动机更是一个惊人的数字。尤其是当战机报废以后，发动机的去向就成了一个问题。但是，根据一些消息看，各国对于发动机的处理各不相同，财大气粗的美国对于发动机的处理方式一般都是直接销毁，并不进行二次利用；而俄罗斯对于退役发动机开发出了很多的妙用。

俄罗斯对于退役军机的发动机都采取了再利用措施，由于俄罗斯大部分地区都处于比较极端的气候，下雪和结冰现象频发。在这种情况下，除雪设备就成了一个必备设施，无论是军舰甲板还是机场跑道，或者仅是普通道路，这些必备设施都派上了大用场。而且由于俄罗斯的起步比较早，所以这方面技术比较成熟。

退役的发动机一般都由于长期的高温高压运作，导致了叶片的强度不足和燃烧室的磨损。也正是因为如此，航空发动机的寿命都有严格限制，当达到了这个寿命限制以后，航空发动机虽然还能上天，但是却不能保证安全，因此航空发动机就不得不面临退役。不过如果要是不让这些航空发动机上天，而是在地面服务就没有这些麻烦了。

俄罗斯的除雪机（图 7-21）采用的是 MiG-15 比斯的发动机，具有猛烈的喷射能力，如图 7-22 所示，这种第一代喷气机的发动机推力相对于后面的型号而言不算太大，而且调校起来十分方便，所以俄罗斯就用这款发动机来作为除雪机。而且这种发动机一般尾焰并不算特别大，所以对路面的侵蚀几乎等于零，因此是作为除雪机的不二选择。

图 7-21　俄罗斯除雪机

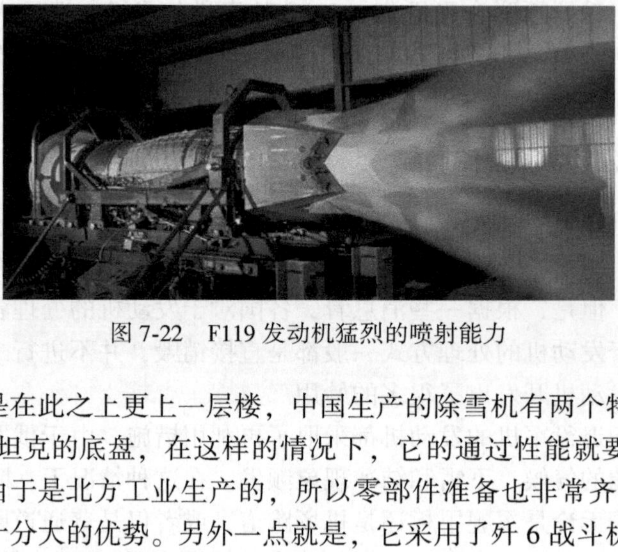

图 7-22　F119 发动机猛烈的喷射能力

而中国则是在此之上更上一层楼，中国生产的除雪机有两个特点，第一个特点是采用了 59 坦克的底盘，在这样的情况下，它的通过性能就要比轮式车辆好上不少。而且由于是北方工业生产的，所以零部件准备也非常齐全，易于维修，这样的情况是十分大的优势。另外一点就是，它采用了歼 6 战斗机的发动机，这款发动机和 MiG-15 的发动机有同样的特点，所以是作除雪机的第一个选择。

7.7　俄军其他方面的再制造

7.7.1　俄军单兵装备升级

1993 年，俄罗斯首次提出了作战装备一体化的概念，从 2001 年起开始在订货中单列单兵装备，成立专门的领导、研制机构及士兵装备试验基地。“巴尔米查”成为俄罗斯第一代士兵系统，“巴尔米查”（即“勇士的头盔”）发展计划重点是研制与发展单兵防护器材、单兵通信与侦察器材、工程装备和特种装备等，用来提高武器装备的整体技术水平。2007年，俄军开始了“巴尔米查-Ⅱ”系统的试验、设计工作，重点提高了防弹衣和头盔的防护等级，增强战场态势感知及指挥控制能力，进一步减轻重量。而“战士”士兵系统是在“巴尔米查”系统基础上的改进性研发工作，并于2011年8月首次在MAKS-2011（第十届莫斯科国际航空航天展）上亮相。2013—2014年夏天，12个部队参与了“战士”系统的国家试验。“战士”防护服透气性好，防水隔湿，可持续穿戴48 h，可粘贴臂章和肩章，摘掉标识也很方便，如图7-23所示。模块化设计使背心上可粘贴各种口袋。服役结束时，穿过的衣服在清洁除污后将发给新兵。“战士”士兵系统已在部队日常实战训练中使用。

图7-23 增强型“战士”防护服示意图

俄军的另一型单兵作战系统是“百夫长”单兵作战系统，其从头到脚武装士兵，使士兵变身超级战士，它的质量较传统单兵装备减轻30%。据俄罗斯塔斯社消息，该作战系统共有59个组成部分，其中包括突击步枪、狙击步枪、榴弹发射器、战斗刀、侦察装置、热成像瞄准镜、护目镜以及动力外骨骼、防核生化系统、生命监测与防护系统等。头盔是“百夫长”系统的关键组成部分，其不仅保护士兵的头部，也是信息数据的显示中心。其采用新型材料涂层和自适应伪装技术。这是一种电诱导材料，它可像变色龙一样模仿环境的颜色进行变化，在连续工作模式下的能耗不大于霓虹灯的能耗。这种材料可以显示颜色强度的动态变化并模拟周边复杂的图像，如树叶在风中的摇动。变色迷彩涂层涂覆在头盔上，涂覆质量为每平方米几百克，涂装方法与普通涂料一样，在厚度和均匀性方面不需要很高的要求，这意味着新型头盔可以在现场随时进行修复。

2021 年 1 月，俄罗斯 Rostec 公司宣布正在开发第四代单兵作战系统“军团士兵”，“军团士兵”将会从头开始开发，配备现代化改造后的单元，结合最新的技术包括人机协同、人工智能、外骨骼等，该款系统将逐步取代“百夫长”。

7.7.2 俄军无人机装备

无人机的使用是“特别军事行动”最令人印象深刻的特点。根据俄官方数据，在 2021 年 2 月前，俄军装备了 2000 多架无人机。仅仅两年后，2023 年 11 月，俄军高层就表示：“自‘特别军事行动’开始以来，军队的无人机供应量增加了 16 倍，仅 2023 年军队就接收了超 2 万架无人机。”

在过去的一年里，俄军在数十到数百公里战线上运用无人侦察机实时侦监乌军行动。这些无人机从根本上改变了战场，正如军事专家一再指出的那样——它们使战场变得“透明”。“战争迷雾”即使没被完全消除，也在经历巨大改变。俄军能够准确无误地发现乌军主攻方向和部队集结，而后准确地对其进行火力打击，这带来了 2023 年主要军事政治事件——“乌克兰大反攻”的失败。

此外，“柳叶刀”自杀式无人机成为 2023 年俄“明星”武器装备之一，如图 7-24 所示。“柳叶刀”虽然在 2019 年便首次亮相，但它的使用高峰期却在 2023 年夏天，也就是乌军反攻的高峰期。“柳叶刀”既能独立寻找坦克、装甲车等目标，又能立即摧毁它们。俄军还在不断对“柳叶刀”进行现代化改造，例如，2023 年秋天，乌军就表示，“柳叶刀”显示出技术改进的奇迹，以前能在最远 40 km 距离徘徊，现在增加到 60~70 km。

图 7-24　“柳叶刀”自杀式无人机

同样，在 2023 年，俄军开始大规模使用多旋翼小微型无人机，如图 7-25 所示。在 2023 年 3 月俄联邦国防部官方电视报道中首次提到了这种武器，2023 年 12 月，俄罗斯国防部长绍伊古表示，在俄军作战集群有超过 15000 名多旋翼小微型无人机操作手接受了培训。在过去一年，尽管“柳叶刀”自杀式无人机和多旋翼小微型无人机是最亮眼的，但仅占俄军使用的新型无人机中的小部分。

图 7-25 多旋翼小微型无人机

随着俄乌战争的持续，俄罗斯利用 3D 打印技术快速生产大量名为“Ghoul”的自杀式无人机，如图 7-26 所示，这些新型无人机造价低且易于生产，并绑有 RPG-7，旨在追捕乌克兰坦克和西方武器。据一位名为“Java”的俄罗斯设计工程师表示，借助 3D 打印的手榴弹元件，这种弹药通过无人机可以实现直接且高度准确的发射。

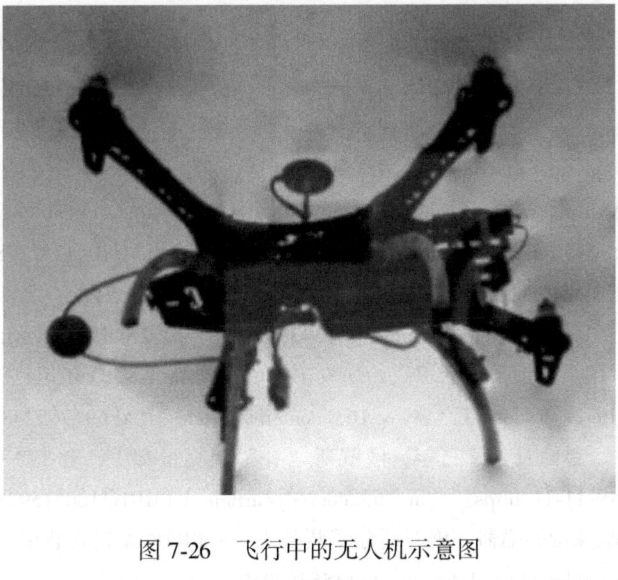

图 7-26 飞行中的无人机示意图

总的来说，对于目前的俄军来说，尽管新研发的多型先进装备确实性能出色，但是造价也是相当的“感人”。所以，面对装备更新与经费不足两难的尴尬局面，俄军越来越多地希望通过“技术美颜”来为部队提供所谓的“新装备”。俄罗斯武器装备再制造逐步发展为一种可持续的国防工业发展方式，显著提升了武器装备的性能和可靠性，同时降低了装备制造成本，提高了资源利用率。同时，对于同样拥有庞大老式装备的世界军事大国来说，俄罗斯军工企业以及俄军这些“绞尽脑汁”的升级改造之路，对世界各国都有一定的启示和借鉴意义。

参考文献

[1] 王海滨．试论俄军武器装备现代化［J］．国际论坛，2007，9（4）：63-68.

[2] 网易．战场上俄军士兵的武器改装与实战应用［EB/OL］．2024-07-18. https：//www. 163. com/dy/article/J7BG1HQ60556340U. html.

[3] 百度：蒋蒋烽火谈．俄罗斯终于拥有堪用的 152 卡车炮，2S43 锦葵完成工厂试验即将服役［EB/OL］．2023-05-22. https：//baijiahao. baidu. com/s？ id=1766562770550343142&wfr=spider&for=pc.

[4] 军事评论．火炮．俄罗斯“克拉斯诺波尔”制导炮弹的新改装展示了其能力［EB/OL］．2023-11-22. https：//zh-cn. topwar. ru/230149-novaja-modifikacija-snarjada-krasnopol-pokazyvaet-svoi-vozmozhnosti. html.

[5] 百度．小阿心说事．俄罗斯“航母杀手”正接受升级改造，第四季度或将海试［EB/OL］．2024-07-21. https：//baijiahao. baidu. com/s？ id = 1805196497178983152&wfr = spider&for = pc.

[6] 今日头条：不知影踪．新一代“武库舰”，俄罗斯“基洛夫”级核动力巡洋舰重大升级［EB/OL］．2020-11-16. https：//www. toutiao. com/article/6895623061366800910/？ app=news _ article&timestamp=1732778685&use _ new _ style=1&req _ id=2024112815244517E2045B3-C515F894753&group _ id=6895623061366800910&wxshare _ count=1&tt _ from=weixin&utm _ source=weixin&utm _ medium=toutiao _ android&utm _ campaign=client _ share&share _ token=481062d0-81f5-4156-afa9-49456d12f985&source=m _ redirect&wid=1732778711765.

[7] 新浪网：陆海航空．T80 涅槃重生，俄罗斯现代化坦克“三剑客”之一［EB/OL］．2020-09-11. https：//k. sina. com. cn/article _ 6534384525 _ 1857acb8d00100vxyf. html.

[8] 网易：大炮兵主义．俄罗斯老坦克始焕发第二春，全新 T-80BVM 坦克，已加装燃气轮机［EB/OL］．2019-11-06. https：//www. 163. com/dy/article/ETAF69T705238FA2. html.

[9] 网易．谷火平．缝缝补补又三年，俄罗斯“补”坦克很拿手，老 T72 变身现代化 T72B3［EB/OL］．2019-11-11. https：//m. 163. com/dy/article/ETMRH4160515971M. html.

[10] 知乎：自在吃辣椒的喵酱．俄罗斯陆军装备志——BRT82A 轮式装甲车［EB/OL］．2022-01-10. https：//zhuanlan. zhihu. com/p/455650919.

[11] 网易：航天君．俄罗斯不嘴硬了！换发动机、补隐身短板，俄罗斯大幅度升级苏 57［EB/OL］．2020-07-08. https：//www. 163. com/dy/article/FH1C6G6S05359EIB. html.

[12] 网易：张帅研究员．俄乌冲突成绝好试验场，俄官宣苏 57 完成改造升级，或开始大量生产［EB/OL］．2022-10-28. https：//www. 163. com/dy/article/HKP89VU705538ZXT. html.

[13] 网易：虎哥说航天．苏 57 全面量产，换装超强发动机！涡扇 15 已列装，中俄差距还有多少［EB/OL］. 2023-08-16. https：//www. 163. com/dy/article/IC9I3QRP0553LG1W. html.

[14] 个人图书馆：兰州家长．苏霍伊的终极杀器——解读苏-35 战斗机［EB/OL］. 2022-11-03. http：//www. 360doc. com/content/22/1103/18/39305010 _ 1054452154. shtml.

[15]"特别军事行动"锻造俄罗斯新武器［EB/OL］. 2024-01-04. http：//vz. ru/society/2024/1/4/1246146. html.

[16] 澎湃新闻．"技术美颜"：俄罗斯陆军武器装备改造启示录［EB/OL］. 2019-11-15. https：//www. thepaper. cn/newsDetail _ forward _ 4954980.

[17] 南极熊 3D 打印网．3D 打印增强米格战斗机，提升俄罗斯作战能力［EB/OL］.［2022-02-25］. https：//new. qq. com/rain/a/20220225A01CRI00.

[18] 网易号：暮芸娱乐．苏-57 将进行重大升级改造，"超级苏霍伊"要来了［EB/OL］. 2020-07-09. https：//www. 163. com/dy/article/FHDV0LES05372635. html.

[19] 网易号：爱耍酷的妮妮子．值得深思，美俄如何处理报废战机发动机，中国：隐藏-更强用途［EB/OL］. 2023-10-27. https：//www. 163. com/dy/article/II1TNEE10553S2OG. html.

[20] 凤凰网．俄军升级老式巡航导弹，可搭载两枚弹头［EB/OL］. 2024-05-13. https：//mil. ifeng. com/c/8ZXlzKRhjCW#p=1.

[21] 百度：八戒神技能儿．俄罗斯的"巴尔米查"士兵系统［EB/OL］.［2024-02-13］. https：//baijiahao. baidu. com/s？id=1790766886487474699&wfr=spider&for=pc.

[22] 国防制造．2021 年度国外国防制造技术二十大动向［EB/OL］.［2022-01-29］. https：//m. thepaper. cn/baijiahao _ 16193673.

[23] 网易号：南极熊 3D 打印网．俄罗斯用 3D 打印技术制造低成本自杀式无人机［EB/OL］. 2023-07-07. https：//www. 163. com/dy/article/I91F7GPH051186GP. html.

[24] 搜狐网：看航空．俄罗斯首架配备 3D 打印发动机的无人机将于今夏首飞［EB/OL］. 2019-03-29. https：//www. sohu. com/a/304582756 _ 115926.

[25] 中国船舶工业综合技术经济研究院．国外舰船改装典型案例研究［R］. 2019. 12.

[26] 今日头条：二妞说．俄罗斯 Su-34 战斗轰炸机获得新功能［EB/OL］. 2024-08-21. https：//www. toutiao. com/article/7405561644912247305/？log _ from=750405efba831 _ 1732776782766.

8　欧洲国家武器装备再制造

以英、法、德等国为代表的欧洲国家非常关注武器装备再制造技术研究和工程应用，在武器装备再制造模式、技术手段建设、作战运用等方面紧跟美国步伐走在前列，是武器装备再制造的受益者。欧洲国家的武器装备再制造不像美军那样拥有完备的再制造体系，而是更讲求适用性和经济性，通过先进再制造技术赋能，用最低的成本将蕴含在老旧装备中的潜在价值最大限度挖掘出来，实现了装备作战性能和经济效益的最大化，为欧洲国家维持高水平军事实力提供了有力支撑。

8.1　英军装备再制造

8.1.1　英军 23 型护卫舰延寿升级

自 20 世纪 90 年代起服役的 23 型护卫舰（图 8-1），最初设计的服役年限为 18 年，由于继任者 26 型护卫舰建造计划推迟，英国海军于 2014 年着手对其进行延寿升级，目的是全面提升现代化作战能力。

图 8-1　英国海军 23 型护卫舰“萨瑟兰”号

英国海军 23 型护卫舰“萨瑟兰”号于 2024 年 2 月底完成延长服役年限的升级改造，意味着英国海军现役 23 型护卫舰全部完成延寿升级，并继续作为英国海军的主力舰活跃至 2030 年。在武器系统方面，其换装了最新的防空和反舰导弹。2017 年，23 型护卫舰陆续使用“海上拦截者”防空导弹替换了原有的“海狼”导弹，新导弹速度达 3 Ma，射程超过 25 km，体积和重量仅为原型号的一半左右。2023 年 1 月，该型舰又使用 NSM 反舰导弹替换原有的“鱼叉”导弹，新导弹射程达 200 km，隐身效果较好，且具备自动识别目标能力。在探测预警方面，提升了雷达和声呐的性能。2017 年，23 型护卫舰原有的 996 型雷达被 997 型“工匠”数字阵列雷达所取代，新雷达能够同时监测 200 km 范围内的 800 个目标，且具备较强的抗干扰能力。2020 年，该型舰开始装配 2150 型中频舰壳声呐，该声呐系统具有主/被动反潜战监视、自动探测鱼雷和帮助规避障碍物等功能。在动力系统方面，依托“发电与机械控制系统升级”项目，优化了柴电-燃气轮机联合动力系统。2016 年底，首批 3 艘 23 型护卫舰换装了最新的 MTU12V4000M53B 柴油发电机。相较于前代产品，新发电机采用更高效的降噪技术，且整体电力输出提高了近 20%，可满足 23 型护卫舰换装新型武器系统后的电力需求。

延寿升级后的 23 型护卫舰作战性能得到提升，填补了新型护卫舰入役前的空档期。然而，这一升级项目也引发不少争议。一方面，升级费用超出预期。英国国防部原计划为每艘舰分配 3500 万英镑（约合 4416 万美元）的延寿预算，但由于舰体腐蚀、设备老化和新设备改造所需的结构调整等因素，实际升级费用远超预期。根据英国国防部提供的数据，2022 年完成延寿的“萨默塞特”号升级费用达 6070 万英镑，2023 年完成升级的“铁公爵”号花费高达约 1.03 亿英镑，超出预算近两倍，这一超支情况引发多方质疑，英国国防部以“敏感信息”为由，暂未公开有关超支的细节。另一方面，升级工期延长影响服役。在 2018 年前，7 艘 23 型护卫舰的升级时长在 17~36 个月。自 2018 年以来，另外 5 艘舰的升级时长均延长至 42 个月以上。对此，英国议会曾向国防部提出书面质询，尤其提及“铁公爵”号经历一次中期升级和一次延寿升级，共计耗时 71 个月，占其总服役时间的 51.8%，意味着该舰的升级时长超过了实际战备时长。英国国防部回应称，升级工期延长受新冠疫情、舰只状态等复杂因素影响，但有分析认为，近些年接受升级的舰船相对较新，理应状态更好。

8.1.2 英军“台风”战斗机性能升级

英国的“台风”战斗机一直以来都是英国皇家空军的得力装备，如图 8-2 所示，这款传统的战斗机将在 2024 年迎来一场革命性的升级。这次升级计划包括了 12×22 英寸的触摸大屏幕显示屏（LAD）和两个小型高完整性面板（HIP），这将作为 StrikerⅡ头盔显示器的一部分。这项升级将对“台风”战斗机的性能和飞行员的任务执行能力产生深远的影响。

LAD 的大屏幕设计将成为这次升级的亮点之一。相对于目前使用的 3 个 6×6 英寸多功能平视显示器（MHDD），这种新一代大屏幕为飞行员提供了更广阔的

图 8-2 英国“台风”战机

视野，这对于飞行员在交战中的情境感知至关重要。无论是与友军协同作战还是面对敌人，飞行员都需要清晰的视野来执行任务。LAD 的大屏幕将能够同时显示多个信息，使飞行员能够更轻松地监控局势，确保他们能够做出明智的决策。

值得一提的是，LAD 的大屏幕将为未来装备 ECRS2 雷达的“台风”战斗机提供更多优势。ECRS2 雷达具备宽带功能，这意味着它可以扩展到更大的范围，提供更全面的情景信息。这将使飞行员能够更好地掌握周围局势，包括敌人的位置和行动。这对于空中作战来说至关重要，因为它能够提供实时的情报，帮助飞行员做出迅速的反应，保卫国土。

除了 LAD 的升级，Striker Ⅱ 头盔的设计也将成为关键因素。这款头盔显示器能够智能地将 LAD 上显示的信息叠加到飞行员的 3D 外部世界中。这意味着飞行员可以在不移开视线的情况下获取重要信息。此外，Striker Ⅱ 头盔还配备了夜视和战术符号系统，这将显著提高飞行员的情境感知能力。头盔的设计将使飞行员更容易发现目标，并在危急情况下提供宝贵的额外时间来做出反应。

这次革命性的升级将彻底改变英国“台风”战斗机。新一代大屏幕显示屏和 Striker Ⅱ 头盔的设计将提高飞行员的任务执行能力和情境感知能力。这将对英国皇家空军的作战效能产生积极的影响，并使“台风”战斗机保持在现代化战斗机的前沿。

8.1.3 英军装甲战车再制造

英国政府主管部门和军工企业都想方设法对现有车辆进行升级改造，从而确保最终进入部队服役的装甲战车能集成延长寿命的各要素，同时确保在未来对其进行必要的再升级。英军装甲战车再制造比较有代表性的是“挑战者-2”主战坦克延寿，如图 8-3 所示。2023 年 3 月，英国陆军在位于纽卡斯尔的阿姆斯特朗工厂举行了钢铁切割仪式，宣告“挑战者-3”坦克升级计划正式开工，莱茵金属BAE系统地面公司和皮尔逊工程公司将在这里生产“挑战者-3”坦克的新炮塔。

图 8-3 “挑战者-2”主战坦克

英军装备的“挑战者-2”坦克于1994年开始服役，并先后在南斯拉夫和伊拉克参与作战，到目前为止仍然没有被击毁的记录。截至2023年年底，英国陆军共有四个装甲团装备“挑战者-2”坦克：女王皇家轻骑兵团、国王皇家轻骑兵团、皇家坦克团和皇家韦塞克斯义勇骑兵团，每个装甲团都装备了56辆“挑战者-2”，总共224辆坦克。不难看出，作为联合国五常之一，英国陆军的主战坦克数量可谓稀少，而且在2009年英国政府宣布未来不再采购主战坦克，其最大的军工企业集团BAE系统公司也随即关闭了“挑战者-2”主战坦克生产线，因此如何延续现存地面重型装甲平台的作战能力就成了一个必须要解决的问题。

2012年，英国陆军提出了“挑战者-2寿命延长项目”计划，希望通过升级改造以及大修，将其退役时间由原计划的2025年延长至2035年。而由于长期缺乏资金，英国陆军无法对所有坦克进行现代化升级改造，最终148辆将有此“殊荣”，剩余大约三分之一的坦克将不得不报废。在改造方案上，英国原本采取的是两家竞标的方式，让英国BAE系统公司和德国莱茵金属公司“打擂”。不过在2019年，德国莱茵金属公司和英国BAE系统公司成立了莱茵金属BAE系统地面公司，联合研制了新一代“挑战者-2寿命延长项目”计划演示样车。

在积极推进“挑战者-2寿命延长项目”计划的同时，英军对“挑战者-3”持续进行升级改造，如图8-4所示。据悉，莱茵金属BAE系统地面公司开发了一款配有加固型装甲的新式炮塔以取代“挑战者-3”的旧炮塔，新炮塔具有更强的防御力，并为其安装新设备提供必要的空间，此外，“挑战者-3”主战坦克还将选装一种主动防护综合体（系统）。

在动力方面，“挑战者-3”的新式1500 PS MTU发动机取代了原装1200 PS

图 8-4　“挑战者-3”原型车

的标准珀金斯 CV12-6A 发动机，传动装置、冷却系统等都将被更换，现有的液气悬架系统也将进行升级。改装后坦克的战斗全重将从 64 t 增加至 66 t，但是由于整车动力的提升，其机动性不降反升，最大速度将达到约 90 km/h，稳定性也将得到提高。新的战斗室将配备莱茵金属公司研制的一门 RH120/L55A1 式 120 mm 55 倍口径滑膛炮，安装自动装弹机，但也可以手动装填弹药。根据各种作战目的，该炮将能够发射现有和预期的全部弹种，实现与北约盟军的炮弹通用，同时还可以发射带有 DM11 可编程引信的新型高爆破甲弹，对硬目标和多用途目标的杀伤力大幅度提高。据称后续如果英国国防部以及英国陆军有进一步需求，公司还可以为量产型坦克换装正在研发的新一代 130 mm 滑膛炮；“挑战者-3”的其他武器还包括一个配有一挺机枪的遥控武器站。

另外，对坦克原有火控系统和其他车载设备也进行彻底升级，并重新选配了全新的瞄准具（集成了新型红外图像仪、自动目标检测和跟踪系统，将用于识别威胁，为车长提供增强的昼夜瞄准能力）、计算设备，以及战斗室内的其他单元/部组件。该坦克所配备的开放式任务系统（OMS）将与现代通信系统相结合，以提供有关战术态势的数据交换。根据计划，“挑战者-3”主战坦克将完全实现数字化，在 2027 年具备初始作战能力，2030 年实现全面作战能力。

除了坦克以外，在步兵战车再制造方面，英军认为轻型装甲平台机动灵活、便于运输，更适合执行反恐等海外行动，所以多年前就已经开始物色新一代装甲车，2010 年英方选中了“阿贾克斯”步兵战车（图 8-5），并在 4 年后签订了合同。“阿贾克斯”装甲车原本是被设想用来取代过时的“弯刀”轻型装甲车，不过后来英军也希望其能部分替代“挑战者”主战坦克的职能。

“阿贾克斯”是一个包含 3 种车族、6 种类型、9 种亚型号的装甲车族，采用模块化设计，可视任务需求通过换装不同的模块改装为侦察打击车、火力控制

图 8-5 “阿贾克斯”步兵战车

车、指挥车与工程侦察车等多个型号，在战场上将拥有十分灵活的任务执行能力，且各“阿贾克斯”装甲车改装型号之间零件通用程度高，便于后勤保障。在性能上，“阿贾克斯”基本车型全长 7.62 m，宽 3.35 m，高 3 m，车组人员为 2 名，可搭载 4 名士兵，最高速度 70 km/h，最大行程 500～550 km，重量高达 42 t,作为步兵战车而言拥有不俗的防护能力，如图 8-6 所示。其主要武器为一门 CT40 型 40 mm 机关炮，最大射程 5 km，射速 200 发/s，可发射埋头弹，与传统弹药相比，埋头弹初速高、射程远、侵彻能力强。根据英方的说法，“阿贾克斯”装甲车族实现了完全的数字化和集成化，令士兵可以在现代战争中先敌发现、先敌决定和先敌行动。不过此前有媒体透露，这款装甲车在测试中出现许多“安全问题”。

图 8-6 “阿贾克斯”装甲车改装型

据称，由于存在设计缺陷，装甲车在行驶中会出现难以解决的过度震动现象，进而导致内部噪声过大，以及车载主炮无法在行进间发射等问题，另外巨大的噪声还可能引发车内成员神经系统疾病。因此“阿贾克斯”能否成为未来英国陆军主力装备之一，还存在一定的变数。

此外，英国按照“能力维持计划”改进升级其“武士”步兵战车，如图 8-7 所示，该计划由洛克希德 · 马丁公司实施，包括安装新型炮塔和 40 mm 机关炮，同时改进装甲性能，增强数字火力控制系统和其他功能。目前，该公司正在对升级版 FV510“武士”步兵战车进行一系列试验，其中可靠性试验一直持续到 2020 年 7 月。这意味着，英军试图通过升级现有的装甲战车，以便未来 20 年无须购买新型车辆。预计“武士”步兵战车的服役时间将延长至 2040 年以后。

图 8-7　“武士”步兵战车

然而，该方案的规模给实施带来了很多困难，特别是在英国生产能力持续下降的背景下。由于英国目前没有可以组织自动化制造或升级的基础设施，因此很难维持升级的计划表，例如，升级改进 600 辆“武士”步兵战车计划就是如此，由于预算限制，待升级的车辆将缩减至 265 辆左右，甚至可能更低。

8.1.4　英军火箭炮再制造

2022 年，英军开展了一项为期 5 年的升级计划，对目前正在服役的 44 台 M270 多管火箭炮系统（图 8-8）进行现代化升级，其中包括换装新式装甲驾驶室和车辆及发射单元相关零部件。英军方面表示，这些升级工作将确保陆军的纵深打击火力在未来 30 年内仍具实力，确保其有能力迅速应对今日和未来的威胁。

根据同洛克希德 · 马丁公司导弹及火控部门达成的协议，首批火箭炮的升级工作于 2023 年 3 月开始，四年内完成全部的升级工作。随后，升级完成的火箭炮将继续服役至 2050 年。升级工作将在美国红河弹药中心以及洛马公司位于阿

图 8-8 M270 多管火箭炮系统

肯色州卡姆登的工厂进行。

除了获得洛马公司的协助外，英国还在为改进后的火箭炮独立研制英军特有的配件，包括复合橡胶履带、车载摄像头和雷达系统，而新式火控系统将与美国、英国、意大利和芬兰合作进行开发，装配新式火控系统的 M270 多管火箭炮系统如图 8-9 所示。其中，采用复合橡胶履带后，火箭炮在行驶过程中更省油，在维持原有的战术机动性的同时可以走得更远，为在不同作战环境下的一线部队提供有效的支援火力。

图 8-9 装配新式火控系统的 M270 多管火箭炮系统

与此同时，为了提升火箭炮的射程，英军还在研制新式的增程火箭弹，计划将射程从 84 km 提升至 150 km，新型火箭弹将于 2025 年前投入使用。而在完成升级工作后，英军现役的火箭炮具备了发射美制精确打击导弹（PrSM）的能力，如图 8-10 所示，将射程提升至 500 km，进一步增强英军的纵深打击能力。

图 8-10　美制精确打击导弹（PrSM）

8.1.5　“马岛战争”中的民船改装

“马岛战争”爆发时，英国皇家海军的整体力量不足，正处于大型作战舰艇退役和新舰补充不足的时期。尽管英国皇家海军作战舰艇仍具备在马岛海域压倒阿军的实力，但远征舰队的人员和物资等都需要进行长距离的海上运输，英国皇家海军编制内的辅助舰艇和两栖运输实力无法保证运输要求。因此，英国海军通过大规模快速征用民用船舶提供的运输补给力量，有计划地改进民船并实现了与舰队的有效配合，如图 8-11 所示，这是现代远洋海军舰队追求战斗力均衡发展的成功思路。1982 年的“马岛战争”是二战以后最大规模的海上战争，为了确保作战海域的制空、制海权，以及登陆作战，英国动用了 60 多艘后勤舰船和民船，运送了包括“海鹞”式战斗机在内的大量战争物资。

图 8-11　“马岛战争”中民船改装场景

1982年4月2日，阿根廷军队攻占马岛后，英国当日成立战时内阁，4月3日决定出兵，武力夺回马岛。4月4日，伊丽莎白女王二世亲笔签署了一项内阁命令，下令征用民船参与“马岛战争”，征用范围从6万吨级的客轮（如“伊丽莎白二世”号）到700 t级的拖船（如“爱尔兰人”号），征用的民船种类包括客轮、集装箱船、渡轮、石油勘探船、救捞船、油轮、渔船、拖船等，从而拉开了英国自二战以来规模最大的一次民船动员。整个战争过程中，英国共计征用和租用了56艘民船（特混舰队的战斗舰艇数量为47艘），涉及33家公司、5000多名民船海员。征用的民船共为特混舰队进行海上补给约2000次，运送了1.5万个货包和其他储备品（约10万余吨物资）、1万余名武装人员、95架各型飞机。此外，英国还征用了大小不等的各类支援船只72艘，仅征用的油船就有21艘，加上军队的8艘油船，共计有29艘油船、约38万吨石油来保障40艘水面战舰的作战需要。直到战争结束后，被征用的商船中仍有40%被保留下来，继续为保障英驻马岛的守备部队服务。

被征用的英国民船担负了广泛的任务，部分船只由本土向阿森松岛或战区运送物资，集装箱船和滚装船运送重型装备，客船运送兵员和轻武器。登陆战役打响后，部分民船担负医疗救护任务，3艘功率最大的英制拖船和2艘装备有潜水设备的海洋石油勘探船在马岛附近海域充当医院船，3艘海道测量船则负责把伤员转运到医院船上。按照不同船型的基础条件和海军征用规划中的任务要求，英国造船企业对征用的56艘民用船舶进行了有针对性的改装，这些征用船舶包括排水量4万吨以上的大型客轮到排水量不足千吨的渔船和拖船。征用民船的具体改造工作是为条件合适的19艘船加装了直升机甲板，为所有征用船只装备了海上加油补给设备和军用通信装置，部分需要在高危海域活动的船只装备了20 mm或40 mm口径的火炮，有的民用船只改为滚装船，用于运送重型装备，如图8-12所示。

图8-12 滚装船运送重型装备

很多被征用民船在48 h内就完成了改装工作，绝大多数征用民船的改装和装载工作平均只消耗了约一周的时间。英国船厂虽然在一周左右时间里基本完成了征用船的厂内改造，但有很多船只在向马岛航行的过程中仍然进行着后续的改装工作，抵达阿森松岛后部分船舶还接受了补充改装项目，等舰队到达马岛后已经拥有了规模庞大又成龙配套的后勤辅助舰队。例如，部分商船中途停航，就近靠岸卸载后驶向报道地点。“乌干达”号原为客轮，接到动员令时，正搭载着小学生在地中海旅游。他们立即就近在意大利靠港，租用民航机将学生送回国，然后直驶直布罗陀海军修造厂，在那里改装成拥有1000个床位、100名医务人员和90 t医药用品的医院船，这种邮轮改装为医药用品医院船，增强了英军战场救护能力，如图8-13所示。有的商船边改装，边装载。“伊丽莎白二世”号邮轮是这次被征用的最大的民船之一，该船的改装工作刚刚展开就载着英国第5步兵旅的3000名官兵和大量武器装备出发，航行途中不断进行改装，其最后的改装工作是由提前空运到阿森松岛上的一个改装队完成的。“大西洋运送者”号集装箱滚装船是4月14日被征用为飞机运输船，工人在船上安装了起飞甲板，修建了可容纳20架“鹞”式飞机和20架直升机的机库，还加装了“海狼”式防空导弹系统，如此巨大的改装工程仅用了7天。所有被征民船的改装工作几乎都是在一周内完成，各类民船改装成了军用运输船、修理船、通信船、医院船、扫雷船、补给船，浩浩荡荡开往南大西洋。

图8-13　邮轮改装为医药用品医院船

英国征用的民船中发挥最重要作用的是具备远洋能力的油船，这些油船补充了海军辅助舰队补给油船的差额，确保英国舰队在马岛、阿森松岛和后方基地之间建立起连续的海上供油通道。改装后的部分油船被用来向阿森松岛的前进基地运输燃料，大部分油船则向马岛海域的船舶和军舰运输补充燃料。舰队中编入的普通货船和集装箱船被改造成装备和后勤运输船，著名的“大西洋运送者”号就担负起了重要装备的运输任务。英国皇家海军编制中的正规扫雷舰缺乏伴随舰队远征南大西洋的能力，这一局限性使英国派往马岛的舰队并没有配属专用扫雷舰艇，而是配置了改装为具有深水扫雷能力的 1500 t 拖网渔船作为辅助扫雷舰。虽然这些由拖网渔船改装的扫雷舰只具备基本的扫雷能力，但还是用很短的时间就扫除了阿根廷布设的水雷。阿根廷只在斯坦利港布设的 20 枚水雷完全没有影响英军的登陆行动，英国皇家海军在马岛的扫雷行动不但为登陆行动进行了准备，还保障了战后海运安全。

改装的拖网渔船是皇家海军舰队中唯一可靠的扫雷力量，这些船只的存在至少可以在装备上填补舰队构成中的空白。征用民船作为辅助舰艇不仅是在功能上满足了海军的作战需要，更重要的是这些船舶能不能真正在作战中发挥出作用。适应船舶条件的人员调整是征用民船发挥其价值的基础保证。英国皇家海军考虑到征用的民用船舶上的船员可能不会很快适应军事支援的工作，因此在改装的船舶上都部署了海军后勤辅助人员进行协助，还通过增加征用民船船员的薪酬和尽可能使其远离战场的方法保持士气。

8.2　法军装备再制造

8.2.1　法军“勒克莱尔”坦克再制造

“勒克莱尔”主战坦克是法国 GIAT（现 Nexter）集团在 20 世纪 80 年代为法国陆军研制的新一代主战坦克，如图 8-14 所示。“勒克莱尔”主战坦克被誉为“全球第一种第四代主战坦克”。最早研发始于 1983 年，法国陆军装备 400 多辆“勒克莱尔”主战坦克，“勒克莱尔”服役之初，便有“世界最先进主战坦克”的美誉，这与它积极采用了众多当时领先于其他竞争对手的先进技术有关。然而服役多年之后，即便是先进如“勒克莱尔”主战坦克，也面临一个难题，这就是主战坦克自身技术状态逐渐老化和军事科技日新月异、突飞猛进发展之间的矛盾。

图 8-14　“勒克莱尔”主战坦克

随着当今技术迅猛发展，“勒克莱尔”已经不再是最先进主战坦克的代名词，目前至少超过半数已经完成了现代化改造。同时，法国陆军还计划在未来进行大规模的现代化升级计划，以进一步提升“勒克莱尔”主战坦克的性能和作战能力。在升级计划方面，法国陆军提出了“天蝎计划”，该计划旨在将法军装备进行全面现代化升级。其中，“勒克莱尔”主战坦克的升级工作将主要集中在提升其战斗性能、防护能力和生存能力等方面。具体措施包括改进火控系统和武器系统、加强装甲防护、增加主动防御系统等。此外，还将对“勒克莱尔”主战坦克的通信系统和战场管理系统进行升级，以提高多兵种的协同作战能力和战场态势感知能力，新一代“勒克莱尔”被赋予了“勒克莱尔”XLR 的编号，如图 8-15 所示。

图 8-15　“勒克莱尔”XLR

“勒克莱尔”XLR 是以“勒克莱尔”主战坦克为基础，按照 XLR 标准进行现代化改造后的成果，该升级改造项目由 KNDS 公司在鲁昂的工厂进行，法军在 2023 年接收第一批 18 辆升级型坦克，目标是到 2029 年前将 215 辆“勒克莱尔”坦克中的 200 辆（目前签订合同为 100 辆）完成升级。“勒克莱尔”XLR 主战坦克的现代化改造主要是在保持“勒克莱尔”主战坦克基本结构的基础上，换装新型的火控系统和防护装甲，同时采用现代化的操控和通信设备。这些改进使“勒克莱尔”XLR 主战坦克具有更强的作战能力，可以更好地适应现代战场的需求。“勒克莱尔”XLR 还将装备 CONTACT 战术无线电系统、核生化（NBC）防护系统、BARAGE 反简易爆炸装置（IED）干扰机和新型 GPS 导航系统。

为了减少殉爆的概率，“勒克莱尔”XLR 的驾驶员近侧炮弹存储空间已经被移除。所有炮弹都被放置在炮塔后部的自动装弹机中，备弹仅剩 22 发。在火控火力方面，“勒克莱尔”XLR 换装了新型弹道计算机和火控系统，并对现役 CN120-F1 滑膛炮进行了改装，以适应各种未来穿甲弹和编程高爆弹药。在 2016 年欧洲国际防务展上，法国首次展出了“勒克莱尔”主战坦克的升级改进型号——“勒克莱尔”XLR，它甫一亮相，便成为本届展会上当仁不让的头号明星，如图 8-16 所示。“勒克莱尔” XLR 的出现，继俄罗斯推出 T-14 和美国推出 M1A3 之后，标志着世界主战坦克技术开始了新一轮的发展和演进。

图 8-16　“勒克莱尔” XLR 作战试验

改进重点之一：以信息化为核心。主战坦克作为一种一线攻坚兵器，其作战主要是从自身的火力、机动性和防护三大基本性能出发，充分发挥自身武器系统性能特点，以实现对敌方目标的最大毁伤。法国陆军和奈科斯特公司将“勒克莱尔”主战坦克战斗力倍增的希望放在“信息化”技术方面，他们希望通过全面采用信息化技术，使“勒克莱尔” XLR 成为一辆不折不扣的信息化或网络化坦克，以求获得技术性能的进一步突破。信息化技术在主战坦克上的加强，主要体现在观瞄、火控系统和通信系统方面，一方面是提高主战坦克的射击精度；另一方面则通过通信协同，实现主战坦克之间和与其他平台的战术配合。

“勒克莱尔” XLR 完全颠覆了这一思路，奈科斯特公司的技术人员将其称作世界上第一款 C^4 ISTAR 主战坦克。所谓 C^4 ISTAR，是指指挥、控制、通信、计算机、情报、监视、目标跟踪和侦察的统称，也就是说，“勒克莱尔” XLR 不仅仅是一种攻坚主战兵器，还是信息化的作战平台和节点，一方面担负着侦察、监视、跟踪、情报收集任务，把这些获得的信息通过通信系统传递给其他战场上的作战平台；另一方面，它还是战场上的指挥控制节点，可以通过计算机、指挥、控制和通信系统，对当前情况进行分析和决策，指挥和调动周边的各种平台，对本方战场态势进行调整，对敌方目标进行打击。它要具备快速、准确获取信息的优势性能力，同时尽可能快和高效地决定和分配执行任务。这样一来，“勒克莱尔” XLR 就不单单是一辆主战坦克，它的性能也不再简单受火力、防护和机动性等坦克三大基本性能的限制。通过使用“勒克莱尔” XLR，法国陆军可以在最短的时间内找到敌人，并以最小的资源摧毁它。

为了达到将“勒克莱尔” XLR 从一辆主战坦克改造成 C^4 ISTAR 信息化作战平台的目的，奈科斯特公司将会对主战坦克进行全方位的信息化改造和升级，如

图 8-17 所示。它将全面安装各种功能的模块化设计的电子软件和硬件系统，在观瞄、通信、火控、车载综合电子系统等系统上全面换装新技术、新系统。具体而言，“勒克莱尔”XLR 将安装全新的车载数字无线电电台、多功能彩色显示器、功能更强大的车载计算机终端和全新的数字化导航和地图系统。

图 8-17　采用了新型遥控武器站的“勒克莱尔”XLR 样车

改进重点之二：更好的装甲和弹药。从近些年的作战行动表明，主战坦克需要加强在城市环境中的作战能力，因此需要强化各个方面的防护。为此，“勒克莱尔”XLR 主战坦克将采用全新的可定制模块化防护装甲，对于反坦克导弹和榴弹的防御能力有显著增强。同时“勒克莱尔”XLR 专门针对性加强了底盘装甲防护，这是针对地雷和简易爆炸装置（IED）的。“勒克莱尔”XLR 还在炮塔上安装了一种名为“巴拉加”的无线干扰系统，它可以发出无线电干扰，在一定范围内压制和干扰采用无线控制起爆方式引爆的简易爆炸装置或地雷，保护坦克和乘员自身的安全。

在武器方面，“勒克莱尔”XLR 仍将保留“勒克莱尔”主战坦克的 120 mm 主炮，但将采用一种全新的弹种——M3M 可编程高爆弹药，它采用可编程引信技术，可以设定在空气（高于目标高度）中爆炸，凌空对目标进行最大限度的冲击和破坏；也可以采用延迟爆炸技术，待炮弹钻入建筑物内之后再引爆，以最大限度杀伤建筑物内的敌人。由此可见，M3M 可编程高爆弹药将加强“勒克莱尔”XLR 在城市环境作战中的打击能力，丰富其杀伤手段。

此外，“勒克莱尔”XLR 将把此前“勒克莱尔”炮塔上的人工操控的 7.62 mm 机枪，升级成为一挺 7.62 mm 遥控武器站，如图 8-18 所示，因为在城市作战中，将身体探出主战坦克炮塔外的机枪手已成为实战中最容易被敌方狙击手冷枪偷袭杀伤的目标，遥控武器站将保护车内乘员安全。

改进重点之三：增强城市战能力、配合“蝎子”战斗群计划。法国陆军为应对未来战争威胁，提出了“蝎子”战斗群计划，具体内容是以“勒克莱尔”XLR 主战坦克为核心，配备 VBMR“狮鹫”装甲输送车、EBRC“美洲豹”轮式

图 8-18 装甲和弹药升级的“勒克莱尔”XLR

步兵战车，形成相互配合的装甲作战集群。具体而言，“蝎子”战斗群计划的核心是“联合战术群”GTIA，GTIA 以团为编组单位，集合了步兵、机械化部队、炮兵和工兵等合成兵种单元。而所有的兵种，都是乘坐装甲车辆平台来进行作战。如机械化部队使用“勒克莱尔”XLR 主战坦克，步兵则乘坐 VBMR“狮鹫”装甲输送车，炮兵乘坐以 EBRC“美洲豹”轮式步兵战车为底盘的自行突击炮和榴弹炮变型车，工兵则乘坐轮式步兵战车底盘改装的工程车、维修车等变型车。再加上“凯撒”自行榴弹炮、武装直升机等配合，新的 GTIA 联合战术群，将是全车辆化、全机械化平台的战斗集群，这一集群，将是未来法国陆军的主要编组作战形式。

从 GTIA 作战集群的组成来看，除了“勒克莱尔”XLR 外，其他车辆是清一色的轮式战车，特别适合城市作战环境和公路机动方式。而“勒克莱尔”XLR 也是一款增强了城市战能力的主战坦克。可以看出，法国陆军已经将未来作战的重心转向了城市环境作战。总的来说，“勒克莱尔”XLR 主战坦克，将是未来法国陆军发展计划的核心武器装备，它和“蝎子”战斗群，将取代和补充目前法国陆军的 VBL 机动集群项目，成为未来二三十年法国陆军的“顶梁柱”。

8.2.2 法军幻影-2000 升级改造

在当今复杂的国际局势中，军事援助的每一个决定都可能引发深远的影响，法国的幻影-2000 战斗机（图 8-19）作为一款经典的战斗机，正在经历一场颇具争议的改造，目的是增强其对地打击能力，以满足乌克兰空军的迫切需求，这一举动不仅关乎武器的技术升级，更是对当前战局的深刻反思与应对。

自俄乌冲突爆发以来，乌克兰的空中力量显得尤为薄弱，在这场持续的战斗中，乌克兰迫切需要现代化的战斗机来提升自身的防御和攻击能力。幻影-2000，作为法国空军的骄傲，虽然在新一代战斗机面前略显陈旧，但仍然是许多国家梦

图 8-19　法国幻影-2000

寐以求的空中力量，基辅向西方盟友提出了多项援助请求，幻影-2000 正是其中之一。

法国宣布计划向乌克兰提供幻影-2000-5F 型号，如图 8-20 所示，这一决策无疑是对乌克兰空军的一次重要支持，幻影-2000-5F 相较于早期型号，经过了多项现代化升级，具备了更强的作战能力，在将这些战斗机交给乌克兰之前，法国显然意识到必须对其进行进一步的改装，以强化其对地打击能力。

图 8-20　幻影-2000-5F

这款战斗机的设计初衷主要是为空对空作战而生，尽管幻影-2000-5F 已经具备一定的对地打击能力，但其在执行相关任务时仍存在不少限制，携带炸弹的情况下，航程会受到显著影响，尤其是在面对俄军强大的防空系统时，作战风险将大幅上升，因此，法国的改装计划不仅仅是技术层面的升级，更是对战斗机使用场景的重新审视。

幻影-2000-5F 的对地打击能力的提升并非易事，如何在保证航程的同时增强其打击能力，是技术团队必须面对的挑战，在这种情况下，法国的改装计划显得尤为重要，通过对航电设备、传感器系统等进行优化，幻影-2000-5F 有望成为一款多面手，能够在复杂的战场环境中灵活应对各种任务。

这场对幻影-2000 的改造，不仅是法国对乌克兰支持的体现，更是对国际军事格局的一次深刻反思，在全球安全形势日益严峻的今天，如何在技术与战术之间找到平衡，成为各国军方必须思考的问题。在增强对地打击能力的过程中，法国需要考虑多种因素，如何在不牺牲航程的前提下，增加战斗机的载弹量与打击精度，特别是在面对俄军的复杂防空体系时，幻影-2000-5F 必须具备足够的灵活性与隐蔽性，以减少被击落的风险。

幻影-2000-5F 在乌克兰的战斗中究竟能发挥多大作用，仍然充满悬念，随着改装工作的推进，乌克兰的空中力量或将迎来质的飞跃，然而这也将取决于各方在实际作战中的表现。在这一过程中，法国与乌克兰之间的合作关系也将面临考验，如何在技术转让、战术配合等方面建立良好的沟通与协作，将直接影响到战斗机的最终效能，双方是否能够顺利克服这些障碍，成为外界关注的焦点。

8.2.3 法军核武器更新换代

核武器对法国而言具有重要意义，1960 年 2 月 13 日，法国在撒哈拉沙漠爆炸了第一颗原子弹，成了世界上第四个拥有核武器的国家。法国自拥有核武器起一直独立研发战略威慑力量，在美苏冷战对抗的阴霾下，成了欧洲的“核武库第三极”。从安全角度，核武器是法国国家安全的基石，这一思维在法国二战后的历届政府中根深蒂固。近代法国历史上，首都巴黎遭受过三次入侵：1814 年，第六次反法同盟联军入侵巴黎；1870 年，普法战争法国战败，德国人进入巴黎；1940 年，纳粹德国入侵法国，占领巴黎。在法国人看来，常规军事力量不能带来国家的绝对安全，核武器才能。法国从核力量的建设研发、使用决策到国内设备制造等均独立运作，虽然独立发展核武器耗资巨大，但走出二战废墟的法国仍不遗余力投入资源。

近年来，拥核国家纷纷进行核武库的现代化改进，这在一定程度上也刺激了法国加速自身核武库的升级换代。但凡涉核事务，法国不惜投入高昂费用，法国的核威慑以海基核力量为骨干，用于取代法国现役“凯旋”级战略导弹核潜艇，如图 8-21 所示。“凯旋”级研发设计始于 1981 年，现役四艘中的第一艘开工建设于 1989 年，1997 年服役，按照每 3~4 年开工一艘的速度，第四艘“凯旋”级于 2000 年开工，耗时 10 年，直到 2010 年才最终服役。虽然“凯旋”级战略导弹核潜艇“年纪不算老”，但如果算上研发立项的时间，距今已有 40 年。因此，算上法国战略导弹核潜艇的研发设计时间，装备一代，研制一代，替代“凯旋”级的战略导弹核潜艇项目近些年立项并不意外。早在 2012 年，法国国防采购局就为新型战略导弹核潜艇制定了研发预算，此后的 2013—2018 年，配套新型战略导弹核潜艇的潜射弹道导弹的改进研发、声呐等技术设备的研发纷纷上马。按照法国官方披露的细节，2035 年，首艘新型战略导弹核潜艇入役，此后每 5 年建造交付一艘，预计第三代法国海基核力量将服役至 21 世纪 90 年代。

图 8-21　“凯旋”级战略导弹核潜艇

8.3　德军装备再制造

8.3.1　德军 G22 狙击步枪升级

总部位于英国朴次茅斯的精准国际有限公司（Accuracy International Ltd. AI）与德国联邦国防军签订合同升级现役的 G22 狙击步枪。G22 是德军现役的主力狙击步枪，其全称为 Gewehr22，就是 AI 公司研制的 AIAWM-F（AI “北极战争”马格南型，AI-Arctic Warfare Magnum），如图 8-22 所示。

图 8-22　G22 狙击步枪及枪弹

G22A1 在 G22 的基础上改进，提高了作战效果。德国联邦国防军计划将 G22 和 G22A1 都升级到新的 G22A2 标准，共委托改造 780 支步枪，并于 2020 年交付。

G22A2 将采用 AX 系列的新型枪托，取代旧有的、现在已经停产的 AWM-F 配件，颜色为“AI Pale Brown”。自由浮动枪管周围会有皮卡汀尼导轨附件，以提高模块化水平，G22 枪族如图 8-23 所示，从上至下为：AXSA，AXMC，AX50，AT 步枪。

图 8-23 G22 枪族

该装备的升级还包括全新的瞄准镜，标准配备为带 TReMoR3 分划板的视得乐军用系列（Steiner Military）5-25×56 瞄准镜，如图 8-24 所示。这并非巧合，因为这种瞄准镜也是德军另一种狙击步枪 G29 的标准配备。

图 8-24 TReMoR3 瞄准镜

8.3.2 德萨克森级护卫舰升级改造

各国正积极发展海上反导体系，特别注重新一代雷达技术的研发。2023 年，德国海军宣布计划采购新型雷达系统，以进一步增强“萨克森”级护卫舰的战斗能力，如图 8-25 所示。这一雷达系统是在 TRS-4D/LRROT 雷达的基础上进行升级改进的，由德国和以色列两国企业联合研发，将显著提升护卫舰的海上反导作战能力。

图 8-25　“萨克森”级护卫舰

“萨克森”级护卫舰作为德国海军的主力战舰，采用模块化设计，最大排水量可达 6000 t，主要任务是防空作战。自 2003 年首次服役以来，它已逐渐成为德国先进装备的代表。该级舰艇拥有多种武器装备，其中 MK-41 垂发系统备受瞩目。这一系统可以发射“标准”SM-2 防空导弹等武器，对中短程作战具有强大的火力支援。然而，当面临远程目标的威胁时，该护卫舰的抵抗能力相对较弱，容易受到重创。

值得一提的是，德国在雷达技术领域拥有强大的研发实力，特别是亨索尔特公司享有国际声誉。他们开发的 TRS-4D 有源相控阵雷达堪称杰作，美国海军的“印第安纳波利斯”号近海战斗舰就装备了这一雷达系统。与传统雷达不同，TRS-4D 利用固态氮化镓等独特技术来处理各种类型的信号束，具有卓越的性能。它的最远探测距离可达 250 km，并能同时追踪多个目标。

为了进一步提升雷达的远程搜索等性能，亨索尔特公司与埃尔塔系统公司展开了技术合作，寻求更多的发展机会。这两家企业早在改进“休斯”防空雷达时就开始合作。然而，尽管 TRS-4D/LRROT 雷达在技术上非常先进，但在实际运用中却显露出一些不足之处。因此，德国决定对“萨克森”级护卫舰进行升级改造，计划使用 F127 型防空驱逐舰替代原有装备。

8.3.3　德军步兵战车升级改造

2005 年 12 月 20 日，第一辆“美洲狮”原型车下线，如图 8-26 所示。2021 年 6 月 28 日，德国联邦国防军装备、信息技术与后勤服务联邦办公室（BAAINBw）与克劳斯 · 玛菲-韦格曼公司（KMW）和莱茵金属公司（Rheinmetall）的合资企业项目系统与管理有限公司（PSM）签署了一份合同，将 154 辆德军现役的“美洲狮”步兵战车升级到 S1 标准。升级的主要项目就是在炮塔左侧安装多用途轻型导弹系统（Mehrrollenfähiges Leichtes Lenkflugkörper-System，MELLS），即以色列“长钉-LR（Spike-LR）”反坦克导弹的德军装备型。另外还有独立于炮塔的副武器系统、新型数字化无线电台、供驾驶员和步兵班长使用的高分辨率昼夜摄像头、炮手和车长使用的彩色光电系统，以及将车辆与未来士兵扩展系统（Infanterist der Zukunft-Erweitertes，IdZ-ES）、战斗管理系统连接起来。

图 8-26 “美洲狮”原型车

2023 年，BAAINBw 与 PSM 签署合同，升级 143 辆“美洲狮”步兵战车。这意味着德国政府正在行使 2021 年 6 月签署的合同中的附加条款，即将最初型号的“美洲狮”步兵战车升级为最新的 S1 标准。大量装备的“美洲狮”步兵战车，炮塔左侧的发射装置外形有所改变。随后，“美洲狮”步兵战车的 MELLS 反坦克导弹发射装置的外形又发生了变化，前部增加倾斜角度，似乎是为了让外形更加美观，如图 8-27 所示。仔细观察德军现役的“美洲狮”步兵战车，就算是某些已经加装了 MELLS 反坦克导弹发射装置的型号，其炮塔顶部的观瞄设备还有区别。图 8-27 中的这辆相对要更好一些，固定支架上方还有一个周视观瞄装置。推测，未来的 S1 级“美洲狮”步兵战车将是这样的外形。

图 8-27 加装 MELLS 反坦克导弹的“美洲狮”步兵战车

8.3.4　德军“豹”2 坦克改进

“豹”2 坦克改进型的酝酿由来已久，如图 8-28 所示，20 世纪 80 年代中期就开始了研究工作。研究的核心是增装加强型装甲。这种“第三代装甲”将使“豹”2 坦克的防护能力大为提高。大约在 20 世纪 90 年代初，德国的克劳斯-玛菲公司制成了“豹”2 坦克改进型的第一轮样车，现在称为 TVM-Ⅰ，参加了英国坦克“四选一”的竞争。最近，又有“豹”2 坦克改进型的第二轮样车 TVM-Ⅱ，在德国蒙斯特装甲学校亮相。TVM 为德文“部队试验型（车辆）”缩写。

图 8-28　“豹”2 坦克

TVM-Ⅱ坦克的战斗全重尚未公布。不过，TVM-Ⅱ坦克样车的战斗全重为 62.5 t，而 TVM-Ⅰ坦克则简化了车体两侧的装甲及炮塔上部的装甲，估计其战斗全重会比 TVM-Ⅱ坦克略有下降，乘员仍为 2 人。

TVM-Ⅱ坦克的最大改进处是在装甲防护上。炮塔正面和车体正面都增装了附加装甲，外观上和“豹”2 原型坦克有很大的不同，尤其是炮塔正面的尖楔状，成为识别 TVM-Ⅱ坦克的最主要的外部特征。对比 TVM-Ⅰ和 TVM-Ⅱ坦克也可以看出，二者在外观上已经有所变化。

除了炮塔正面的尖楔状附加装甲的形状略有不同外，TVM-Ⅱ的平直状侧裙板也和“豹”2 及 TVM-Ⅰ的不一样。驾驶窗的形状也有变化。同时，在驾驶窗后方竖起一块防弹板，它也是 TVM-Ⅰ上所没有的。这块防弹板是为防止炮弹“卡”在炮塔下部和车体形成的“炮弹陷阱区”而增设的。在火炮防盾的上方，还可以看到炮长辅助瞄准镜。

原准备在“豹”2 坦克改进型上装新型 120 mm 滑膛炮，由于装有 120 mm 滑膛炮的 M1A1 坦克在海湾战争中的出色表现，所以，仍准备采用原来的120 mm 滑膛炮。但在“豹”2 坦克改进型上，火控系统有较大的改进，增装了车长专用独立式周视热像瞄准镜，成为“猎手-射手”式火控系统。即车长是“猎手”（发现目标），而炮长则是“射手”（跟踪、瞄准、射击目标）。当车长发现目标后，便可以立即将目标交给炮长去完成射击任务，而车长则可以去搜索下一个目标，提高了作战能力。炮塔驱动装置由液压式改为电动式，提高了安全性。

2024 年欧洲国际防务展（2024 Eurosatory）上，德国著名的“豹”2 坦克（Leopard 2MBT）最新版本“豹”2A-RC（Leopard 2A-RC）成为展会焦点，其采用各种新技术，以适应不断变化的战场环境。具备无人炮塔、可拆换式主炮、主动防卫系统、遥控机枪、模式装甲块等，如图 8-29 所示。而且，“豹”2A-RC 的全重不增反减，不超过 60 t，对于部署、行动、跨桥有更大的便利性。

图 8-29 有遥控机枪的“豹”2A-RC

“豹”2A-RC 最大的特殊之处在于它是德国与法国共同研制的成果。由“豹”2 的原厂克劳斯·玛菲-韦格曼（KMW），与法国奈克斯特集团（Nexter），共同成立 KNDS 合资企业，未来也将挂名以 KNDS 企业的产品。KNDS 的官网表示，“豹”2A-RC 是为了应对不断变化的战场，以“豹”2 为基础，融合新的创新技术，以增强其作战能力。

第一个关键技术是“无人炮塔”，也就是主要乘员都集中在前座驾驶区，而炮塔内则为弹药区与高效能自动装填机，能够在 10 s 内快速发射 3 发炮弹，不必配备装填兵，乘员人数减少到 3 人。KNDS 声称，无人炮塔使战车的易损面积减少了 30%。

第二个关键技术是“可更换的主炮”，包括经典的 120 mm 炮，新型的莱茵金属 130 mm 炮，还有 KNDS 特别研发的 140 mm 低膛压炮。不过，更大的主炮会改变弹药装填量，毕竟弹舱空间是固定的。

第三个关键技术是“新的装甲配置”，先进的模块化装甲系统可以快速更换和升级，覆于车体前缘与两侧。

第四个关键技术是配备了“增强型主动防护系统（APS）”，能够拦截来袭的导弹、炮弹、迫炮弹与无人机，从而显著提高机组人员的生存概率。

西方坦克一直有更新换代后更沉重、更巨大的趋势，这造成了部署的不方便，“豹”2A-RC 扭转了这个问题，全车重量将不到 60 t，而前代“豹”2A7 则为 66 t，差距明显。同时，“豹”2A-RC 的高度也有所降低，为 2.44 m，前代“豹”2A7 则是 2.64 m，这有助于削弱该型坦克的目标特征，降低被发现和击中的概率。虽然坦克的主要武器就是大炮，但是“豹”2A-RC 还配备了一个独立的反坦克导弹发射器，能够对不同于炮口方向的威胁目标额外打击。

自第二次世界大战后，欧洲军备一直处于维持的状态下，众多的因素不仅对战机、坦克等重型装备的研发产生影响，甚至难以维持一定的武器装备完好性水平和数量，原因之一是各种威胁在减少，军费开支在削减是另一个原因。技术进步为世界各国再制造武器装备、达到减少通常所需新装备补充的目的提供了手段。在预算压缩和购买力下降的形势下，就出现了越来越多的加装、完善和改进计划。欧洲国家的武器装备再制造多采取多方合作，联合攻关，欧洲国家改进改造武器装备时，非常注意与别国合作，这样既可以省时省力，又可以在合作中取长补短，发展充实自我。

参考文献

[1] 光明网（来源中国国防报）. 英国 23 型护卫舰完成延寿升级［EB/OL］. 2024-02-23. https：//m. gmw. cn/2024-02/23/content _ 1303669477. htm.

[2] 今日头条：醉柳谈历史 . 航电升级计划：英国着手提高“台风”战斗机性能［EB/OL］. 2023-09-18. https：//www. toutiao. com/article/7279801340665070119/? channel = &source = search _ tab.

[3]《坦克装甲车辆》官方账号 . 英国装甲战车未来发展动向［EB/OL］. 2023-06-11. https：//mp. weixin. qq. com/s? _ _biz = MzA4MjAyOTkzNQ = = &mid = 2650678825&idx = 1&sn = 7173261ec46122b11e4cde8765d872db&chksm = 87817a29b0f6f33ffa9401defcbcb2d9b6f690bf40f45b552da3a86af32404c73982f3789eec&scene = 27.

[4] 光明网 . 英国升级“挑战者-2”坦克，英国官员成将成北约最强［EB/OL］. 2022-03-30. https：//m. gmw. cn/2022-03/30/content _ 1302872504. htm.

[5] 微博：陈海绵 Wink. 英国陆军装甲装备升级换代-从“蝎子”到“阿贾克斯”［EB/OL］. 2020-11-24. https：//weibo. com/7346944372/JvvDVamaq.

[6] 今日头条：苍蓝观察 . 专注少而精——英国装甲部队升级计划正式开始［EB/OL］. 2022-06-15. https：//www. toutiao. com/article/7109302565254218280/? channel = &source = search _ tab.

[7] 百度：军武次位面 . 英国升级 M270 火箭炮，射程提升到 150 公里，增强纵深打击能力［EB/OL］. 2022-05-31. https：//baijiahao. baidu. com/s? id = 1734317572914707088&wfr = spider&for = pc.

[8] 今日头条-兵器知识．水面舰艇如何升级改装？[EB/OL]. 2020-04-13. https://www.toutiao.com/article/6815105377353335303/?app=news_article&timestamp=1732779322&use_new_style=1&req_id=202411281535220194085A39275C9E99EB&group_id=6815105377353335303&wxshare_count=1&tt_from=weixin&utm_source=weixin&utm_medium=toutiao_android&utm_campaign=client_share&share_token=fdf4fd61-ac8b-4393-aa5d-2024e0ecb22d&source=m_redirect.

[9] 搜狐：锅盖后面藏尤里．法国陆军列装首辆升级版勒克莱尔 XLR 主战坦克 [EB/OL]. 2023-11-28. https://www.sohu.com/a/739739670_121405410.

[10] 新浪财经．兵器大观——法国升级改装勒克莱尔主战坦克 [EB/OL]. 2023-11-03. https://finance.sina.com.cn/jjxw/2023-11-03/doc-imzthywq4594249.shtml

[11] 网易新闻：深度米丽塔．法国将为乌克兰改装幻影 2000-5F 战机，使其具备对地打击能力 [EB/OL]. 2024-09-19. https://www.163.com/dy/article/JCEFJVIH0552UEJS.html.

[12] 澎湃新闻．法国“核重建”-加快核武更新换代 [EB/OL]. 2024-03-10. https://www.thepaper.cn/newsDetail_forward_11623189.

[13] 微信公众号：hawk26. 德国联邦国防军升级 G22 狙击步枪，提升模块化，更换瞄准镜 [EB/OL]. 2019-02-18. https://mp.weixin.qq.com/s?__biz=MzA4MTYwOTc0OQ==&mid=2649042739&idx=3&sn=6aed56e5a77a99bb8535d00347f3a419.

[14] 新浪网：科技扒一扒．德国改进萨克森级护卫舰，升级多项技术，全面提升海上反导实力 [EB/OL]. 2023-09-13. https://k.sina.com.cn/article_6379388705_17c3dbf2100100q5vw.html.

[15] bilibili-hawk26. 德国宣布升级 143 辆“美洲狮”步兵战车 [EB/OL]. 2023-12-12. https://www.bilibili.com/opus/786940044371820583.

[16] 网易新闻：鱼莫语．德国豹 2 坦克最新改进型，引进自动装弹机 [EB/OL]. 2024-06-16. https://m.163.com/dy/article/J4RAI3G005535RE3.html.

[17] 徐志伟．新的“豹-2”改进型样车-TVM-Ⅱ [J]. 国外坦克，2000（8）：17-18.

9　其他国家武器装备再制造

为适应现代战争对后装保障的需要，除了美、俄和欧洲国家在武器装备再制造方面的众多创新性工作之外，以亚洲为代表的新兴国家在武器装备更新换代中，积极吸取西方国家经验，将装备再制造作为重要实现途径。为实现经济可承受的系统运行有效性，新兴国家注重武器装备再制造相关问题的统筹优化，致力于通过维持老旧装备服役性能、提高现有武器装备技术性能，积极推进各自武器装备和军事力量实现现代化，主要方式是寻求通过采用革新性跃进技术或换装性能卓越的关键部组件以提升装备整体效能。日本、韩国、印度以及以色列等国家在武器装备再制造方面取得显著进展，有些国家因战争需求牵引，大力开展武器装备再制造，以更好满足战争需要。

9.1　日本自卫队装备再制造

近十几年来，日本用于武器装备及相关技术研发的费用基本维持在 2000 亿日元（约 13 亿美元）上下规模。自 2022 年底日本调整防卫政策后，该项经费从 2022 年度的 2911 亿日元增加至 2023 年的 8968 亿日元，占防卫费的比例超过 3.3%。2024 年研发预算仍在 8000 亿日元以上，持续高位运行。

目前，日本正在加紧推进 12 式岸舰导弹的增程和改进型研发项目，如图 9-1 所示，计划将其射程从 200 km 提升至 1000 km，并扩展海基发射平台型号，意图为打造真正意义上的巡航导弹做技术验证，同时，日本还推进 03 式地对空导弹改进型研发。其次，研发高超声速武器，2022 年 7 月，日本自主研发的超燃冲压发动机取得突破性进展，此后，日本加紧推动高超声速滑翔弹研发项目。据悉，日本防卫省制订了两个阶段的研发计划，预计 2026 年列装“早期装备型”，实现从无到有；2028 年列装“性能提高型”，进一步提升速度和射程，并实现更为复杂的机动变轨技术。再次，着眼下一代尖端武器。日本与英国和意大利联合启动所谓“全球空中作战计划”，共同研发可于 2035 年部署的第六代战斗机。日本还与德法两国联合研发电磁炮，计划投入 238 亿日元解决电磁炮小型化及搭载平台的能源问题。

图 9-1 日本自卫队装备的 12 式岸舰导弹

9.1.1 日本自卫队轻武器

2019 年底，日本自卫队装备了新型步枪和手枪。新型 AR-18 突击步枪是丰和工业开发的一种 5.56 mm 口径步枪，如图 9-2 所示，它将取代 89 式步枪。在与德制 HK-416 突击步枪和比利时制 SCAR-L 突击步枪的竞争中，这款新枪胜出。89 式步枪是 1989 年丰和工业基于美制 AR-18 突击步枪开发而成的，AR-18 突击步枪是 AR-15 的改进版。AR-18 5.56 mm 口径步枪采用的是 2016 年推出的一款新设计方案，但制造商尚未公布其技术参数。它看起来很像 2009 年比利时国营格拉武器制造公司（FN）推出的 SCAR-L 突击步枪。

图 9-2 日本自卫队装备的 AR-18 突击步枪

丰和 5.56 mm 口径步枪使用了挤压铝合金上机匣和聚合材料的下机匣。这是一种简单且具有较高成本效益的生产方法。有关该步枪唯一公开的照片显示的是类似于 SCAR-L 或 HK-433 突击步枪的可折叠枪托，相关控制装置看起来与 AR-15 式步枪一模一样，它还配有可折叠的金属瞄准具。日本自卫队订购了 3283 支丰和突击步枪，每支价格 2800 美元。这可能只是第一批订货，因为日本自卫队目前约有 15.1 万现役人员使用突击步枪。

2023 年，日本自卫队使用的日制美蓓亚 9 mm 口径手枪（德国西格-绍尔公司制 P220 手枪的授权生产版本）正由德制 HKSFP9 手枪取代。这种手枪在与意大利贝雷塔公司制造的 APX 手枪和奥地利的格洛克手枪的竞争中胜出。日本一直在设法升级自卫队的轻武器装备，升级轻武器是日方更大规模的装备现代化的一部分。此外，值得注意的是，日本再次试图在国内生产或通过特许生产来获得新装备。这不是最廉价的方法，但比起“直接海外采购”，这可以更好地对新装备进行掌控。

9.1.2　日本“加贺”号驱逐舰

日本“加贺”号驱逐舰满载排水量 2.6 万吨，全长 248 m，飞行甲板最宽处为 38 m（不含升降机），高度 23.5 m，吃水 7.1 m，主动力系统是 4 台额定功率 24.7 MW 的 LM-2500 燃气轮机。2017 年 3 月 22 日，“加贺”号在日本横滨服役，“加贺”这个名字原来属于一艘二战时期的航母，这艘航母曾参加偷袭珍珠港行动，并在中途岛海战中被击沉。日本防卫省通过对“加贺”号驱逐舰进行大规模升级改造，使其具备起降 F-35B 五代隐身战机的能力，实现驱逐舰的准航母化。截至 2024 年 4 月，“加贺”号驱逐舰已完成第一阶段航母化改装，安装了能够起降战斗机的甲板。

按照日本防卫省的计划，升级改造分两个阶段，一直持续到 2026 年完成。第一阶段主要是对甲板进行改装，甲板由原来的梯形改为更大面积的长方形，如图 9-3 和图 9-4 所示，目前已完成对甲板的耐热涂装，如图 9-5 所示，使其能够承受战机起飞时发动机喷出的高温尾焰。按照日本海上自卫队的计划，升级后的“加贺”号将配备美国 F-35B 垂直起降五代隐身战机，提升“加贺”号整体战斗力。

图 9-3　“加贺”号改装前的梯形舰首

图 9-4 “加贺”号改装后的方形舰首

图 9-5 “加贺”号甲板耐热涂装

第二阶段改装主要是舰体内部功能区改造，如机库、武器库、指挥室，后勤之类各舱室，预计 2026 年完工。第二次世界大战后，日本和平宪法明确禁止日本拥有攻击型航母，但 2018 年末，日本政府不顾大量民众反对，强行修改防卫大纲等文件，打通了“出云”号和“加贺”号驱逐舰进行“航母化”改装的壁垒。

日本急于升级“加贺”号护卫舰的原因是多方面的，但主要出于以下三个方面的考虑：一是为后期建造航母做铺垫。日本曾建造了世界航空母舰发展史上的第一艘航母——“凤翔号”航空母舰（图 9-6），但其自卫队的性质和宪法限制了其军事发展的能力，导致第二次世界大战后日本一直没有航母，日本升级“加贺”号为准航母也是为后期建造真正的航母做准备。二是对抗周边国家。日本周边邻国树敌太多，由于其所犯历史罪行，且拒不悔改的态度，成为树敌最多的发达国家，所以日本一直没有“安全感”，急于升级“加贺”号准航母提升自卫队军事对抗能力。三是急于融入美澳菲反华集团。在美国的鼓动下中菲南海争议升温，美国为了强化在南海地区搅局的力度，也是有意对日本松绑，对于日本违规发展进攻型武器视而不见，近日的美日澳菲南海军演，日本已不满足观察员身份参加军演，日本升级“加贺”号准航母也是为融入南海“搅局者”增加筹码。

图 9-6　世界上第一艘航母（日本凤翔号航母）

9.2　韩军装备再制造

9.2.1　韩军 K1 主战坦克

随着新锐的 K2“黑豹”主战坦克服役，韩国陆军的“拳头”也就是更加先进的 K2，如图 9-7 所示，但是韩国陆军依旧拥有多达 1000 辆以上的 K1 系列主战坦克，其中有 500 多辆已经升级到 K1A2 的水平，依旧是当仁不让的主力。2020 年 6—10 月，韩国国防科技与质量局宣布对韩国陆军装备的 K1A2 主战坦克进行“高级研究”，以确定在多个方面进行改进，提高平台的作战性能和整体性能。

图 9-7　K1A2 主战坦克

在面对大规模常规战争时，坦克的数量非常关键，所以对数量庞大的K1进行改进非常必要。韩国K1系列坦克是韩国陆军现役主战坦克，为韩国现代公司采用美国通用汽车技术合作研发生产的第三代主战坦克，据称该坦克的设计和技术基础就是来自美国陆军的M1系列主战坦克，其总体布置与M1A2主战坦克（图9-8）基本相同，外形相似，被称为“婴儿”M1。

图9-8 M1A2主战坦克

韩国国防科技与质量局对K1系列坦克升级方案主要包含以下几个方面：一是安装动态感知系统。动态感知系统能够让车组人员从车辆内部更好地监视战场情况，提高信息的获取能力，提高战场的透明度，近年来爆发的多场战争表明，主战坦克因为感知能力低下，经常被单兵摧毁。另外，将为驾驶员安装热成像潜望镜，提高夜间的驾驶能力。二是改进装甲提高防御能力。计划移除K1现有的装甲并安装新的高性能特种装甲，来提高对反坦克导弹防护能力。K1采用英国“乔巴姆”装甲技术，目前已经落后，随着韩国装甲技术的进步，使用全新的技术也是趋势。此外，还考虑为该坦克配备能够拦截反坦克导弹的主动防御系统，如图9-9所示。事实证明，反坦克导弹已经成为战场上对坦克最大的威胁，主动防御系统也渐渐成为标配。三是改进动力系统提高机动性。K1的液压气动悬架可能会替换为与K2相似的液压悬挂系统，进一步提高越野机动性能。此外，还将安装一台辅助发电机，用于主发电机停机时候的供电。或者用于新增设备的供电。还将增加发动机输出功率，尽管尚不确定是通过升级现有发动机还是安装更强大的发动机。四是增强车内环境控制系统。坦克车内空调系统已经成为保证战斗力的基础，尤其在温度变化剧烈的半岛地区，因此，升级过程中计划为K1增加组合环境控制系统，降低车辆内部的温度，提高车内温压，从而增强机组对化学、生物和放射威胁的防护能力。五是增加远程武器站。为其添加遥控武器站，并可以合到车长周视仪中，从而进一步提高驾驶员的动态感知能力。此外，赋予车长单独与单个目标进行交战能力。在城市和山地作战中，遥控武器站可以在保证人员安全下打击敌方高处目标。

图 9-9　启动主动防御系统的 K1A2 主战坦克

K1A2 主战坦克是 K1 系列主战坦克的最新改进型，通过此次改进，将继续保持技术优势，在面对对方庞大的作战力量时，就可以依靠数量取得战场优势。新型坦克固然好用，但是价格却不便宜，改进老式坦克提高威慑力也是一种有效途径。

9.2.2　韩军武装直升机再制造

2020 年 7 月，韩国最后一架 UH-1 “休伊” 直升机退役，如图 9-10 所示。自 1968 年以来，韩国已经运营了 129 架 UH-1H 直升机，已经飞行了 79.2 万小时。1978 年，韩国购买最后一架 UH-1H 直升机并投入使用。截至 2010 年，只有大约 50 架仍在服役，可飞行的不到 20 架。

图 9-10　UH-1 “休伊” 直升机

自 20 世纪 90 年代以来，韩国已经花费数十亿美元，以配备新的坦克、战舰和飞机对其武装部队进行现代化改造，而军用直升机一直排在采购清单的最后。由于韩国在过去几十年里掌握了所需的军事技术，大多数新武器都是在当地制造的。不仅如此，韩国可以生产自己的现代武器，而且可以使武器成为主要的出口商品。

20 世纪 80 年代，一家韩国公司在获得许可证的情况下制造 UH-60H 和 MD-500 直升机（图 9-11）。2000 年后，韩国公司开始开发和生产自己的直升机设计。2010 年，韩国 KUH（韩国通用直升机）首次飞行时，韩国陆军拥有 50 架 40 年以上的 UH-1H 直升机，以及超过 30 年的 120 架 MD-500 轻型攻击武装直升机。

图 9-11　MD-500 直升机

韩国政府更倾向于使用韩国的设计在韩国制造替代直升机，考虑到需要更换的老式直升机的数量以及设计、开发和生产韩国新设计所需的时间，完全国产是不可能的。自 20 世纪 70 年代开始，已经有近百架 UH-1 和 MD-500 直升机失事，而且事故率随着机龄的增长而增加。为了缓解这种情况，那些被认为危险性太大而不能飞行的老式直升机被停飞并退役。由于对于这些直升机来说，翻修一次几乎和一架新直升机一样贵，韩国制定了一项计划，将建造近 250 架直升机，以取代 UH-1H，并扩大在役中型运输直升机的数量，另外还将购买 150 架法国 H155 武装直升机，如图 9-12 所示，以取代 1976—1988 年制造的老化的 260 架 MD-500。

绰号“Surion”（完美雄鹰）的 KUH 直升机（图 9-13）载有 2 名飞行员和 11 名乘客。它可以装备 7.62 mm 机枪，大约 60%的组件是在韩国制造的，8.7 t 的 KUH 可以在 3000 m 的高空盘旋，最高时速 240 km/h。韩国斥资 10 亿美元开发了 KUH，它是为民用和军事用途而设计的。韩国成为全球 11 个可以生产直升机的国家之一。全面生产于 2012 年开始，截至 2020 年，订购的 240 架“Surions”已交付一半。

图 9-12　H155 武装直升机

图 9-13　KUH 直升机

目前，韩国陆军服役的近 600 架直升机，大部分都是在韩国制造。第一批是在 20 世纪 70 年代和 80 年代获得许可证建造的 257 架 MD-500；随后在 90 年代，138 架 UH-60P 型直升机相继问世。韩国还计划建造 33 架 CH-47 重型直升机（图 9-14）和 100 架 AH-64 武装直升机。现在只有 36 架 AH-64 在服役，其余的在 2022—2028 年交付列装。

9.2.3　韩军 FA-50 战机

截至 2023 年年底，韩国空军共装备了 60 架 FA-50 战斗机，如图 9-15 所示，随着其陈旧的 F-5E/和 F-4E 战斗机逐渐退役，韩国空军希望 FA-50 能够承担更多的作战任务，当前其更多承担近距离空中支援任务。2023 年 6 月，一名韩国军官向媒体透露称，韩国国防发展局计划对韩国空军的 FA-50 轻型战斗机进行升级，提高战斗机的航程和作战能力。

图 9-14 CH-47 支奴干重型直升机

图 9-15 FA-50 轻型战斗机

FA-50“战斗鹰”是 T-50“金鹰”高级喷气教练机的轻型战斗机改进型，是一种价格合理且高效的超声速先进轻型攻击平台，于 2011 年首次试飞，增加了燃料容量，如图 9-16 所示，对重要的航空电子设备进行了升级。FA-50 的成本为 3000 万~3500 万美元，目前已经成功出口到了菲律宾，是其最现代化的战斗机。2023 年，韩国国防发展局决定在多个方面提高 FA-50 战斗机的能力，包括考虑携带保形油箱以增加航程，使用新型瞄准吊舱和可以发射包括视距空空导弹武器系统。可以看出，如果最终 FA-50 的改进取得成功，那么其综合作战能力将超越 F-5E 和 F-4E 战斗机，进一步向 F-16 战斗机看齐。

FA-50 作为韩国第一款国产战斗机，也是韩国第一次自主“研制”战斗机，是在洛克希德马丁公司手把手教出来的学生，核心技术全部依靠美国，所以其实际作战能力还是受到多方面的限制，并不能算是完整的三代机。

FA-50 最初计划选择以色列埃塔系统公司的 EL/M-2032 雷达，但是洛克希德马丁公司希望其选择自己的 AN/APG-67（V）4 雷达（图 9-17），而根据韩国与通用动力公司研发 FA-50 教练机的协议，FA-50 的作战能力必须保持低于 F-16

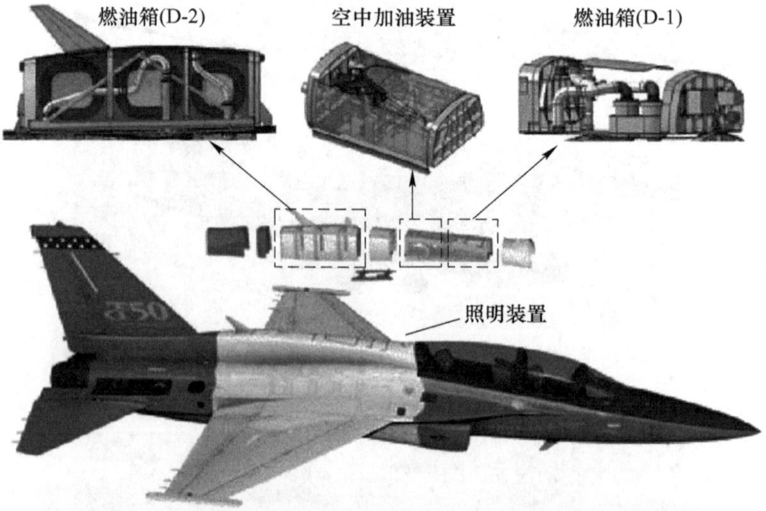

图 9-16　FA-50 增加保形油箱示意图

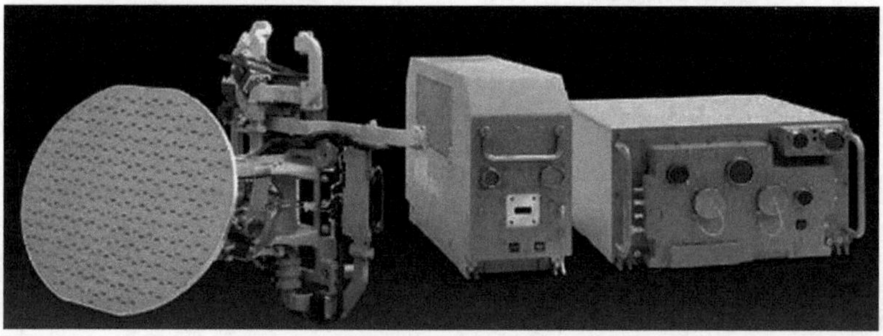

图 9-17　AN/APG-67(V)4 雷达

以避免竞争，同时代 F-16C/D 使用 AN/APG-68 脉冲多普勒雷达，所以最终 FA-50 使用性能已经远远落伍的 AN/APG-67(V)4 雷达。

AN/APG-67(V)4 是一型 X 波脉冲多普勒段多模式雷达，原为 F-20“虎鲨”战斗机发展，仅达到美军 20 世纪 80 年代的水平，该雷达对战斗机的搜索范围约为 130 km，跟踪范围约为 90 km，能同时追踪 10 个目标，并攻击其中 2 个。从目前信息得知，FA-50 不具备发射 AIM-120、AIM-7“麻雀”这样的超视距导弹的能力，所以其在空战中能依靠的除了 AIM-9“响尾蛇”近距离格斗空空导弹，依然采用 20 mm“火神”机关炮。所以 FA-50 的空战性能基本处于二代机的水准，如图 9-18 所示。

作为战斗机，除了对空作战能力不足，FA-50 对地攻击能力也相当堪忧，目前 FA-50 对地精确打击只能依靠 AGM-65“小牛”空对地导弹（图 9-19），该导

图 9-18 FA-50 不具备携带中程空空导弹的能力

图 9-19 FA-50 发射“小牛”导弹

弹价格较昂贵，射程也不远，执行对地攻击任务时，往往需要进入敌方中程防空系统火力范围内，并且其只能打击各类不加固的目标。再就是 Mk82、Mk83 炸弹等一类的铁炸弹，这样的对地攻击能力对付武装叛乱、非正规武装还勉强够用，在面对有现代化防空武器的正规军时无异于火中取栗。

对地近距离支援、战场遮断是韩国空军的重要任务，所以之前韩国空军就计划为 FA-50 集成洛克希德 · 马丁公司的“狙击手”高级瞄准吊舱（ATP），如图 9-20 所示，于 2020 年 8 月集成到位，2020 年底获得认证。“狙击手”瞄准吊舱在美国军队中代号 AN/AAQ-33，集成了高分辨率的中波第三代前视红外（FLIR）、双模式激光器、CCD 电视、激光点跟踪器和激光标示器，大大地改进了目标探测识别能力。

“狙击手”已经广泛用于 F-15E、F-16、A-10、B-1B 和加拿大 CF-18“大黄蜂”在内的多种战机，能够提供目标识别、跟踪、坐标生成和精确武器制导在内的一系列作战需求，支持所有激光和 GPS 制导武器对多个固定和移动目标进行精确打击，洛克希德 · 马丁公司称其还能进行精确定位、监视和侦察等任务。

图 9-20　FA-50 战机配备“狙击手”

FA-50 集成“狙击手”瞄准吊舱之后，就能使用美军制式的各类空对地精确制导武器，如联合攻击弹药、小直径炸弹等，其对地攻击能力将得到翻天覆地的变化，各类大威力的制导弹药将会大幅度提高打击各类加固目标、移动目标的能力。除此之外，FA-50 只有 1800 km 左右的航程，在加装保形油箱之后其作战范围还是偏小，并不能从根本上改变其设计上已经限制的天花板。从一款教练机改进而来的轻型战斗机，FA-50 的野心很大，但是实际却并没有外表那么好看。

9.3　印军装备再制造

9.3.1　印军 Su-30 战机

Su-30 战机是印度空军的绝对主力机型，如图 9-21 所示，数量达到了 260 架。截至 2023 年底，Su-30 战机已经进入了服役中期，印度开始计划对 Su-30 战机进行现代化升级。

图 9-21　印军 Su-30 战机

Su-30 战机是俄罗斯在 20 世纪 90 年代，在 Su-27 战机的基础上进一步发展而来的双座多用途战机。之前的 Su-27 战机主要以争夺制空权为主。与 Su-27 战机相比，Su-30战机进一步加强了对地对海打击能力。Su-30战机出现以后，引起了一系列国家的关注，在21世纪初期，陆续出口到了一系列国家，如中国、印度、越南、马来西亚、委内瑞拉等。

当然，各国进口的具体版本，存在很大的差异。以印度为例，印度缺乏航空工业实力，各种类型的战机基本上都是进口的，对于俄罗斯的Su-30战机，印度非常欢迎。20世纪90年代末期，印度陆续从俄罗斯进口了50架Su-30战机。90年代后期，中国从俄罗斯进口了Su-27战机生产线以后，印度也照猫画虎，2001年，以120亿美元的价格，从俄罗斯进口了Su-30MKI战机生产线。

与当年我国国产Su-27战机的情况非常类似，由俄罗斯提供发动机、雷达和航电设备。同时，根据印度的要求，融入了一定的以色列、法国技术。对于Su-30MKI战机，在2000年前后，还是非常先进的，截至2021年，印度完成了222架Su-30MKI战机的生产计划。按照总量来说，印度空军应该拥有272架Su-30系列战机，但是在实际使用中，总计只有260架，原因是印度空军陆续坠毁了12架。截至2023年，印度空军装备了262架Su-30MKI战机、46架幻影2000战机（图9-22）、50多架MiG-29战机、36架“阵风”战机（图9-23）、100余架“美洲虎”攻击机，老旧的MiG-23、MiG-27和MiG-21战机总计250多架。

图9-22 印军幻影2000战机

图9-23 印军“阵风”战机

从印度空军的整体配置来说，除了从法国进口的“阵风”战机之外，Su-30战机是印度最先进的机型。不过，“阵风”合计只有36架，Su-30战机属于绝对的主力。因此，在2020年，出现了“打下Su-30，杀敌立大功”的目标口号。260多架Su-30MKI战机（图9-24）中，其中的50架是20世纪90年代末期进口的，还有相当一部分是21世纪初期进口的，基本上都是90年代的技术水平。从战机服役周期来看，需要进行中期现代化升级。对于进入服役中期的战机，进行现代化升级是各国常用的办法，以美国空军为例，陆续对21世纪初期生产的F15、F16战机，进行中期升级。

图9-24　印军Su-30MKI战机

按照印度的计划，2024年开始，对84架Su-30战机进行现代化升级。首先，印度为Su-30战机换装“维鲁巴克沙”的国产有源相控阵雷达；同时，换装了印度国产的触摸屏显示器、任务控制计算机等一系列电子设备。在武器挂载方面，为Su-30MKI战机增添了鲁德拉姆反辐射导弹、无畏对地巡航导弹、增程型布拉莫斯导弹等一系列装备。目前，Su-30战机基本上都使用了两台AL31F涡扇发动机，单台最大推力12 t左右。按照印度起初的计划，准备为Su-30战机更换为俄罗斯最新的AL41系列发动机，单台最大推力15 t左右。不过，由于价格高昂，再加上俄罗斯发动机产量不足。最终，印度放弃了为Su-30战机换装发动机的计划。概括起来讲，对Su-30战机的中期升级，主要集中在更换雷达和电子设备系统。

9.3.2　“维克拉玛蒂亚”号航母

“维克拉玛蒂亚”号航母前身为苏联海军的“戈尔什科夫”号航母，原名“巴库”号，如图9-25所示，其满载排水量44500 t，是苏联“基辅”级航母的第4艘，由乌克兰的黑海船厂建造。1978年12月在黑海船厂（现属于乌克兰）开工建造，1982年3月下水，1987年12月交付。苏联解体后，“巴库”号航母划归俄罗斯北方舰队，1994年重新命名为“戈尔什科夫”号。1994年2月，“戈尔什科夫”号锅炉舱发生火灾，之后一直停泊在俄罗斯北方机械制造厂。该航母使用雅克-38M型飞机，该型飞机于1988年12月停产，新研雅克-41M飞机在苏联解体后中止了拨款，致使该航母没有后续舰载机。另外，俄罗斯也没有足够财力来对其现代化改装，遂决定将其退役。自1994年，印度就开始积极寻求购买该航母，经过10年的曲折谈判，俄印最终商定俄罗斯将航母赠予印度，只收取航母改装费用。2004年1月，俄印签订了一份价值15亿美元的合同，其中9.74亿美元用于“戈尔什科夫”号航母改装，5.25亿美元用于从俄罗斯购买16架MiG-29K战斗机，其中包括4架MiG-29KUB双座教练机，改装后重新命名为“维克拉玛蒂亚”号。改装后的航母舰载机的起降方式从垂直/短距起降型改为滑跃起飞/阻拦降落型，改装工作包括拆除舰艏武器系统并安装阻拦装置和滑跃起飞甲板等。航母改装工作由俄罗斯北方机械设计制造厂负责，航母锅炉由波罗的海造船厂制造。

图9-25 “维克拉玛蒂亚”号航母

“维克拉玛蒂亚”号最初改造总费用为9.74亿美元，计划2008年8月15日交付。由于资金不足，需要完成的工程量太大，交付日期一度拖延，费用增至23.5亿美元。原本“戈尔什科夫”号航母舰首的武器被全部拆除，舰首变成14.3°的滑跃甲板（重1500 t、长度52 m的滑跃甲板模块）。舰尾加装了一部30 t的升降机等。改装后，“维克拉玛蒂亚”号航母的舰体长度被延长至283.5 m，最宽处达59.8 m，吃水10.2 m，满载排水量达4.5万吨。航母可搭载1600多人，全舰共有23层甲板。

2012年7月8日，“维克拉玛蒂亚”号驶入巴伦支海，展开为期124天的海上测试，舰载机起降作业很成功。9月17日，在高速测试期间出现了严重的动力系统损坏事故，事故中8座锅炉中7座无法继续运转，使得原定于2012年12月4日的交付仪式被迫推迟。2013年5月，印度海军首个配备MiG-29K/KUB舰载机的303“黑豹”中队配备到“维克拉玛蒂亚”号航母上。不过，改装后的航母没有导弹打击武器和通用火炮。其核心动力装置也进行了更新换代，原本已损坏的锅炉全部予以更换，改装全新的意大利制造的柴油发电机。

2013 年 8 月初，“维克拉玛蒂亚”号完成了蒸汽推进系统的第一阶段测试，8 月下旬，“维克拉玛蒂亚”号成功进行了 MiG-29K 的夜间起降测试。9 月下旬完成了所有海上测试，11 月 16 日交付给了印度海军。2018 年，印度对其进行了第二次改装，费用为 705 亿卢比，在印度科钦造船厂进行，主要内容包括船体检验、涂漆方案更新以及更换 16 个轴承，改装中的“维克拉玛蒂亚”号如图 9-26 所示。

图 9-26　改装中的“维克拉玛蒂亚”号

2014 年 1 月 8 日，“维克拉玛蒂亚”号航母抵达印度。2016 年 2 月，在一艘驱逐舰和一艘燃油补给舰的护送下访问马尔代夫。2017 年 7 月，美日印三国在印度洋演习。印巴冲突爆发后，“维克拉玛蒂亚”号前往巴基斯坦邻海巡航，如图 9-27 所示。2022 年 5 月，“维克拉玛蒂亚”号航母被部署在印度西部海域。2024 年 2 月，参加“米兰 2024”多国海军演习。

图 9-27　巡逻中的“维克拉玛蒂亚”号

武器系统再制造方面，维克拉玛蒂亚号先前装备的玄武岩导弹发射系统被拆除，可携带 26 架 MiG-29K 舰载机（图 9-28）及 10 架卡-28 反潜、卡-31 预警直升机或印度国产的 HALDhruv 直升机，并保障其常规起降。“维克拉玛蒂亚”号航母的防空武器为以色列制造的巴拉克-8 短程防空导弹和俄制 CADS-N-1Kashtan 炮/弹合一近程防御武器系统，“维克拉玛蒂亚”号内部空间场景如图 9-29 所示。

图 9-28 MiG-29K 舰载机

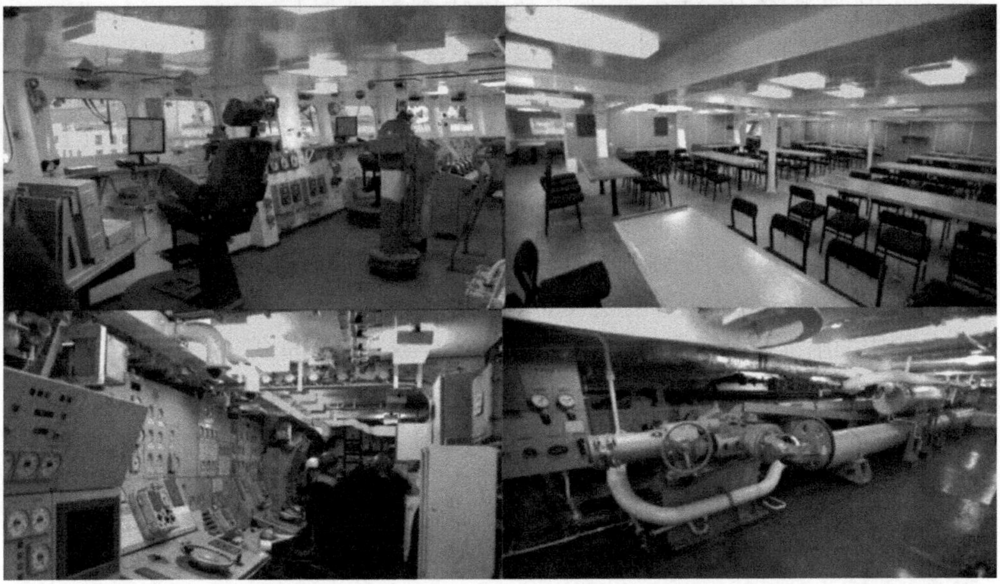

图 9-29 “维克拉玛蒂亚”号内部

动力装置升级改造方面，“维克拉玛蒂亚”号在其核心动力装置也进行了更新换代，原本已损坏的锅炉全部予以更换，改装全新的意大利制造的柴油发电机，动力装置为 8 台 kWG4 型锅炉，4 台 GTZA 型汽轮机：147 MW（200000

PS)，4 轴。航速 28 kn（最高 32 kn），续航力 13800 n mile。

指挥控制方面，“维克拉玛蒂亚”号拆除了原有相控阵雷达，在舰桥上安装有军舰鸟三坐标雷达、平网三坐标雷达、圆顶帽导航系统以及电子战系统；在舰桥后面的右舷新增一个桅杆，以安装若干必需的天线设备。这些措施将使“维克拉玛蒂亚”号航母在指挥控制舰载机和舰载武器时更加灵活便捷。

总体而言，改造后的“维克拉玛蒂亚”号航空母舰变成一艘缩小版的库兹涅佐夫元帅级航空母舰。改装后的“维克拉玛蒂亚”号可容纳将 40 架战机，甲板利用率达到了和法国“戴高乐”航空母舰一样的水平。“维克拉玛蒂亚”号上单波最多能够出动 5 架飞机执行正常任务。而美国航空母舰特混编队在执行日常巡航任务时仅出动 1 架预警机、2 架战斗机，等到三级警戒状态才会出动 4 架战斗机。从这方面来讲，“维克拉玛蒂亚”号航空母舰表现得很出色。

9.4　澳军装备再制造

9.4.1　澳军 F88 轻武器改进

澳大利亚装备的 AUG 是本土的利特高轻武器厂（Lithgow Small Arms Factory）经斯太尔公司特许生产的，最初装备的是 AUG-A1，被定型为 F88。和斯太尔原厂的 AUG-A1 相比，F88 修改了刺刀座，还修改了瞄准镜的分划，除了中间的圆环外，还有一条竖直线和左右的两条水平线。另外还有 16 in（1 in = 0.0254 m）枪管的卡宾枪型，被称为 F88C（相当于 AUG-P），F88C 主要装备骑兵、宪兵、侦察兵、伞兵和机场警卫。挂装 M203PI 榴弹发射器的型号则称为 F88GLA，这一型号取消了刺刀座和前握把，发射器座挂在枪管上。把瞄准镜提把换成皮卡汀尼导轨的型号称为 F88S-A1（相当于 AUG-A2），卡宾型是 F88S-A1C，配用的瞄准镜包括有 ELCANC79、ACOG 或 Aimpoint 等。

F88S-A2 算是 F88 系列中第一个真正由澳大利亚自主研发的改进型，在 2009 年底定型并生产了几千支交付给海外服役的单位，主要是送到阿富汗。F88S-A2 的改进包括：改进导气系统，提高可靠性；增强和美国生产的弹药的通用性效果；扩大抛壳口；修改机匣上的皮卡汀尼导轨座外形，并增加导轨长度，在机匣右侧增加了一个附件环，用于安装战术灯之类的圆满柱形附件；枪管、机匣等金属部件的外观由黑色改变为沙色，如图 9-30 所示。

增强型 F88（Enhanced F88），简称 EF88，是 F88 的第二次大幅改进。2013 年，增强型 F88 完成了设计和试验。在外观上，它与 F88 相比有很大的改变，如枪管表面有纵向散热槽，有助于散热也减轻了枪管重量（EF88 比 F88 轻了约 0.2 kg）。机匣导轨座增高，并加长了顶部导轨。机匣右侧增加了一段皮卡汀尼导

图 9-30 改进的 F88

轨，能安装更多种类的战术附件。机匣底部也新增加了一小段导轨，用于安装前握把、两脚架或榴弹发射器。机匣前段增加了背带固定环，固定环可以按照射手的意愿任意安装在机匣左侧或右侧。

聚合物枪托的外形也有修改，特别是扳机护圈扩大并改变形状，可供射手握持。枪托在覆盖枪管的位置左右两侧各开了两个方形散热口，可以加速枪管散热。由于机匣顶部的导轨加高了，所以在导轨末端的枪托位置也相应地加高了贴腮部位。枪托下部两侧增加了一个凹槽，在进行有依托射击时更牢固地握持枪托。枪托底板的橡胶尾盖也重新设计，增加了防滑纹。

原本的 F88 和 AUG 一样采用单连发扳机，而 EF88 在原来的保险按钮上增加了快慢机功能，射手可以选择保险、单发或连发。

按军方要求，EF88 增设了空仓挂机。早期的 EF88 并没有空仓挂机解脱钮，大概在 2012 年底，在枪托左侧、弹匣插座的后上方增设了空仓挂机解脱钮，这个装置的原理设计可能和美国 MSAR 公司的 STG556 空仓挂机解脱钮一样，按钮本身的形状并不同，而且 STG556 上的解脱按钮两侧有防止误操作和钩挂的凸起块，而 EF88 上的解脱按钮却没有这样的设计，不知道最终定型的型号会不会增加防止钩挂的设计。

以往 F88GLA 的榴弹发射器是挂在枪管上的，这样的设计对枪管寿命和精度不利。所以 EF88 突击步枪重新设计了榴弹发射器，称为 ML40AUS，榴弹发射器是与 EF88 突击步枪机匣前下方的导轨连接，不与枪管直接接触。榴弹发射器的扳机深入 EF88 突击步枪的超大形扳机护圈中，射手伸直原来扣步枪扳机的手指就可以扣动榴弹发射器的扳机。榴弹发射器的发射管向左侧打开装填榴弹，这种侧开式设计也方便了装填尺寸比较长的 40 mm 榴弹。而向前滑动式打开的 M203PI 榴弹发射器则只能发射短尺寸的弹药。另外 ML40AUS 的重量比 M203PI 减轻约 30%，所以加挂榴弹发射器后的 EF88 也比加挂 M203PI 的 F88GLA 轻很多。

EF88 的改进和生产也是在利特高厂进行，不过原来的国营利特高厂在 2006 年作为当时的澳大利亚总理“私企化”的第一个试点项目，被法国泰雷兹公司收购。所以现在的全称是泰雷兹 · 利特高轻武器厂（Thales Lithgow Small Arms Factory）。法国泰雷兹公司在 2012 年巴黎的军事展上展出了 EF88 的出口型，称为 F90。和 EF88 相比，F90 最主要的外观变化就是改成黑色，另外还计划推出 5 种不同枪管的型号，包括 20 in 重型枪管的神枪手型 F90MG 或 14 in 短枪管的 F90CQB 等。而澳大利亚军方只需要 20 in 和 16 in 两种枪管长度的 EF88。法国泰雷兹公司打算以 F90 参与法国陆军新型步枪的选型竞争。

9.4.2　澳大利亚 M113A1 装甲车改进升级

澳大利亚陆军最重要的采办项目，即对其 364 辆老式的 M113A1 装甲车的改进工作，如图 9-31 所示。德尼克斯防卫系统公司赢得了该项目的第一阶段的合同，即对现有的 364 辆老式的 M113A1 装甲车进行改进以达到 M113A1 装甲车的标准。该合同包括设计、生产、安装一种新型炮塔，其带有身管能快速更换的 12.7 mm 机枪，以替换 230 辆老化车辆上的 T50 炮塔。随后，德尼克斯公司接手了位于班迪亚娜的陆军装甲车辆修理厂的生产任务。这是在商业支持计划指导下，国防部为让市场对计划进行检验而开展的公开投标的结果。

图 9-31　M113A1 装甲车

1998 年 5 月，时任澳洲国防部长批准了选择唯一的澳大利亚主承包商和 IPT（综合生产小组）协作的内容，该 IPT 综合小组由澳大利亚政府人员和德尼克斯防卫系统公司人员组成。由于给这一计划的完成限定了时间，承包商决定把升级计划的两个阶段相结合，减少给使用者带来的不便并加快升级后车辆的交付。自从首批样车炮塔生产以来，一些问题已经得到解决。首先，德尼克斯公司提议使用澳大利亚 EOS 公司制造的光学昼/夜瞄准镜。它能在炮塔内车长、炮长前方的一个板式显示屏上提供黑白目标图像。这一建议非常出色，但它需要技术发展来解决早期的困难。目前，德尼克斯公司和陆军考虑用正在服役的潜望镜来代替EOS镜。

12.7 mm FN赫斯塔尔机枪目前采用了硬安装的方法，取代了原有的软安装，12.7 mm FN赫斯塔尔机枪如图9-32所示。新的设计使炮塔内有更大的工作空间，炮塔现在工作性能良好，机枪的射击精度也大大超过了陆军合同的要求。作为改装计划的一部分，要求给车辆增强防护措施以提供能够抵御现代威胁水平的防护能力。这包括，能够防地雷的加强型附加装甲，从乘员舱拆走燃料箱，并且为乘员舱和发动机舱提供附加内部防装甲崩落碎片衬层和一个自动灭火抑爆系统。这些对车辆必要的改进将会使车全重从11 t上升到大约15 t。为了保持车辆的机动性，动力传动系必须用一个新的发动机、传动、转向、制动和履带系统取代，德尼克斯公司提出了采用大宇重型工业公司制造动力部件以增加改进后车辆动力的建议，但这一建议未获得澳大利亚政府支持。

图9-32 12.7 mm FN赫斯塔尔机枪

平心而论，在某些方面，澳大利亚的要求是不同于其他国家的，因此改进的方法也不同于过去的方法，期望改进的车辆比其他国家陆军车辆有更大的装载量和更大的功率。更大的问题是整个计划的经费，预先估计每辆车60万澳元的费用已经膨胀到每辆车100万澳元。上述的费用包括不断发展的支援、备件及训练等这些重要的项目，但是陆军很明显地低估了这些项目的经费。有关M113升级的经费问题被摆到了桌面。由于问题太多，2000年12月，在堪培拉专门开了一个高层会议，重新对费用进行评估，拨给用于M113装甲车升级工作和加购150辆ASLAV车的资金只有5.5亿澳元。很明显，这远不能满足升级和加购两个项目所需的经费。改进计划中的364辆车所需经费超过3.2亿澳元。即使最低限度的只改进其中240辆车，也大约要花2.4亿澳元，仅剩3.1亿澳元用于购买

ASLAV 车。

当前澳大利亚装甲部队诸多问题中，毫无疑问最主要的一个是缺少现代化的装甲人员输送车。虽然 ASLAV 是非常优秀的轮式战斗车，但它不具备运载步兵穿过火力区域到达目标的能力。ASLAV 车还不具备在战场上跨越障碍或在维和行动中跨越市区中路障的能力。《亚太防务通讯》报道：澳大利亚陆军认为其 M113 的改进过程和计划是重要的，即使以牺牲加购 ASLAV 车为代价，也就是说澳陆军是不会考虑首先加购 7 辆 ASLAV 车的。

9.5　以军装备再制造

9.5.1　以军 F-15E 战斗机

以色列国小资源少，无法制造高耗费资源的装备，但以色列独辟蹊径，注重把其他国家的装备稍加改造，使它变得更好。如以色列对美军 F-151E 战斗机改装和升级，获战力倍增的航空装备，F-15E 驾驶舱内部如图 9-33 所示，改装和升级具体表现在以下几个方面：

（1）电子设备：以色列对 F-15E 战斗机的电子设备进行了升级，包括加装以色列自制的电子战系统、雷达和通信设备等，以提高飞机的态势感知和通信能力。

（2）武器系统：以色列对 F-15E 战斗机的武器系统进行了改装，包括加装以色列自制的导弹和炸弹等，以提高飞机的打击能力。

（3）航空电子设备：以色列对 F-15E 战斗机的航空电子设备进行了升级，包括加装以色列自制的导航系统、飞行控制系统和航空电子设备等，以提高飞机的性能和可靠性。

图 9-33　F-15E 驾驶舱内部

（4）机体结构：以色列对 F-15E 战斗机的机体结构进行了加强，以提高飞机的耐久性和适应性。

（5）保障系统：以色列对 F-15E 战斗机的保障系统进行了改进，包括加装以色列自制的维修设备和备件等，以提高飞机的维护效率和可靠性。

总之，以色列对 F-15E 战斗机的改装和升级主要涉及电子设备、武器系统、航空电子设备、机体结构和保障等方面，以提高飞机的作战能力和适应性，这些改装和升级使 F-15E“雷霆”战斗机成为以色列空军的重要武器装备之一。

9.5.2　以军 F-35 战斗机

截至 2022 年底，以色列空军已采购了首批 50 架 F-35A 战斗机，如图 9-34 所示。值得一提的是，以色列空军的 F-35A 被称为 F-35Ⅰ型，这是一款针对以色列特需进行定制的版本，这款战机的绰号是“ADIR”，意为希伯来语中的“伟大”。在武器装备方面，以色列空军的 F-35Ⅰ进行了深度整合，不仅安装了以色列国产的电子战系统，还集成了以色列 ELTA 系统有限公司开发的指挥、控制、通信、计算机和情报（C4I）系统。此外，它还能兼容以色列国产的“德比”中距空空导弹、Python-5 格斗弹以及 SPICE1000 精确制导炸弹等武器。这些先进的武器系统使得 F-35Ⅰ成为以色列空军的重要力量，为执行远程猎杀任务提供了强大的支持。

图 9-34　以色列首批 F-35A 战斗机

在一直紧张的中东局势下，以色列空军的 F-35Ⅰ战斗机（图 9-35）扮演着至关重要的角色，其不仅具备高度先进的隐身性能，还配备了各种先进的武器系统和传感器，使得以色列空军能够在执行远程猎杀任务时保持高度的灵活性和准确性。此外，F-35Ⅰ战斗机还具备强大的电子战能力和情报收集能力，能够在执行任务时提供全面的战场态势感知。

图 9-35　深度整合后的以色列空军 F-35Ⅰ战斗机

为了应对伊朗等中东阿拉伯国家日益增长的核威胁并进一步提升其空中作战能力，以色列国防部正秘密推进 F-35Ⅰ战机的现代化改装计划。作为此次升级改装的关键环节，这款具备隐形性能的战斗机将在非隐身飞行阶段装载更多的燃料，这些燃料将被储存在特别设计的舷外油箱中。此举不仅增强了 F-35Ⅰ的续航能力，还为其执行远程打击任务提供了更多可能性。

除了增加燃料容量外，F-35Ⅰ还将装备以色列自主研发的精确制导弹药，重量高达 1000 kg，这款被形容为具有超强穿透力的炸弹将被巧妙地安置在战机的内部弹仓中，其圆周误差可能仅为 3 m，这意味着 F-35Ⅰ在执行打击任务时，能够以前所未有的精确度摧毁目标，大大提高了作战效能，如图 9-36 所示。尽管目前尚未公开这款新炸弹的更多技术细节，但业界普遍猜测，这款武器很可能是基于以色列拉斐尔公司研发的智能炸弹——Spice2000 进行改良的，Spice2000 为 MK-84、BLU-109 和 RAP-2000 等 900 kg 级炸弹提供了一个额外的飞行校正套件，显著提升了炸弹的命中精度。

图 9-36　挂弹起飞的 F-35Ⅰ战斗机

在提升攻击能力的同时，以色列还对 F-35Ⅰ的数据传输系统进行了全面升级。新系统具备高度机密性，允许炮手直接接收目标指示，从而绕过了空军作战中心的传统指挥链。这一创新举措极大地提高了 F-35Ⅰ的作战效率和灵活性，使其在瞬息万变的战场环境中能够迅速做出反应。此外，为了应对日益复杂的空中威胁，包括拦截攻击无人机等任务，以色列还加强了 F-35Ⅰ在电子战环境下的作战能力。在现代化改装过程中，F-35Ⅰ将集成一系列先进系统，使其能够在电子战饱和的地区进行有效作战。这些系统既包括已经投入使用的成熟设备，也包括仍在测试阶段的前沿技术。

值得注意的是，2019 年，以色列曾遭受位于叙利亚的俄罗斯 GPS 干扰系统的攻击，这一事件促使以色列加快研发能够免受此类故障影响的设备。如今，这些新设备的加入将使 F-35Ⅰ在复杂的电磁环境中保持强大的战斗力，为以色列空军提供更加可靠的保障。

9.5.3 以军“梅卡瓦”坦克

以色列国“一半是沙漠，三分是高原山地，只有二分沿海平原”。荒凉的内格夫沙漠寸草不生，却占到了以色列国土的一半。平坦宽阔的沙漠地形有利于机械化部队特别是装甲坦克部队快速机动，打速决战。因此以色列从建国伊始就对坦克情有独钟。以色列改进武器装备是从改进坦克开始的。以色列人在设计坦克、改进坦克时采用了适合于沙漠地带使用的履带，从而使以色列坦克装甲部队屡立奇功。以色列的改进改装武器装备不仅针对自己的作战实际要求，而且还针对敌国、邻国来进行改进，以求自保，获得安全的需要。叙利亚及巴勒斯坦民间人士称以色列坦克是“恐龙”一样过时的东西，但叙利亚军方对“梅卡瓦Ⅳ”却格外重视，认为这种新型坦克的主要假想敌就是叙利亚，如图 9-37 所示。因为“梅卡瓦”Ⅳ的火力及其控制系统，尤其是特有的反直升机能力是专门针对叙利亚的，因为巴勒斯坦方面没有任何像样的空中武备力量，而叙利亚的

图 9-37 升级改造的“梅卡瓦Ⅳ”坦克

SA342L 和米-24 武装直升机却曾在黎巴嫩多战争中击毁若干以色列部队的坦克。以色列犹太这个民族是最讲究实用的。以色列人在对引进来的武器装备改装之前都会先去其所有华而不实的东西。力求使武器装备的功能性更加实际、利用率更高。

9.5.4　以军“巴拉克”坦克

近年来，国际军事领域掀起了一场关于新一代主战坦克的设计革命。不同国家的设计师们在坦克造型、技术、战力等方面展开了激烈的竞争，力图在未来战场上占据优势。以色列推出了名为“巴拉克”的新型主战坦克，如图 9-38 所示，其独特之处在于外观上没有太大变化，却在关键技术和系统方面做了极为深刻的升级。“巴拉克”坦克的推出体现了以色列在武器装备设计上的务实和聪明。它没有盲目追求外观上的华丽，而是将更多精力投入到了核心技术和系统的升级上。这种设计风格体现了以色列军工的特殊理念，即实战导向、生命安全至上。同时，“巴拉克”坦克也展示了以色列军工在技术创新方面的实力，尤其是在头盔系统、电子战能力、火控系统等方面的突破。这将为以色列在未来的战争中提供强大的支援和优势。

(1) 保持独特性：“巴拉克”坦克的设计哲学。以色列作为一个在世界地图上地处弹丸之地的国家，在武器装备设计上，注重两个原则：一是保护士兵的生命安全；二是在此基础上将战力最大化。以色列军工对于装备的设计力求实战考量，避免不必要的炫耀，将有限资源集中用于关键技术的升级和创新。“巴拉克”坦克的设计并没有追求外观上的花哨和夸张，这种独特设计理念使得“巴拉克”坦克在外观上看似保守，但实质上充满内涵。

图 9-38　“巴拉克”新型主战坦克

(2) 创新升级：“巴拉克”坦克的技术突破。虽然外观上保持了“梅卡瓦Ⅳ”的特征，但“巴拉克”坦克在关键技术和系统方面进行了深刻的升级。首先，引入了“Iron Vision”头盔系统，使乘员可以 360°无死角观察到周围环境，实现了实时数据与指挥中心链接。这种创新类似于战斗机头盔的概念，彰显了对战场实时信息的迅速把控。其次，加装了战斗机级别的平视显示器、升级版的“奖杯”主动防御系统、电子战能力系统，以及强化了火控系统，进一步提高了战场适应能力和作战效率。

（3）强调保护：“巴拉克”坦克的特殊设计。以色列的新型主战坦克“巴拉克”突出了对乘员生命安全的保护。设计上体现了多方面的保护措施，从360°视觉系统、电子战能力、主动防御系统到火控系统，以及乘员头盔，每项升级都彰显了以色列军工对乘员生存和战斗力提升的关注。这种保护导向的设计风格也符合以色列长期以来在中东战争中的战争经验和总结。

（4）兼顾多功能：“巴拉克”坦克的多面优势。“巴拉克”坦克不仅着重强调保护，同时兼顾多功能。它不仅可以在战场上提供强大的火力支援，也能在一定范围内拦截无人机、巡航导弹等目标，展现了其电子战能力。这种多面的优势使得“巴拉克”坦克具备了在多种战场环境下高效作战的能力。

（5）实战检验：“巴拉克”坦克的未来展望。“巴拉克”坦克的真正实力将在未来的战场上得以检验。以色列这个长期面临周围国家威胁的国家，注定会有着丰富的实战经验。通过这些实战检验，可以验证“巴拉克”坦克在设计上的合理性和创新性。这也将是以色列展示其军事实力和创新能力的时刻。以色列的“巴拉克”坦克体现了国际武器装备竞赛中的多样化发展趋势，在多变复杂的现代战场上，这种注重保护士兵、实现战力最大化的设计理念是非常可贵的。

“巴拉克”坦克的推出，也引发了国际军事界对于未来战争形态的思考。现代战争已经不再是简单的“铁打的营盘，流水的兵”，而是涵盖了信息、电子、网络等多领域的综合作战。在这种新形势下，装备的升级和创新显得尤为重要。

9.5.5 以军 M60A3 坦克

2016年，土耳其在军事行动中亮相了一种新坦克，这是一种以M60A3主战坦克改装而来Sabra主战坦克，负责改装工作的是以色列，改装效果还不错，让这款老旧的坦克获得了更强的作战能力，使用寿命也大大延长。

以色列在长久的对抗中锻炼出了很强的装甲改装能力，让很多老旧坦克焕发新生，继续在战场上发挥作用。其中对M60系列坦克（图9-39）的改装被称为Sabra，意为“以色列本地人”，以色列的改装可以分成三种，土耳其选择了MK. 2型改装方案，可能土耳其人觉得把自家的坦克称为Sabra欠妥，于是称其为M60T。M60A3是1979年出现的坦克，如图9-40所示，属于M60巴顿系列的最终改型。土耳其曾经购买此种坦克，不过进入21世纪后，这些坦克已经比先进水平落后不少，于是土耳其在2002年时与以色列达成协议，对170辆坦克进行升级。

图 9-39　M60 坦克

图 9-40　M60A3 坦克

按照以色列 MK. 2 的标准，坦克在动力上使用 1000 PS 的德国 MTUKA-501 型发动机，不过 M60T（图 9-41）使用的是美国大陆公司 AVDS-1790-5A 型四冲程涡轮增压柴油机，输出动力 908 PS，拥有 5 个前进挡和 1 个倒挡，坦克最大行驶速度 48 km/h。

装甲防护是重点，以色列将自家“梅卡瓦”坦克使用的反应装甲运用其上，坦克原本的主体装甲没有变动，而是对车体正面、炮塔正面和两侧等安装附加反应装甲，车体两侧还有侧面裙板；因为以色列在反应装甲这方面拥有领先技术，改装后的坦克防护能力有保障，并且以色列与土耳其达成的协议中，唯独装甲技术得以保留，可见其核心作用。

坦克火力也是升级的重点，M60 原本安装的是 105 mm 线膛炮，这是第一代主战坦克的标配之一，但在 20 世纪 90 年代就已经与最新主战坦克有了差距。好在 M60 本身尺寸大，方便火力升级。以色列给其安装了自己的研制的 120 mm 滑膛炮，能发射“拉哈特”炮射导弹，另外辅以 2 挺 7. 62 mm 机枪和 1 挺12. 7 mm

图 9-41 M60T 坦克

高射机枪。根据国内某军网的报道，坦克还携带 1 门 60 mm 迫击炮，但从照片中没有明显看到迫击炮的位置，M60T 坦克上装武备系统如图 9-42 所示。

图 9-42 M60T 坦克上装武备系统

除了上述硬件上的改装，M60T 还安装了“第三眼”的红外激光报警器、以色列国产自动灭火抑爆系统、钇铝石榴石激光器的激光测距仪等，炮塔后方还增加储物栏之类的结构，可以说经过以色列的改装，M60T 完全达到了土耳其的预期，从 2007 年接收后使用至今，预计还将使用多年，如图 9-43 所示。

以色列在武器装备再制造方面是成功的。在巨大的军品改进改装市场上，经验丰富、手段多样的以色列抢得先机，从而为其军工生产、国防安全、国家发展增添无穷的动力。从最初改造、仿制、改进到自主研制，开发更多的有自主知识产权的产品，几十年里以色列凭借自己的改造改进之功，实现了腾飞的三级跳。军工生产已为以色列国民经济的支柱，也是为其争取更多盟友、增加在国际社会上话语权的快捷方式。

图 9-43　出口土耳其的 M60T 坦克

9.6　乌克兰苏式坦克再制造

俄乌冲突前，乌克兰军工企业经过近些年的发展终于在产能方面有了比较明显的进步，大量先进的装甲车辆被陆续改装及生产出来，为乌克兰军队提供提升战力的硬件条件，也是乌克兰在俄乌冲突中持续对峙的底气所在。2018 年，乌克兰陆军收到了新一批升级的 T-80 和 T-64BV 主战坦克以及新的 BTR-4 装甲车辆人员运输车，如图 9-44 所示，这对乌克兰军队的战力提升非常有帮助。

图 9-44　升级的 T-80 和 T-64BV 主战坦克

2018 年 10 月 3 日，乌克兰的 UkrOboronProm 公司公开宣布，乌克兰军队接收了新一批由“哈尔科夫装甲工厂”现代化升级的 16 辆 T80 和 T-64BV 主战坦克，以及 5 辆新型 BTR-4（配备现代德国道依茨发动机）装甲运兵车（APC），如图 9-45 所示，而这些装备都是由乌克兰 Kharkiv Morozov 机械制造设计局开发的。乌克兰在老旧坦克的深度现代化和重新装备过程中，引入了全新的解决方案，开发并安装了一个带激光测距仪、弹道计算器和复杂制导武器的自动火控系统，这将让改进后的坦克可以发射炮射导弹。

图 9-45 新型 BTR-4 装甲运兵车

此外，根据实战环境改进的 BTR-4 战机引入全新的防护手段，使其成为乌克兰武装部队中最有效的军用车辆之一。自 2018 年年初以来，乌克兰根据国防秩序制造并现代化了大约 2000 件武器和武器装备。截至 2018 年底，乌克兰军队的作战装备和军备的生产，以及现代化和翻新工作正在进行中。至关重要的是，乌克兰国防工业综合体的发展意味着国家防御能力得到加强，还创造了就业机会和经济价值。

9.7 叙利亚 T-72 坦克再制造

第二次世界大战后，各种高精尖武器不断涌现，很快夺取了普通武器的话语权，全世界各国都为各种昂贵复杂的先进武器而倾倒，武器交易也成了国际社会关系中一个很重要的润滑剂，对于美国来说，最尖端武器出口主要靠关系，而不是凭钞票，这也成为美国控制世界各国的一个重量级砝码。叙利亚发明了一款超强火箭炮，让全世界为之刮目相看，这就是弹头半吨重的戈兰 1000 重型火箭弹，如图 9-46 所示，这是一款世界级的拆楼神器、巷战利器。

这款武器最大的特点是粗壮，总重 40 多吨的 T-72 坦克就装 3 发，这款火箭炮系统，采用了叙利亚广泛使用的俄制 T-72 坦克做底盘，拆除炮塔后，叙利亚军队自制了一个三联装火箭弹发射器，系统总重 44 t，乘员 3 人，最大行驶速度 70 km/h，车体长度 9.5 m，宽度 3.5 m，但是高度则出奇地大，高达 3.2 m，威猛粗大的发射架起了主要作用。

这款火箭炮系统的精华在于火箭弹，火箭弹口径 500 mm，弹头重量 500 kg，如图 9-47 所示。世界各个大国大口径火箭弹口径一般都在 300 mm 左右，叙利亚军方的这个设计，超粗超重，对于一栋 10 层大楼，一发即可轻松拆毁，火箭弹射程 3 km，可以在 30 s 之内发射 3 发火箭弹，然后装填，装填时间 3 min，炮弹采用杀伤爆破弹头，可以对人员和建筑物起到巨大破坏杀伤作用。

图 9-46　装配戈兰 1000 重型火箭弹的 T-72 坦克

图 9-47　戈兰 1000 重型火箭弹

这是一款拼装武器，本体是火箭弹，但是尾部增加了老旧高阻炸弹拆下来的尾部稳定翼，火箭弹中心包括了一个巨大的铁壳炸药包，利用巨大的装药量，直接将大楼炸毁，炸药包之中，也增加了破片，提高对人员的杀伤威力。这种火箭炮的弱点非常明显，没有任何精确制导系统，完全是无控制自主飞行，飞哪里算哪里，为了避免精度太差，设计师还是注意将中央巨大的凸起弹头做了尖锥整流，尽量减小阻力。由于火箭炮威力巨大，而且明显手工制造，质量存在不少问题，为此，叙利亚设计师单独为这款火箭炮设计了一款遥控发射装置，可以让射手在比较安全的地方进行操作，明显提高了安全性。这是叙利亚军队在现有阶段自己改装武器的一个创举，是不依赖外国，利用现成产品，组合得到的一款高效实战装备，这款武器可以使人手捉襟见肘的叙利亚军队，不必和武装分子进行残酷的楼道巷战，避免惨重的伤亡，遇到敌人，通知后方，一发火箭解决问题。

总体而言，不稳定的国际局势和不断爆发的局部战争促进各国更加重视各自军备建设，各国大幅增加国防预算，其武器装备更新换代呈现出不同以往的新特点，装备需求更趋实战化，装备来源渠道更加多元，装备再制造是各国提升军事实力的重要途径。

参 考 文 献

［1］中国国防报：中国军号．日本强化武器装备研发体系［EB/OL］. 2024-06-19. http：//military. people. com. cn/n1/2024/0619/c1011-40259703. html.

［2］参考消息．日自卫队将升级轻武器，寻求装备现代化［EB/OL］. 2020-02-04. https：//mil. news. sina. com. cn/2020-02-04/doc-iimxxste8797164. shtml.

［3］新浪新闻：央视．日本“加贺”号护卫舰完成部分航母化改装［EB/OL］. 2024-04-08. https：//news. sina. com. cn/w/2024-04-08/doc-inarchuu4137012. shtml.

［4］最后的苏霍伊．轮到加贺号了，日本第二艘出云号航母开始升级［EB/OL］. 2022-03-30. https：//www. toutiao. com/article/7080851871019221537/.

［5］今日头条：M 的武器见闻．韩国对 K1 主战坦克继续升级，新技术新设备，适应未来作战环境［EB/OL］. 2020-04-08. https：//www. sohu. com/a/386192755 _ 120088061.

［6］搜狐：爱生活的王玉璞．韩国武装直升机的升级之路［EB/OL］. 2020-09-30. https：//www. sohu. com/a/421855037 _ 120755849.

［7］今日头条：M 的武器见闻．韩国计划对 FA-50 战机升级，强化攻击增加航程，变身真正战斗机［EB/OL］. 2020-6-21. https：//www. sohu. com/a/403322893 _ 120088061.

［8］网易：看航空．韩国计划对 FA-50 战机升级［EB/OL］. 2020-06-22. https：//www. 163. com/dy/article/FFNRDSCU05148ALS. html.

［9］《兵器知识》官方账号．韩国试射改进型 KTSSM-Ⅰ导弹［EB/OL］. 2024-04-07. https：//mp. weixin. qq. com/s? _ _ biz = MzU5NTE3MjkzNA = = &mid = 2247517421&idx = 1&sn = e8b411376d9ba6c4448685be8fc2b203.

［10］网易：万里繁华．印度 260 架苏 30 战机，全部中期升级，对比歼 16 到底如何？［EB/OL］2024-04-16. https：//www. 163. com/dy/article/IVTG2NRO0523RGK4. html.

［11］清风．印度海军旗舰：唯一的现役航母维克拉玛蒂亚号［J］. 军事文摘，2019（9）：30-33.

［12］新浪军事．俄开始对印度航母进行升级，印拟 10 年内新增两艘航母［EB/OL］. 2018-09-19. https：//mil. news. sina. com. cn/2018-09-19/doc-ihkhfqns7637118. shtml.

［13］今日头条：小钢盔军械库．印度大国梦的寄托：新“维克兰特号”［EB/OL］. 2022-06-27. https：//www. toutiao. com/article/7113913348328260132/.

［14］搜狐：悲喜历史．澳洲 F88 的改进型［EB/OL］. 2014-02-21. https：//www. sohu. com/a/759199141 _ 120904327.

［15］金黎．澳大利亚 M113A1 装甲车的改进升级［J］. 车辆动态，2001（1）：24-25.

[16] 王开启．高新技术与坦克改进 [J]. 国外坦克，2000 (8)：7-8.
[17] 石慧．改进、改型、改造——以色列武器装备发展的快捷方式 [J]. 环球军事，2018 (2)：16-17.
[18] 网易：行千里路．以色列改造后的战斗机傲视群雄 [EB/OL]. 2023-10-28. https：//m. 163. com/dy/article/II3U8D7Q05565U4O. html.
[19] 搜狐：锅盖后面藏尤里．以色列秘密升级 F-35，重点将加装保形油箱 [EB/OL]. 2024-02-29. https：//www. sohu. com/a/760858395 _ 121405410.
[20] 参考消息．35 架 F-35 获“惊人”升级 [EB/OL]. 2023-12-15. https：//news. qq. com/rain/a/20231215A0977T00.
[21] 搜狐：潞州节度．“非凡的飞跃”，以色列推出第五代“梅卡瓦”，运用人工智能增强的坦克 [EB/OL]. 2023-09-30. https：//www. sohu. com/a/724917540 _ 805242.
[22] 网易：坦克空间站．魔改丨改装改装再改装！这辆以色列坦克你还敢认吗？[EB/OL]. 2021-01-12. https：//www. 163. com/dy/article/G051QB5Q0546TZCY. html.
[23] 今日头条：瓜瓜百事问．顶棚抵抗无人机，以色列坦克惊现改装新科技 [EB/OL]. 2023-10-28. https：//www. toutiao. com/article/7294845454683554330/？is _ new _ connect = 0&is _ new _ user = 0.
[24] 今日头条：丹书战史．以色列改装土耳其 M60A3 坦克，让老旧坦克焕发新生 [EB/OL]. 2020-11-02. https：//www. 163. com/dy/article/FQF7M6EV0543B5JG. html.
[25] 新浪军事．乌克兰企业升级 16 辆苏式坦克，还制造翻新 2000 件装备 [EB/OL]. 2018-10-17. https：//mil. news. sina. com. cn/jssd/2018-10-07/doc-ihkvrhps9062417. shtml.
[26] 搜狐：讲述军中映像．叙利亚人改造 T-72 坦克，俄罗斯人都点赞，威力巨大无坚不摧 [EB/OL]. 2019-09-02. https：//www. sohu. com/a/338059589 _ 100194368.

10 装备再制造的创新发展

武器装备再制造符合世界各国武器装备发展的战略需要，是当今世界武器装备迭代发展的大趋势。世界各军事强国在装备再制造领域倾注了大量人力、物力、财力，利用各自优势、规避劣势、各取所需，组织实施符合各自国情的武器装备再制造，形成了各具特色的武器装备再制造产业，取得了显著的军事、经济和社会效益。本书分析了外军装备再制造在装备制造与维修保障体系中的运行机制，探索了外军装备再制造领域的发展情况及创新发展模式的特点，以外军典型装备再制造为主要研究对象，在深入剖析外军装备再制造发展态势、顶层决策和质量效益的基础上，就如何推进武器装备再制造的创新发展这一问题进行深入思考。

10.1 将融熵理论思维融入装备再制造

装备再制造不同于其制造过程，要消耗额外的能量，如运输和工艺加工、技术升级等，导致了生态环境熵的增加，致使系统的熵变大于零，从熵定律和耗散理论可以得到，熵污染是生态系统失衡的一个原因，面对在再制造过程中熵污染的不断加大，势必要求我们选择有效对策尽量减轻熵污染、延缓污染进程。从战略上去引导武器装备制造业，不断创造有效能，吸收负熵流，减少正熵流，使武器装备再制造业系统不断与系统外界交换各种各样的负熵流，不断抑制系统内部的熵产生，并使整个武器装备再制造业系统的总熵处于低熵状态，以形成管理耗散结构。

一是应坚持以先进制造技术为支撑的武器装备再制造技术观。先进制造技术是装备战斗力生成的重要因素。在武器装备再制造中，通过清洗、拆解、鉴定、更换配件、组装、调整、实验和涂装、包装等工序，大量采用新材料、新工艺，发展迅速的柔性制造技术、计算机智能技术应用普遍等都是先进制造技术在武器装备建设发展中的具体应用，由过去被动地恢复性能发展到现在主动提升功能，大大提高了武器装备的可靠性。如对于易损件，采用先进的表面技术和激光技术等进行强化延长使用寿命，从而减少材料损耗。随着高新技术的发展和在再制造武器装备上的应用，材料和能源消耗将会进一步降低，对节约能源、节约材料、保护环境的贡献更大。只有发展并应用先进制造技术的军工企业，才能提升其自身的核心竞争能力，才能在激烈的市场竞争中求得生存和发展。先进制造技术使得武器装备再制造不断抑制系统内部的熵产生，从而使得装备制造业系统处于低熵。

二是应建立以绿色再制造为发展思路的武器装备再制造绿色观。新的装备制造观强调优先发展绿色科技，即优先发展对环境有益、无害或只有轻微不良影响的绿色科技，建立向环境直接或间接输入负熵的科技体系与发展机制，倡导绿色再制造。武器装备制造业的装备从设计、制造、使用与维修，直到回收再制造、再循环利用等各阶段，都必须考虑到环境的保护与改善，如具有更低的油耗、更少的三废排放、更小的噪声等，使其具有更好的环保绿色属性。

三是应发展以人装一体的武器装备再制造人文观。考虑人机环境系统工程，考虑武器装备构成特点及使用等对操作人员生理和心理的影响，并采取必要的措施，改善工作条件，提高工作效率；强化人文关怀理念，加强以提高安全性、舒适性为主的人性化设计，增加装备平台人机系统智能对话，简化操作程序，防止操作差错。不断变革、不断自我调整、更新或与外部环境进行输入输出的交换，让负熵流不断涌入，补偿系统熵增，从而提高武器装备再制造的军事效益、经济效益、环境效益，满足现代化战争对武器装备快速保障、性能可靠、柔性等多方位需求。

10.2　建立健全装备再制造法规制度体系

装备再制造涉及军队部门、国家职能部门、地方政府等多个部门，有必要设立武器装备再制造工程协调机构或组织，职能上分工协调、各司其职，以此避免装备再制造过程中多头管理职责不清。相关机构的设定能保证装备再制造战略规划的制定和落实，也有利于领导和监督再制造产业发展，能够实现对人、财、物和信息等武器装备相关社会资源的统一协调管理。在建立完善法规制度方面，主要包括：

一是要制定和完善武器装备再制造法规制度。法规制度是武器装备再制造健康发展的保障，与装备科研生产的军民一体化相衔接，深入挖掘民品企业中蕴藏的再制造武器装备保障巨大潜力，建立一种广泛根植于全社会资源及工业基础的武器装备再制造协作体系，规范武器装备再制造行业行为。

二是要确立再制造的武器装备知识产权。首先，从立法上确定武器装备的再制造、维修、升级改造的区别，再制造的新武器装备必须符合以下要求：(1) 得到武器装备专利权人（原始制造商）授权；(2) 使用装备再制造的专利工艺、特殊技术和特殊设备必须在政府专利管理部门申请专利并获得专利使用特许权，并得到有关认证或备案。

三是要完善产品质量法。强制要求各种再制造武器装备分别实现接近、达到或超过原武器装备的质量标准，不达到标准不允许流入销售市场或部队；明确实行企业质量体系认证制度和产品质量认证制度，实行追究责任制，无论原武器装备性能经过军队用户使用后降低所致或者装备再制造过程中产生的质量问题，制造军工企业应对再制造的武器装备质量负责。

10.3　营造良好的装备再制造环境

美军武器装备再制造能力体系建设较为成熟，美军会及时将各种前沿再制造技术、新材料或研制的先进部组件用于装备性能升级改造，武器装备再制造的各个关节比较畅通，再制造环境良好，这也是美军武器装备长期领先世界各国的重要因素，对于良好再制造环境的建立，除了政策制度的保障之外，还应在宣传引导、政策扶持和税收优惠等方面有所作为。

一是加强装备再制造意识宣传。政府、社会、军工企业以及军队应加强沟通配合，通过宣传、思想教育等手段提高社会、企业、军队用户对再制造装备的认识。利用电视、网络、报纸以及微博等途径平台让人们转变对再制造武器装备的认识，宣传使用再制造装备的优点，如其质量性能达到或超过原武器装备，并且在成本、资源利用、能耗、环境污染等方面都比原武器装备占优势等，让用户从心理上真正接受并认可再制造产品。

二是加大政策支持和引导力度。明确政府鼓励武器装备再制造产业投资，将武器装备再制造列入相关扶持政策体系内；引导军工企业加快技术创新成为军民融合式装备再制造技术创新体系的主体，实现武器装备再制造关键领域的重大突破。

三是给予军工再制造企业政策制度优惠。对武器装备再制造回收行业以免税政策，鼓励军工企业研发再制造新技术、新材料、新装备，减免再制造装备调试检验费用，对军工再制造企业实行税收减免和财政资金支持，对武器装备再制造中的拆解、清洗、检测等“变堵为疏”，可以借鉴美军建立若干个统一管理的武器装备回收处理中心，形成规模效益。

四是加强专业人才培养。借鉴美军的做法，对国防科技工业企业或民用企业参与装备再制造的人员实行预备役定编或“编外定编”。在战时可以征召大量再制造专业预备役人员，补充装备保障与维护队伍，使得战时急需的武器专业技术后备人员可以迅速扩大。

10.4　加强装备再制造监管

当前，装备再制造行业发展迅速，各国在授权政策上大相径庭，尤其是在武器装备再制造领域，各国相关法规制度不健全，大多采取粗放监管的方式。但武器装备质量要求高、考核标准严格，且与新制造装备又有所不同，因此，需要在再制造武器装备质量认证、技术标准和技术监管、原材料来源监管等方面的政策制度制定方面先行一步。

一是实行再制造武器装备质量认证制度。鼓励国内大型武器装备再制造生产商和相关行业协会参与制定相应领域的国际/国家标准，并力争成为世界行业标准，把握装备再制造行业发展主动权。按照产品质量法，严把再制造武器装备质量关，实行强制性再制造武器装备质量认证制度，规定再制造武器装备必须获得政府认证认可机构颁发的强制性产品认证证书，只有这样才能获准列装部队以及对外销售的权利。

二是完善技术标准和技术监管制度。完备的检验技术标准可以确保武器装备再制造质量。包括：制定各种武器装备的报废标准，制定废旧武器装备再制造的通用技术和关键技术标准，明确升级武器装备再制造的工艺流程，以及实行重大武器装备再制造技术备案制度。还应建立可用于再制造的信息网络系统，提高再制造过程的可控性和协调性，保证再制造的质量与效率，从而实现装备维修保障能力的提升。

三是完善原材料来源监管制度。保证有资质的军工企业的原材料（报废零部件）来源可靠、渠道合法以及数量稳定；完善相关再制造装备进口政策，严格废旧武器装备以及零部件的进口审批程序，避免国外旧武器装备（零部件）等“洋垃圾”打着再制造的旗号进入国内市场；建立废旧武器装备回收网络。政府重点扶持建设若干个管理手段先进、符合环保要求和产业化发展方向的军队退役报废武器装备回收加工处理中心。

10.5　促进再制造军民融合技术创新

坚定贯彻军民融合发展模式，加强军地协作，在综合考虑装备的现实和潜在作战需求的前提下，建立和完善以军队装备维修保障力量为主导，以各军工企业、再制造承办商及相关院校和科研单位为能力补充和技术支撑的装备再制造保障军民融合体系。同时制定再制造承办商责任制准则，在符合现有科研生产能力布局，满足装备生产供货的前提下由承办商承担更多装备再制造任务，以实现武器装备再制造保障高效的管理机制、经济的运作模式、合理的资源配置以及先进的再制造能力。充分发挥各保障力量生产特性及研制优势，借鉴其他国家一些观念、技术、场景应用和发展路径来完善武器装备再制造保障体系的建设。

另外，要加强再制造关键技术，如先进拆解装配、绿色高效清洗、红外无损检测、纳米表面工程、激光表面工程、增材再制造等技术的探索力度，大力推进再制造关键技术突破和创新；在实施武器装备再制造时，根据不同的再制造工艺，利用先进的制造技术，优先发展绿色科技；着眼智能再制造体系的研发和应用，将人工智能、大数据等先进技术融入现有再制造流程中，提升再制造的信息化、智能化水平。

附　　录

附录中搜集整理的资料为美国国防部于 2014—2022 年公布的再制造相关项目合同细节，包括项目合同商、项目金额、项目周期、再制造的武器装备（零部件）等内容，是对美军再制造的应用现状和趋势进行量化分析的重要数据来源，可为未来持续追踪、分析美军再制造进展提供参考。据统计，2014—2022 年，美国国防部共公布美军再制造相关合同 117 项，涉及总金额高达 200 亿美元，参与公司近 40 家，其中主要合同商为负责 AH-64“阿帕奇”武装直升机、CH-47“支奴干”运输直升机再制造的波音公司（Boeing），负责 M1“艾布拉姆斯”坦克、Stryker“斯特瑞克”战车再制造的通用动力陆地系统公司（General Dynamics Land Systems），以及负责 M109 自行火炮、M2/M3“布拉德利”战车再制造的 BAE 系统公司（BAE Systems Land & Armament）等大型军工企业。以下为按时间顺序整理的美国国防部公布的再制造合同详细内容。

2014 年美国国防部公布的美军再制造合同

Contracts For July 18, 2014

NAVY

Communications & Power Industries LLC, Palo Alto, California, is being awarded an $18,841,200 firm-fixed-price, indefinite-delivery/indefinite-quantity contract for the repair and remanufacture of AN/SLQ-32 output, driver and sidekick output traveling wave tubes (TWTs) to support the repair and refurbishment of Navy ships. The AN/SLQ-32 output, driver, and sidekick output TWTs are an integral part of the AN/SLQ-32 electronic countermeasures system and are used to amplify radiofrequency energy to defeat anti-ship missile systems. Work will be performed in Palo Alto, California, and is expected to be completed by July 2019. Fiscal 2014 working capital funds in the amount of $390,252 will be obligated at time of award and will not expire at the end of the current fiscal year. This contract was competitively procured via the Federal Business Opportunities website, with one offer received. The Naval Surface Warfare Center, Crane Division, Crane, Indiana, is the contracting activity (N00164-14-D-GR37).

https: //www. defense. gov/News/Contracts/Contract/Article/605980/

Contracts For July 23, 2014

NAVY

The Boeing Co. , Jacksonville, Florida, is being awarded a $7,695,945 firm-fixed-price, cost-plus-fixed-fee modification to a previously awarded indefinite-delivery/indefinite-quantity contract (N00019-14-D-0001) for additional fiscal 2014 depot-level service life extension/remanufacturing activities, including associated maintenance support and sustainment capabilities, in support of the F/A18 A-F aircraft. Work will be performed in St. Louis, Missouri (61 percent), and Jacksonville, Florida (39 percent), and is expected to be completed in July 2015. No funds are being obligated at time of award; funds will be obligated on individual delivery orders as they are issued. The Naval Air Systems Command, Patuxent River, Maryland, is the contracting activity.

https: //www. defense. gov/News/Contracts/Contract/Article/605983/

Contracts For July 29, 2014

AIR FORCE

L-3 Communication, San Carlos, California, has been awarded a $6,816,326 firm-fixed-price, indefinite-delivery contract for the remanufacture of F-16 Traveling Wave Tubes. Work will be performed at San Carlos, California, and is expected to be completed by Dec. 29, 2016. This award is the result of a competitive acquisition. Two companies were solicited, one offer was received. Contract will use current year working capital funds. Air Force Sustainment Center, Hill Air Force Base, Utah, is the contracting activity (FA8251-14-D-0007).

https: //www. defense. gov/News/Contracts/Contract/Article/605987/

Contracts For Sept. 15, 2014

AIR FORCE

Chromalloy Component Services Inc. , San Antonio, Texas, has been awarded an $8,149,470 task order modification (0005) to previously awarded FA8122-13-D-0006 firm-fixed-price contract for acquisition remanufacturing services to upgrade and implement Module 13/15 for F-108 engines in support of KC-135 aircraft. Work will be performed in San Antonio, Texas, and is expected to be completed by April 15, 2015. Fiscal 2014 consolidated sustainment activity group-supply division funds in the amount of $8, 149, 470 are being obligated at the time of award. The Air Force Sustainment Center, Tinker Air Force Base, Oklahoma, is the contracting activity.

https://www.defense.gov/News/Contracts/Contract/Article/606020/

Contracts For Sept. 19, 2014

NAVY

The Boeing Co., Jacksonville, Florida, is being awarded an $8,793,486 firm-fixed-price, cost-plus-fixed-fee modification to a previously awarded indefinite-delivery/indefinite-quantity contract (N00019-14-D-0001) to exercise an option for depot-level service life extension and remanufacturing activities, including associated maintenance support and sustainment capabilities, in support of the F/A-18E/F aircraft. Work will be performed in Jacksonville, Florida (92 percent), and St. Louis, Missouri, (8 percent), and is expected to be completed in September 2015. No funds are being obligated at time of award; funds will be obligated on individual delivery orders as they are issued. The Naval Air Systems Command, Patuxent River, Maryland, is the contracting activity.

https://www.defense.gov/News/Contracts/Contract/Article/606024/

Contracts For Nov. 4, 2014

NAVY

The Boeing Co., Jacksonville, Florida, is being awarded a $25,313,512 modification to a previously awarded indefinite-delivery/indefinite-quantity contract (N00019-14-D-0001) for depot-level service life extension and remanufacturing activities, including associated maintenance support and sustainment capabilities, for the F/A-18A-D aircraft. Work will be performed in Jacksonville, Florida (91.7 percent), and St. Louis, Missouri (8.3 percent), and is expected to be completed in September 2015. No funds are being obligated at time of award; funds will be obligated on individual delivery orders as they are issued. The Naval Air Systems Command, Patuxent River, Maryland, is the contracting activity.

https://www.defense.gov/News/Contracts/Contract/Article/606721/

Contracts For Nov. 4, 2014

NAVY

The Boeing Co., Jacksonville, Florida, is being awarded a $25,313,512 modification to a previously awarded indefinite-delivery/indefinite-quantity contract (N00019-14-D-

0001) for depot-level service life extension and remanufacturing activities, including associated maintenance support and sustainment capabilities, for the F/A-18A-D aircraft. Work will be performed in Jacksonville, Florida (91.7 percent), and St. Louis, Missouri (8.3 percent), and is expected to be completed in September 2015. No funds are being obligated at time of award; funds will be obligated on individual delivery orders as they are issued. The Naval Air Systems Command, Patuxent River, Maryland, is the contracting activity.

https://www.defense.gov/News/Contracts/Contract/Article/606721/

Contracts For Nov. 24, 2014

AIR FORCE

Chromalloy Component Services Inc., San Antonio, Texas, has been awarded a $29,145,000 firm-fixed-price, indefinite-delivery/indefinite-quantity contract for remanufacture of F108 low pressure turbine assembly module 13/15. Contractor will remanufacture the F108 LPTAM 13/15 in support of the KC-135 aircraft. Work will be performed at San Antonio, Texas, and is expected to be completed by Nov. 23, 2015. This award is the result of a competitive acquisition, with two offers received. No funds are being obligated at the time of award. Air Force Sustainment Center/PZAAB, Tinker Air Force Base, Oklahoma, is the contracting activity (FA8122-15-D-0001).

https://www.defense.gov/News/Contracts/Contract/Article/606734/

Contracts For Dec. 18, 2014

NAVY

Lockheed Martin Corp. Missiles and Fire Control, Orlando, Florida, is being awarded $43,400,000 firm-fixed-price contract for procurement of 14 AN/AAQ-30 target sight systems (TSS) and data to be integrated into U.S. Marine Corps Cobra attack helicopters. This integration is part of the U.S. Marine Corps H-1 upgrades program for the remanufacture of legacy aircraft with state of the art designs incorporated into the existing fleet of AH-1W's, converting them to AH-1Z. The AN/AAQ-30 TSS provides target identification and tracking, passive targeting for integrated weapons, including Hellfire missiles, and a laser designation capability supporting friendly laser-guided weapons. Work will be performed in Orlando, Florida (80 percent), and Ocala, Florida (20 percent), and is expected to be completed by November 2017. Fiscal 2015 aircraft procurement (Navy) contract funds in the amount of $43,400,000 will be obligated at the time of award and will not expire at the end of the current fiscal year. The contract was not competitively procured and was issued on a sole source basis in accordance with 10 U. S. C. 2304 （c） （1）, as implemented by FAR 6. 302-1- only one responsible source and no other supplies or services will satisfy agency requirements. Naval Surface Warfare Center, Crane, Indiana, is the contracting activity（N00164-15-C-JQ29）.

https：//www. defense. gov/News/Contracts/Contract/Article/606751/

2015 年美国国防部公布的美军再制造合同

Contracts For Jan. 30, 2015

ARMY

Melton Sales & Service, Bordentown, New Jersey, was awarded a $6,577,634 modification（P00005）to contract W911N2-12-D-0011 to remanufacture the engine and power train components of route clearance vehicles. Funding and work location will be determined with each order with an estimated completion date of Jan. 29, 2016. Army Contracting Command, Letterkenny Army Depot, Pennsylvania, is the contracting activity.

https：//www. defense. gov/News/Contracts/Contract/Article/606778/

Contracts For Feb. 13, 2015

AIR FORCE

United Technologies Corp. doing business as Pratt & Whitney, East Hartford, Connecticut, has been awarded an estimated $16, 663, 785 for the second option to previously awarded requirements for firm-fixed-price contract FA8121-10-D-0008. Contractor will provide remanufacture of FI00-PW-I 00/200/220/220E/229 engine modules. Work will be performed at Columbus, Georgia, and is expected to be complete by April 22, 2015. This contract is 100 percent foreign military sales for Chile, Egypt, Jordan, Thailand, Taiwan, Greece and Indonesia. This award is the result of a sole source acquisition and one offer was received. Air Force Space Command, Tinker Air Force Base, Oklahoma, is the contracting activity.

https：//www. defense. gov/News/Contracts/Contract/Article/606788/

Contracts For March 13, 2015

ARMY

Boeing Co., Ridley Park, Pennsylvania, was awarded a $713,896,061 modification

(P00019) to contract W58RGZ-13-C-0002 for 26 remanufactured CH-47F helicopters, four new CH-47s, and the option of building two more CH-47s, and provides for over and above appropriated funding and obligates long lead funding for Production Lot 14. Fiscal 2015 other procurement funds in the amount of $713,896,061 were obligated at the time of the award. Estimated completion date is Dec. 31, 2020. Work will be performed at Ridley Park, Pennsylvania. Army Contracting Command, Redstone Arsenal, Alabama, is the contracting activity.

https://www.defense.gov/News/Contracts/Contract/Article/606805/

Contracts For March 26, 2015

ARMY

General Dynamics Land Systems Inc., Sterling Heights, Michigan, was awarded a $9,018,094 modification (P00021) to contract W56HZV-14-C-B019 to upgrade Stryker flat bottom vehicles to the Double V hull engineering change proposal configuration. Fiscal 2015 research, development, testing and evaluation funds in the amount of $9,018,094 were obligated at the time of the award. Estimated completion date is Nov. 26,2018. Work will be performed in Sterling Heights, Michigan. Army Contracting Command, Warren, Michigan, is the contracting activity.

https://www.defense.gov/News/Contracts/Contract/Article/606814/

Contracts For April 17, 2015

AIR FORCE

Moog Inc., East Aurora, New York, has been awarded an estimated $9,825,365 firm-fixed-price, indefinite-delivery/indefinite-quantity contract for B1-B aircraft support. Contractor will provide for the remanufacture and modification of B-1B servo-cylinders. The spoiler, lower rudder and master pitch/roll servo-cylinders are a part of the B-1B's primary flight control system providing rudder and pitch and roll commands to the aircraft. Remanufacture and modification of the spoiler, lower rudder and master pitch/roll servo-cylinders will ensure serviceable assets are available to support the B-1 weapon system. Work will be performed at East Aurora, New York, and is expected to be complete by April 30, 2020. This award is the result of a competitive acquisition with two offers received. Fiscal 2015 Consolidated Sustainment Activity Group funds in the amount of $572,992 are being obligated at the time of award for delivery order 0001. Air Force Sustainment Center, Tinker Air Force Base, Oklahoma, is the contracting activity (FA8118-15-D-0020).

https: //www. defense. gov/News/Contracts/Contract/Article/606830/

Contracts For May 26, 2015

AIR FORCE

Chromalloy Southwest, Calexico, California, has been awarded an estimated $8,629,810 indefinite-delivery/indefinite-quantity contract for remanufacture of the TF33 first-stage turbine nozzle vanes. Contractor will provide all required labor, facilities, equipment, and material to accomplish the remanufacture or condemnation, test packing, preservation, packing, and return to the government in a completely serviceable condition, of the TF33 first-stage turbine nozzle vanes. Work will be performed at Calexico, California, and Mexicali, Mexico, and is expected to be complete by May 25, 2016. This award is the result of a competitive acquisition with two offers received. No funds are being obligated at the time of award. Oklahoma City Air Logistics Center, Tinker Air Force Base, Oklahoma, is the contracting activity (FA8121-15-D-0004).

https: //www. defense. gov/News/Contracts/Contract/Article/606856/

Contracts For June 3, 2015

AIR FORCE

United Technologies Corp. , doing business as Pratt & Whitney, East Hartford, Connecticut, has been awarded a $63,668,414 modification to exercise an option on previously awarded contract FA8121-10-D-0008. Contractor will provide remanufacture of F100-PW-100/200/220/220E/229 engine modules. Work will be performed at Columbus, Georgia, and is expected to be complete by April 22, 2016. This contract is 100 percent foreign military sales for Chile, Egypt, Jordan, Thailand, Taiwan, Greece and Indonesia. This award is the result of a sole-source acquisition. Air Force Space Command, Tinker Air Force Base, Oklahoma, is the contracting activity (FA8121-10-D-0008).

https: //www. defense. gov/News/Contracts/Contract/Article/606862/

Contracts For June 24, 2015

AIR FORCE

United Technologies Corp. , doing business as Pratt & Whitney Aftermarket, Oklahoma City, Oklahoma, has been awardeda $13,470,145 requirements, firm-fixed-price modification to exercise the third option on previously awarded contract

FA8121-12-D-0006. Contractor will provide remanufacture of sixth-13th stage stators and fourth and fifth outer shrouds on F100-PW-100/220 engines. Work will be performed at North Berwick, Maine, and is expected to be complete by Nov. 15,2015. This contract involves foreign military sales. This award is the result of a sole-source acquisition. Oklahoma City Air Logistics Center, Tinker Air Force Base, Oklahoma, is the contracting activity.

https://www.defense.gov/News/Contracts/Contract/Article/606877/

Contracts For Sept. 21, 2015

AIR FORCE

United Technologies Corp., doing business as Pratt & Whitney Aftermarket, Oklahoma City, Oklahoma, has been awarded a $13,470,145 requirements, firm-fixed-price modification to exercise the third option on previously awarded contract FA8121-12-D-0006. Contractor will provide remanufacture of sixth-13th stage stators and fourth and fifth outer shrouds on F100-PW-100/220 engines. Work will be performed at North Berwick, Maine, and is expected to be complete by Nov. 15, 2015. This contract involves foreign military sales. This award is the result of a sole-source acquisition. Oklahoma City Air Logistics Center, Tinker Air Force Base, Oklahoma, is the contracting activity.

https://www.defense.gov/News/Contracts/Contract/Article/606877/

Contracts For Sept. 21, 2015

AIR FORCE

Moog Inc., East Aurora, New York, has been awarded a $29,996,640 firm-fixed-price, indefinite-delivery/indefinite-quantity contract for B-1B aircraft support. Contractor will provide for the remanufacture and modification of B-1B horizontal stabilizer servo-cylinders. The horizontal stabilizer servo-cylinders are a part of the B-1B's primary flight control system providing pitch and roll commands to the aircraft. Remanufacture/modification of the horizontal stabilizer servo-cylinders will ensure serviceable assets are available to support the B-1 weapon system. Work will be performed at East Aurora, New York, and is expected to be complete by Sept. 30,2020. This award is the result of a competitive acquisition with one offer received. Fiscal 2015 consolidated sustainment activity group funds in the amount of $548,556 are being obligated at the time of award. The Air Force Sustainment Center, Tinker Air Force Base, Oklahoma, is the contracting activity (FA8118-15-D-0052).

https: //www. defense. gov/News/Contracts/Contract/Article/618034/

Contracts For Sept. 24, 2015

NAVY

The Boeing Co. , Jacksonville, Florida, is being awarded a $17,841,838 modification to a previously awarded indefinite-delivery/indefinite-quantity contract (N00019-14-D-0001) to exercise an option for depot-level service life extension and remanufacturing activities, including associated maintenance support and sustainment capabilities, for the F/A-18 and EA-18G aircraft. Work will be performed in Jacksonville, Florida (92 percent); and St. Louis, Missouri (8 percent), and is expected to be completed in September 2016. No funds are being obligated at time of award; funds will be obligated on individual delivery orders as they are issued. The Naval Air Systems Command, Patuxent River, Maryland, is the contracting activity.

https: //www. defense. gov/News/Contracts/Contract/Article/620435/

Contracts For Sept. 30, 2015

AIR FORCE

United Technologies Corp. , doing business as Pratt & Whitney Military Aftermarket, Oklahoma City, Oklahoma, has been awarded a not-to-exceed $11,347,140 indefinite-delivery/indefinite-quantity, firm-fixed-price contract for remanufacture of F100-PW-100/200/220/220E/229 engine rear turbine case. Work will be performed at Springdale, Arkansas, and is expected to be complete by Sept. 29, 2020. This award is the result of a competitive acquisition with three offers received. No funds are being obligated at the time of award. Air Force Sustainment Center, Tinker Air Force Base, Oklahoma, is the contracting activity (FA8121-15-D-0024).

https: //www. defense. gov/News/Contracts/Contract/Article/621281/

Contracts For Oct. 16, 2015

NAVY

Lockheed Martin Corp. , Missiles and Fire Control, Orlando, Florida, is being awarded a $9,638,771 cost-plus-fixed-fee modification to previously awarded basic order agreement N00164-11-G-JQ97-0015 for the procurement of the turret electronic unit (TEU) versatile performance switching production requirements, including test equipment station development and validation; circuit card assembly manufacture; test requirement document production; and engineering drawing consolidation, review and release. The TEU is a component of the Target Sight System (TSS) that is integrated into the Marine Corps AH-1Z Cobra attack helicopter. The TSS provides target identification and tracking, passive targeting for integrated weapons, including Hellfire missiles, and a laser-designation capability supporting friendly laser-guided weapons. The TSS integration into AH-1Z Cobra attack helicopters is part of the Marine Corps H-1 upgrades program for the remanufacture of legacy aircraft with state of the art designs incorporated into the existing fleet of AH-1Ws, converting them to AH-1Zs. Work will be performed in Orlando, Florida (94 percent); and Ocala, Florida (six percent), and is expected to be completed by June 2017. Fiscal 2014 and 2015 aircraft procurement (Navy) funding in the amount of $9,638,771 will be obligated at time of award and will not expire at the end of the current fiscal year. The Naval Surface Warfare Center, Crane, Indiana, is the contracting activity.

https://www.defense.gov/News/Contracts/Contract/Article/624632/

Contracts For Dec. 1, 2015

ARMY

VSE Corp., Alexandria, Virginia, was awarded $23,035,808 for remanufacturing M9115A3 trucks, with an estimated completion date of Dec. 1, 2016. Bids were solicited via the Internet with two received. Funding and work location will be determined with each order. Army Contracting Command, Warren, Michigan, is the contracting activity (W56HZV-16-D-0022).

https://www.defense.gov/News/Contracts/Contract/Article/632028/

Contracts For Dec. 7, 2015

AIR FORCE

Canadian Commercial Corp., Ottawa, Ontario, Canada, has been awarded a $147,000,000 firm-fixed-price, indefinite-delivery/indefinite-quantity contract for the Landing Gear Remanufacture 3 (LGR3) program. Contractor will remanufacture landing gear required to return "F condition" assets to "A condition" in support of the KC-135, C-130, and E-3 platforms. Work will be performed at Longueuil, Canada, and is expected to be complete by Jan. 1, 2021. This award is the result of a competitive acquisition with one offer received. Fiscal 2016 working capital funds in the amount of $113,478 are being obligated at the time of award. Air Force Sustainment Center, Hill Air Force Base, Utah, is the contracting activity (FA8203-16-D-0001).

https://www.defense.gov/News/Contracts/Contract/Article/633246/

Contracts For Dec. 22, 2015

ARMY

HPLogIT Management, LLC, Texarkana, Texas was awarded a $20,931,300 firm-fixed-price contract with options for complete remanufacture of MRAP transparent armor. Bids were solicited via the internet with four received. Work will be performed at the Red River Army Depot, Texas with an estimated completion date of Sept. 30, 2016. Fiscal 2016 other procurement funds in the amount of $20,931,300 were obligated at the time of the award. Army Contracting Command Warren, Michigan is the contracting activity (W56HZV-16-C-0039).

https: //www. defense. gov/News/Contracts/Contract/Article/637797/

2016年美国国防部公布的美军再制造合同

Contracts For Jan. 27, 2016

NAVY

The Boeing Co. , St. Louis, Missouri, was awarded a $7,236,020 cost-plus-fixed-fee contract for research and development efforts required to demonstrate the integration of the tactical data link, LINK16, including other required avionics changes to accommodate the data link into the radar-production and radar-remanufacture in support of the AV-8B aircraft. Work will be performed in St. Louis, Missouri, and is expected to be completed in June 2017. Fiscal 2016 research, development, test and evaluation (Navy) funds in the amount of $2,887,705 are being obligated at the time of award, none of which will expire at the end of the current fiscal year. This contract was not competitively procured pursuant to 10 U. S. Code 2304 (c) (1) . The Naval Air Warfare Center Weapons Division, China Lake, California, is the contracting activity (N68936-16-C-0001). (Awarded on Jan. 22, 2016)

https: //www. defense. gov/News/Contracts/Contract/Article/645117/

Contracts For April 7, 2016

ARMY

Boeing Co. , Mesa, Arizona, was awarded a $922,628,257 modification (PZ0011) to contract W58RGZ-14-C-0018 for 117 AH-64E remanufactured Apache helicopters. Work will be performed in Mesa, Arizona, with an estimated completion date of May 31, 2018. Fiscal 2015 and 2016 other procurement (Army) funds in the amount of $922,628,257 were obligated at the time of the award. Army Contracting Command, Redstone Arsenal, Alabama, is the contracting activity.

https://www.defense.gov/News/Contracts/Contract/Article/715828/

Contracts For May 31, 2016

NAVY

Raytheon Intelligence, Information and Services, Dulles, Virginia, is being awarded an estimated $49,998,096 one-year fixed unit price contract for the Marine Corps' Logistics Integration Support (LIS) program. The LIS program is a Marine Corps Logistics Command managed program which uses a single source to manage the remanufacture, overhaul or repair or tear down and evaluation, with consistent turn-around times, of the Ground Equipment Secondary Reparable LIS items. This contract includes four 12-month option periods, which, if exercised, could bring the cumulative value of this contract to $249,990,480. Work will be performed in Albany, Georgia (50 percent); Camp Pendleton, California (21 percent); Camp Lejeune, North Carolina (12 percent); Barstow, California (11 percent); Okinawa, Japan (5 percent); and Kaneohe Bay, Hawaii (1 percent). Work is expected to be completed May 2017. If all options are exercised, work will continue through May 2021. Fiscal 2016 operation and maintenance; and working capital funds (Navy) in the amount of $6,299,000 will be obligated at the time of award and will expire at the end of the current fiscal year. This contract was competitively procured via solicitation on the Federal Business Opportunity website, with two proposals received. The Marine Corps Logistics Command, Albany, Georgia, is the contracting activity (M67004-16-C-0005).

https://www.defense.gov/News/Contracts/Contract/Article/785080/

Contracts For June 24, 2016

AIR FORCE

General Electric Engine Services Inc., Cincinnati, Ohio, has been awarded an estimated $59,812,570 firm-fixed-price contract for remanufacture of 18 F108 engines. Work will be performed at Arkansas City, Kansas, and is expected to be complete by June 30, 2017. This award is the result of a sole-source acquisition. Fiscal 2016 operations and maintenance funds in the amount of $9,968,762 are being obligated at the time of award. Air Force Life Cycle Management Center, Tinker Air Force Base, Oklahoma, is the contracting activity (FA8124-16-C-0005).

https：//www. defense. gov/News/Contracts/Contract/Article/812170/

Contracts For June 27，2016

AIR FORCE

United Technologies Corp.，Oklahoma City，Oklahoma，has been awarded a $41,452,945 requirements indefinite-delivery contract for F-100 engine work. Contractor will provide remanufacture of F-100-PW-220/229 rear compressor stators and F100-PW-229 compressor stators，duct segments and variable vanes. Work will be performed at Oklahoma City，Oklahoma，and is expected to be complete by July 27，2018. This contract involves foreign military sales. This award is the result of a sole-source acquisition. No funds are being obligated at the time of award. Air Force Sustainment Center，Tinker Air Force Base，Oklahoma，is the contracting activity（FA8121-16-D-0014）.

https：//www. defense. gov/News/Contracts/Contract/Article/873473/

Contracts For Sept. 2，2016

AIR FORCE

Chromalloy San Diego Corp.，San Diego，California，has been awarded an estimated $11,641,758 firm-fixed-price requirements contract for remanufacturing of the F108 Stage 1 low-pressure turbine nozzle segments. Work will be performed at Mexicalli，Mexico，and is expected to be complete by Sept. 1，2021. This award is the result of a competitive acquisition with two offers received. No funds are being obligated at the time of award. Air Force Sustainment Center，Tinker Air Force Base，Oklahoma，is the contracting activity（FA8122-16-D-0002）.

https：//www. defense. gov/News/Contracts/Contract/Article/934439/

Contracts For Oct. 7，2016

ARMY

General Dynamics Land Systems Inc.，Sterling Heights，Michigan，was awarded a $508,709,732 firm-fixed-price contract for the upgrade of an estimated 215 Stryker flat bottom vehicles to the double-V hull engineering change proposal one configuration. The upgrades will restore mobility and ensure Stryker vehicles are able to accept future Army network components. Bids were solicited via the Internet with one received. Work locations and funding will be determined with each order，with an estimated completion date of April 30，2019. Army Contracting Command，Warren，

Michigan, is the contracting activity (W56HZV-17-D-B020).

https://www.defense.gov/News/Contracts/Contract/Article/968629/

Contracts For Nov. 10, 2016

AIR FORCE

Chromalloy Component Services Inc., San Antonio, Texas, has been awarded a $13,920,000 firm-fixed-price delivery order (FA8122-17-F-0010) under previously awarded contract FA8122-15-D-001 for F-108 Module 13 and 15. This contract provides for the remanufacture of the F108 Low Pressure Turbine Assembly for Module 13 and 15. The location of performance is San Antonio, Texas. The work is expected to be completed by June 28, 2017. This award is the result of a sole-source acquisition. Fiscal 2017 Department of Defense working capital funds in the amount of $13,920,000 are being obligated at time of award. Air Force Sustainment Center, Tinker Air Force Base, Oklahoma, is the contracting activity.

https://www.defense.gov/News/Contracts/Contract/Article/1001938/

2017年美国国防部公布的美军再制造合同

Contracts For Jan. 17, 2017

DEFENSE LOGISTICS AGENCY

General Electric Co., Cincinnati, Ohio, has been awarded a $98,133,439 firm-fixed-price delivery order (SPRTA1-17-F-0144) against an existing contract (SPE4AX-16-D-9408) to remanufacture F110 engines. This was a sole-source acquisition using justification 10 U.S. Code 2304 (c)(1). Locations of performance are Ohio and Kansas, with an Oct. 30, 2018, performance completion date. Using military service is Air Force. Type of appropriation is fiscal 2017 defense working capital funds. The contracting activity is the Defense Logistics Agency Aviation, Tinker Air Force Base, Oklahoma.

https://www.defense.gov/News/Contracts/Contract/Article/1051724/

Contracts For Feb. 23, 2017

AIR FORCE

Moog Inc., doing business as Moog, Elma, New York, has been awarded a $7,691,865 firm-fixed-price and indefinite-delivery/indefinite-quantity contract for F-15 sustainment. Contractor will remanufacture up to 285, but not less than 50, F-15 rudder actuators. Work will be performed at Elma, New York, and is expected to be complete by Feb. 22, 2022. This award is the result of a competitive acquisition with two offers received. Fiscal 2017 defense working capital funds in the amount of $1,349,150 are being obligated on the first delivery order at the time of award. Air Force Sustainment Center, Tinker Air Force Base, Oklahoma, is the contracting activity (FA8118-17-D-0017).

https://www.defense.gov/News/Contracts/Contract/Article/1093270/

Contracts For Feb. 23, 2017

AIR FORCE

Moog Inc., doing business as Moog, Elma, New York, has been awarded a $7,691,865 firm-fixed-price and indefinite-delivery/indefinite-quantity contract for F-15 sustainment. Contractor will remanufacture up to 285, but not less than 50, F-15 rudder actuators. Work will be performed at Elma, New York, and is expected to be complete by Feb. 22, 2022. This award is the result of a competitive acquisition with two offers received. Fiscal 2017 defense working capital funds in the amount of $1,349,150 are being obligated on the first delivery order at the time of award. Air Force Sustainment Center, Tinker Air Force Base, Oklahoma, is the contracting activity (FA8118-17-D-0017).

https://www.defense.gov/News/Contracts/Contract/Article/1093270/

Contracts For March 15, 2017

ARMY

The Boeing Co., Mesa, Arizona, was awarded a $3,276,522,609 modification (PZ0002) to foreign military sales (Saudi Arabia) contract W58RGZ-16-C-0023 for Apache attack helicopter multi-year lots 7-11, AH-64E full-rate production of remanufactured aircraft and new build aircraft, remanufacture and new build Longbow crew trainers, peculiar ground support equipment, initial spares, integrated logistics support, and engineering technical services. Work will be performed in Mesa, Arizona, with an estimated completion date of June 30, 2022. Fiscal 2010, 2017, 2018, 2019, 2020, and 2021 other procurement (Army) funds in the amount of $3,276,522,609 were obligated at the time of the award. U. S. Army Contracting Command, Redstone Arsenal, Alabama, is the contracting activity.

https://www.defense.gov/News/Contracts/Contract/Article/1119812/

Contracts For March 24, 2017

ARMY

AAR Supply Chain Inc., Wood Dale, Illinois, has been awarded a $909,394,297 firm-fixed-price with economic price adjustment requirements contract for the Landing Gear Performance Based Logistics One program. Contractor will provide total supply chain management including purchasing, remanufacturing, distribution and inventory control to support all Air Force depot and field-level, foreign military sales, other services, and contractor requisitions received for all C-130, KC-135 and E-3 landing gear parts. Work will be performed at Wood Dale, Illinois; Miami, Florida; and Ogden, Utah, and is expected to be complete by March 31, 2032. This award is the result of a competitive acquisition with two offers received. No funds are being obligated at the time of award. Air Force Sustainment Center, Hill Air Force Base, Utah, is the contracting activity (FA8203-17-D-1226).

https://www.defense.gov/News/Contracts/Contract/Article/1129895/

Contracts For March 29, 2017

AIR FORCE

Pratt & Whitney, Military Engines, East Hartford, Connecticut, has been awarded an $8,156,606 modification (P00026) to previously awarded contract FA8124-13-C-0009 for the remanufacturing of the F100 engine for the Indonesian Air Force. Work will predominantly be performed at Columbus, Georgia, and is expected to be complete by April 15, 2018. This contract is 100 percent foreign military sales to Indonesia. Air Force Life Cycle Management Center, Tinker Air Force Base, Oklahoma, is the contracting activity.

https://www.defense.gov/News/Contracts/Contract/Article/1134313/

Contracts For March 31, 2017

ARMY

BAE Systems Land and Armaments LP, York, Pennsylvania, was awarded a $133,598,844 firm-fixed-price contract for early procurement material to support M109A7/M992A3 vehicle production. Bids were solicited via the Internet with one received. Work will be performed in York, Pennsylvania, with an estimated completion date of July 31, 2018. Fiscal 2017 other procurement (Army) funds in the amount of $44,232,677 were obligated at the time of the award. U.S. Army Contracting Command, Warren, Michigan, is the contracting activity (W56HZV-17-C-0001).

https://www.defense.gov/News/Contracts/Contract/Article/1137448/

Contracts For April 27, 2017

AIR FORCE

Chromalloy Component Services Inc., San Antonio, Texas, has been awarded a $14,163,840 delivery order (FA8122-17-F-0051) to previously awarded contract FA8122-15-D-0001 for F-108 Module 13 and 15. Contractor will remanufacture F108 Low Pressure Turbine Assemblies. Work will be performed at San Antonio, Texas, and is expected to be complete by Oct. 31, 2017. Fiscal 2017 Department of Defense working capital funds in the amount of $14,163,840 are being obligated at the time of award. Air Force Sustainment Center, Tinker Air Force Base, Oklahoma, is the contracting activity.

https://www.defense.gov/News/Contracts/Contract/Article/1165420/

Contracts For May 11, 2017

ARMY

The Boeing Co., Mesa, Arizona, was awarded a $488,076,762 modification (P00007) to foreign military sales (United Kingdom) contract W58RGZ-16-C-0023 for the remanufacture of 38 AH-64 Apache aircraft, and to procure three Longbow crew trainers and associated spares. Work will be performed in Mesa, Arizona, with an estimated completion date of May 31, 2024. Fiscal 2010 other funds in the amount of $488,076,762 were obligated at the time of the award. U. S. Army Contracting Command, Redstone Arsenal, Alabama, is the contracting activity.

https://www.defense.gov/News/Contracts/Contract/Article/1180256/

Contracts For July 19, 2017

AIR FORCE

Moog Inc., Elma, New York, has been awarded an $18,089,390 indefinite-delivery/indefinite-quantity contract for remanufacture/modification of B-1B servocylinder over a five-year ordering period. Contractor will provide remanufacture of three different servocylinders. Work will be performed in Elma, New York, and is expected to be complete by July 2022. This award is the result of a competitive acquisition. Fiscal 2017 funds in the amount of $5,751,674 are being obligated at time of award. Air Force Sustainment Center, Tinker Air Force Base, Oklahoma, is the contracting activity (FA8118-17-D-0031).

https: //www. defense. gov/News/Contracts/Contract/Article/1252558/

Contracts For July 31, 2017

ARMY

General Dynamics Land Systems, Sterling Heights, Michigan, has been awarded a $270, 165, 431 fixed-price-incentive contract for to install and integrate the SEPv2 legacy unique components resulting in 45 M1A2 SEPv3 Abrams Main Battle tanks; procure, stock and store 60 sets of SEPv2 legacy and SEPv3 unique components; procure Integrated Product Support requirements of Lisa, special tooling and test equipment, and the systems support package. One bid was solicited and one bid received. Work will be performed in Lima, Ohio; Scranton, Pennsylvania; Anniston, Alabama; and Tallahassee, Florida; with an estimated completion date of August 31,2019. Fiscal 2017 Other funds in the amount of $270,165,431 were obligated at the time of the award. U. S. Army Contracting Command, Warren, Michigan, is the contracting activity (W56HZV-17-C-0108).

https: //www. defense. gov/News/Contracts/Contract/Article/1262973/

AIR FORCE

Chromalloy Component Services Inc., San Antonio, Texas, has been awarded a $7,669,138 firm-fixed-price contract with two option periods for F108 Module 13/15. This contract provides for the remanufacture of the F108 low pressure turbine assembly. Work will be performed at San Antonio, Texas, and is expected to be completed by July 31,2020. This contract is the result of competitive acquisition. Funds in the amount of $385, 255 are being obligated at the time of award. Air Force Sustainment Center, Tinker Air Force Base, Oklahoma, is the contracting activity (FA8122-17-D-0008).

Contracts For Aug. 25, 2017

ARMY

General Dynamics Land Systems Inc., Sterling Heights, Michigan, has been awarded a $310,582,092 cost-plus-incentive-fee contract for the design, development and integration of multiple engineering changes into the Abrams M1A2 System Enhancement Package Version 3. One bid was solicited and one bid was received. Work will be performed in Sterling Heights, Michigan; Lima, Ohio; Scranton, Pennsylvania; and Tallahassee, Florida, with an estimated completion date of Feb. 28, 2024. Fiscal

2017 research, development, test and evaluation funds in the amount of $12,500,000 were obligated at the time of the award. U. S. Army Contracting Command, Warren, Michigan, is the contracting activity (W56HZV-17-C-0188).

https: //www. defense. gov/News/Contracts/Contract/Article/1290800/

Contracts For Sept. 19, 2017

ARMY

BAE Systems Land and Armaments LP, York, Pennsylvania, was awarded a $52,234,658 modification (P00001) to contract W56HZV-17-C-0001 to add additional parts and funding. Work will be performed in York, Pennsylvania, with an estimated completion date of July 18,2018. Fiscal 2017 other procurement (Army) funds in the amount of $26,150,323 were obligated at the time of the award. U. S. Army Contracting Command, Warren, Michigan, is the contracting activity.

https: //www. defense. gov/News/Contracts/Contract/Article/1316834/

Contracts For Nov. 1, 2017

ARMY

General Dynamics Land Systems, Sterling Heights, Michigan, has been awarded a $7,813,369 modification (P00002) to contract W56HZV-17-C-0108 for installation of system enhancement package version 3 on 60 M1A2 tanks. Work will be performed in Lima, Ohio; Scranton, Pennsylvania; Anniston, Alabama; and Tallahassee, Florida, with an estimated completion date of Aug. 31, 2019. Fiscal 2018 operations and maintenance (Army) funds in the amount of $7,813,369 were obligated at the time of the award. U. S. Army Contracting Command, Warren, Michigan, is the contracting activity.

https: //www. defense. gov/News/Contracts/Contract/Article/1360336/

Contracts For Nov. 3, 2017

AIR FORCE

Parker Hannifin, Irvine, California, has been awarded an $8,458,973 indefinite-delivery, requirements contract for remanufacture of KC-135 Servo-cylinder. Work will be performed in Irvine, California, with an expected completion date of Oct. 11, 2020. This contract was a competitive acquisition, and two offers were received. Air Force Sustainment Center, Tinker Air Force Base, Oklahoma, is the contracting activity (FA8118-18-D-0008).

https: //www. defense. gov/News/Contracts/Contract/Article/1363076/

Contracts For Dec. 12, 2017

AIR FORCE

Centurum Information Technology Inc., Marlton, New Jersey, is being awarded a $54,306,493 cost-plus-fixed-fee contract to provide depot level repair and restoration support to include fabrication, manufacturing, re-manufacturing, restoration, repair, overhaul, and calibration of electro-mechanical and mechanical units both on ground and airborne; assemblies, subassemblies, and test equipment; and worldwide technical support to the fleet, shore facilities and government agencies. This three-year contract includes two, 12-month option periods which, if exercised, would bring the cumulative value of this contract to an estimated $90,699,373. Work will be performed in San Diego, California, and is expected to be completed Dec. 11, 2020. If options are exercised, work will continue through Dec. 11, 2022.

https: //www. defense. gov/News/Contracts/Contract/Article/1394889/

Contracts For Dec. 15, 2017

ARMY

General Dynamics Land Systems, Sterling Heights, Michigan, was awarded a $50,657,382 modification (P00003) to contract W56HZV-17-C-0108 to upgrade 60 M1A2 SEPv3 tanks. Work will be performed in Lima, Ohio; Scranton, Pennsylvania; Anniston, Alabama; and Tallahassee, Florida; with an estimated completion date of Aug. 31, 2019. Fiscal 2018 other procurement (Army) funds in the amount of $50,657,382 were obligated at the time of the award. U. S. Army Contracting Command, Warren, Michigan, is the contracting activity.

https: //www. defense. gov/News/Contracts/Contract/Article/1398382/

Contracts For Dec. 21, 2017

ARMY

General Dynamics Land Systems Inc., Sterling Heights, Michigan, was awarded a $2,628,902,518 fixed-price-incentive contract for the upgrade of up to 786 M1A1 configured Abrams vehicles to newly configured M1A2 System Enhancement Package Version 3, and to upgrade M1A1 vehicles to M1A12S and M1A2-K vehicles. Bids were solicited via the Internet with one received. Work locations and funding will be determined with each order, with an estimated completion date of Dec. 21,

2020. U. S. Army Contracting Command, Warren, Michigan, is the contracting activity (W56HZV-18-D-0012).

BAE Systems Land and Armaments LP, York, Pennsylvania, was awarded a $227,855,028 modification (PZ0002) to contract W56HZV-17-C-0001 for the production of up to 228 sets of M109A7 and M992A3 vehicles. Work will be performed in York, Pennsylvania, with an estimated completion date of Nov. 30, 2022. Fiscal 2017 other procurement (Army) funds in the amount of $227,855,028 were obligated at the time of the award. U. S. Army Contracting Command, Warren, Michigan, is the contracting activity.

https://www.defense.gov/News/Contracts/Contract/Article/1402841/

2018 年美国国防部公布的美军再制造合同

Contracts For Jan. 5, 2018

ARMY

Cummins Inc., Columbus, Indiana, has been awarded a $257,631,721 firm-fixed-price contract for procurement of new commercial, remanufactured and remanufactured conversion V903 Cummins series 600 and 675 horsepower diesel engines in support of multiple systems. Bids were solicited via the Internet with one received. Work locations and funding will be determined with each order, with an estimated completion date of June 30, 2023. U. S. Army Contracting Command, Warren, Michigan, is the contracting activity (W56HZV-18-D-0024).

https://www.defense.gov/News/Contracts/Contract/Article/1409263/

Contracts For Jan. 31, 2018

ARMY

BAE Systems Land & Armaments L. P., York, Pennsylvania, was awarded a $148,884,392 modification (P00005) to contract W56HZV-17-C-0001 for early procurement material in support of the M109A7 and M992A3 vehicle production. Work will be performed in York, Pennsylvania, with an estimated completion date of Nov. 30, 2022. Fiscal 2018 other procurement (Army) funds in the amount of $148,884,392 were obligated at the time of the award. U. S. Army Contracting Command, Warren, Michigan, is the contracting activity.

L3 Combat Propulsion Systems, Muskegon, Michigan, was awarded a

$55,995,796 modification (P00049) to contract W56HZV-15-C-0119 for 120 800HP transmissions (60 remanufactured transmissions and 60 new transmissions) and ancillary to support Paladin Integrated Management; and 100 800HP remanufactured transmissions and refurbished containers to support requirements for the Bradley Fighting Vehicle System. Work will be performed in Muskegon, Michigan, with an estimated completion date of Oct. 18, 2018. Fiscal 2018 other procurement (Army); and aircraft procurement (Army) funds in the amount of $55,995,796 were obligated at the time of the award. U. S. Army Contracting Command, Warren, Michigan, is the contracting activity.

AIR FORCE

Aircraft Group Moog Inc., East Aurora, New York, was awarded a $26,736,540 indefinite-delivery/indefinite-quantity contract for the remanufacture of the B-1 Structural Mode Control System servo-cylinders. Work will be performed in East Aurora, New York and is expected to be complete by March 30, 2023. The award was the result of a competitive acquisition and two offer were received. Air Force Sustainment Center, Tinker Air Force Base, Oklahoma is the contracting activity (FA8118-18-D-0025).

Thomas Instrument, Brookshire, Texas, was awarded a $21,439,000 indefinite-delivery/indefinite-quantity for the remanufacture of the B-1 Structural Mode Control System servo-cylinders. Work will be performed in Brookshire, Texas, and is expected to be complete by March 30, 2023. The award was the result of a competitive acquisition and two offer were received. Air Force Sustainment Center, Tinker Air Force Base, Oklahoma is the contracting activity (FA8118-18-D-0027).

https://www.defense.gov/News/Contracts/Contract/Article/1429162/

Contracts For March 6, 2018

AIR FORCE

The Boeing Co., Boeing Guidance Repair Center, Heath, Ohio, has been awarded a not-to-exceed $7,601,000 undefinitized contract action for the remanufacture of 571 rotary switches in the air launched cruise missiles. Work will be performed in Heath, Ohio, and is expected to be complete by May 2025. This award is the result of a sole-source acquisition. Fiscal 2017 missiles procurement funds not-to-exceed $7,601,000 are being obligated at the time of award. Air Force Nuclear Weapons Center, Tinker Air Force Base, Oklahoma City, is the contracting activity (FA8128-18-C-0003).

https://www.defense.gov/News/Contracts/Contract/Article/1459422/

Contracts For March 7, 2018

AIR FORCE

The Boeing Co. , Boeing Guidance Repair Center, Heath, Ohio, has been awarded a not-to-exceed $7,601,000 undefinitized contract action for the remanufacture of 571 rotary switches in the air launched cruise missiles. Work will be performed in Heath, Ohio, and is expected to be complete by May 2025. This award is the result of a sole-source acquisition. Fiscal 2017 missiles procurement funds not-to-exceed $7,601,000 are being obligated at the time of award. Air Force Nuclear Weapons Center, Tinker Air Force Base, Oklahoma City, is the contracting activity (FA8128-18-C-0003).

https: //www. defense. gov/News/Contracts/Contract/Article/1460713/

Contracts For March 23, 2018

AIR FORCE

General Atomics, San Diego, California, is being awarded a $12,400,000 cost-plus-fixed-fee modification (P00007) to a previously issued order (DO 0001) placed against basic ordering agreement N00019-16-G-0006 for repair of repairables (ROR) and technical assistance in support of the Electromagnetic Aircraft Launch System (EMALS) and Advanced Arresting Gear (AAG) systems. ROR includes efforts and materials required to inspect and repair or remanufacture unserviceable repairable components which are provided as government furnished property and return the EMALS and AAG repairable items to a fully operational status. Technical assistance includes the necessary services to provide on-call/on-site emergency repairs. Repair services and technical assistance shall also be provided for EMALS and AAG shipboard systems. Work will be performed in Tupelo, Mississippi (55 percent); San Diego, California (35 percent); Norfolk, Virginia (6 percent); Waltham, Massachusetts (2 percent); Philadelphia, Pennsylvania (1 percent); and San Leandro, California (1 percent), and is expected to be completed in August 2019. Fiscal 2018 shipbuilding and conversion (Navy) funds in the amount of $5,851,000 are being obligated on this award, none of which will expire at the end of the current fiscal year. The Naval Air Systems Command, Patuxent River, Maryland, is the contracting activity.

https: //www. defense. gov/News/Contracts/Contract/Article/1474871/

Contracts For March 23, 2018

AIR FORCE

Parker-Hannifin Corp., Irvine, California, has been awarded $30,227,890 nine-year requirements supply contract for the procurement of all Air Force needs for nine spare national stock numbers items and the remanufacture of eight additional national stock numbers to support the A-10, B-1, B-52, C-135, C-5, C-130, C-17, E-3, F-15, F-16, and HH-60 aircraft. These items also support the TF33, F100, F101, F110, and F118 engines. Work will be performed in Irvine, California; Glendale, Arizona; Mentor, Ohio; and Kalamazoo, Michigan, and is expected to be complete by March 2027. This award is the result of a sole-source acquisition. No funding is being obligated at the time of award. Air Force Sustainment Center, Tinker Air Force Base, Oklahoma, is the contracting activity (FA8109-18-D-0004). (Awarded March 26, 2018).

https://www.defense.gov/News/Contracts/Contract/Article/1481376/

Contracts For June 4, 2018

AIR FORCE

The Boeing Co., Defense, Space & Security Network, Newark, Ohio, has been awarded a $7,086,972 firm-fixed-price delivery order (FA8119-18-F-0084), to the basic contract (FA8119-14-D-0003) for the Air Launched Cruise Missile (ALCM) warhead arming devices remanufacture. This contract provides for the remanufacture of 94 ALCM warhead arming devices. Work will be performed in Newark, Ohio, and is expected to be completed by July 31, 2021. This award is the result of a sole-source acquisition. Fiscal 2018 procurement funds in the amount of $7,086,972 are being obligated at the time of award. Tinker Air Force Base, Oklahoma, is the contracting activity.

https://www.defense.gov/News/Contracts/Contract/Article/1540364/

Contracts For June 14, 2018

ARMY

BAE Systems Land & Armaments L.P., York, Pennsylvania, was awarded a $347,999,966 fixed-price-incentive-fee contract for production of up to 164 Bradley M2A4 and M7A4 vehicles, and procurement of authorized stockage list spares, and additional packages for legacy component repair using M2A3, M7A3 and Operation

Desert Storm-Situational Awareness vehicles as a baseline. Bids were solicited via the Internet with one received. Work will be performed in York, Pennsylvania, with an estimated completion date of June 14, 2019. Fiscal 2017 and 2018 other procurement (Army) funds in the amount of $132,238,318 were obligated at the time of the award. U. S. Army Contracting Command, Warren, Michigan, is the contracting activity (W56HZV-18-C-0133).

https: //www. defense. gov/News/Contracts/Contract/Article/1550930/

Contracts For June 20, 2018

ARMY

General Dynamics Land Systems, Sterling Heights, Michigan, was awarded a $68,598,360 modification (0002) to contract W56HZV-17-D-B020 for the upgrade of Stryker flat bottom vehicles to the double V-hull configuration. Work will be performed in Sterling Heights, Michigan, with an estimated completion date of March 31, 2020. Fiscal 2017 Army procurement of weapons and tracked combat vehicles funds in the amount of $68,598,360 were obligated at the time of the award. U. S. Army Contracting Command, Warren, Michigan, is the contracting activity.

https: //www. defense. gov/News/Contracts/Contract/Article/1555810/

Contracts For June 21, 2018

ARMY

General Dynamics Land Systems, Sterling Heights, Michigan, was awarded a $258,631,225 modification (0002 01) to contract W56HZV-17-D-B020 for the upgrade of Stryker flat bottom vehicles to the double V-hull configuration. Work will be performed in Sterling Heights, Michigan, with an estimated completion date of March 31, 2020. Fiscal 2018 procurement of weapons and tracked combat vehicles funds in the amount of $258,631,225 were obligated at the time of the award. U. S. Army Contracting Command, Warren, Michigan, is the contracting activity.

https: //www. defense. gov/News/Contracts/Contract/Article/1557461/

Contracts For Sept. 28, 2018

ARMY

BAE Systems Land & Armaments L. P. , York, Pennsylvania, was awarded a

$215,797,886 modification (P00011) to contract W56HZV-17-C-0001 for production of the M109A7 Self-Propelled Howitzer and the M992A3 Carrier Ammunition Tracked vehicles. Work will be performed in York, Pennsylvania, with an estimated completion date of Jan. 29, 2021. Fiscal 2018 other procurement, Army funds in the amount of $215,797,886 were obligated at the time of the award. U. S. Army Contracting Command, Warren, Michigan, is the contracting activity.

https: //www. defense. gov/News/Contracts/Contract/Article/1648706/

Contracts For Oct. 3, 2018

AIR FORCE

SAFRAN Landing Systems, Vellzyvillacoublay, France, has been awarded a $220,154,652 firm-fixed-price requirements contract for landing systems remanufacture and supply. This contract provides for a 10-year strategic remanufacture/supply for the KC-135 heat shields, main wheel, carbon brake, torque tube adjustor, assembly, and piston housing. Work will be performed in Vellzyvillacoublay, France, and is expected to be complete by September 2028. This award is the result of a sole-source acquisition. No funds are being obligated at the time of award. Air Force Sustainment Center, Hill Air Force Base, Utah, is the contracting activity (FA8203-19-D-0001).

NAVY

The Boeing Co., Jacksonville, Florida, is awarded a $62,719,985 cost-plus-fixed-fee, indefinite-delivery/indefinite-quantity contract. This contract provides for F/A-18 E/F and EA-18G aircraft inspections, modifications and repairs as well as F/A-18 E/F and EA-18G Inner Wing Panel (IWP) modifications and repairs. The remanufacturing efforts for the F/A-18 E/F and EA-18G will restore aircraft and IWP service life projections to new design specifications. Work will be performed in Jacksonville, Florida (77 percent); St. Louis, Missouri (13 percent); and Lemoore, California (10 percent), and is expected to be completed in September 2019. No funds are being obligated at time of award; funds will be obligated on individual orders as they are issued. This contract was not competitively procured pursuant to Federal Acquisition Regulation 6. 302-3. The Naval Air Systems Command, Patuxent River, Maryland, is the contracting activity (N00019-19-D-0003).

https: //www. defense. gov/News/Contracts/Contract/Article/1652198/

Contracts For Oct. 5, 2018

ARMY

General Dynamics Land Systems, Sterling Heights, Michigan, was awarded a

$366,852,050 modification (0002 04) to contract W56HZV-17-D-B020 for upgrade of Stryker flat-bottom vehicles to the Double V-Hull Engineering Change Proposal 1 configuration. Work will be performed in Sterling Heights, Michigan, with an estimated completion date of April 30, 2021. Fiscal 2018 and 2019 procurement of weapons and tracked vehicle funds in the amount of $366,852,050 were obligated at the time of the award. U. S. Army Contracting Command, Warren, Michigan, is the contracting activity.

General Dynamics Land Systems, Sterling Heights, Michigan, was awarded a $24,957,920 modification (0001 19) to contract W56HZV-17-D-B020 for upgrade of Stryker flat-bottom vehicles to the Double V-Hull Engineering Change Proposal 1 configuration. Work will be performed in Sterling Heights, Michigan, with an estimated completion date of April 30, 2021. Fiscal 2018 and 2019 procurement of weapons and tracked vehicle funds in the amount of $24,957,920 were obligated at the time of the award. U. S. Army Contracting Command, Warren, Michigan, is the contracting activity.

The Boeing Co., Mesa, Arizona, was awarded a $242,109,170 modification (P00021) to foreign military sales (United Arab Emirates) contract W58RGZ-16-C-0023 for the remanufacture of eight, and procurement of nine new-build Apache AH-64E aircraft. Work will be performed in Mesa, Arizona, with an estimated completion date of Feb. 28, 2023. Fiscal 2010 foreign military sales funds in the amount of $242,109,170 were obligated at the time of the award. U. S. Army Contracting Command, Redstone Arsenal, Alabama, is the contracting activity.

ttps: //www. defense. gov/News/Contracts/Contract/Article/1656310/

Contracts For Oct. 25, 2018

AIR FORCE

Barkens Hard Chrome, Compton, California (FA8224-19-D-0001); Chromal Plating Co. Inc., Los Angeles, California (FA8224-19-D-0002); Kryler Corp., Fullerton, California (FA8224-19-D-0003); Quality Plating Co. Inc., Salt Lake City, Utah (FA8224-19-D-0004); and Sunvair, Inc., Valencia, California (FA8224-19-D-0005), have been awarded a ceiling $98, 000, 000 multiple award, indefinite-delivery/indefinite-quantity contract for metal plating to remanufacture existing and future assets in support of 309 Missile Maintenance Group and 309 Commodities Maintenance Group programs. Work will be performed at Hill Air Force Base, Utah;

Vandenberg AFB, California; and other geographically separated units. This contract is the result of a competitive acquisition and five offers were received. Fiscal 2018 Consolidated Sustainment Activity Group—Maintenance funds in the amount of $10,000 ($2,000 per awardee) are being obligated at the time of award. Air Force Sustainment Center, Hill AFB, Utah, is the contracting activity.

https://www.defense.gov/News/Contracts/Contract/Article/1672761/

Contracts For Nov. 15, 2018

AIR FORCE

Parker-Hannifin Corp, Irvine, California, is awarded a $39,026,578 modification to contract FA8109-18-D-0004 for 12 additional spare national stock numbers items and the remanufacture of 11additional national stock numbers to support the A-10, B-1, B-52, C-135, C-5, C-130, C-17, E-3, F-15, F-16, and HH-60 aircraft. These items also support the TF33, F100, F101, F110, and F118 engines. Work will be performed in Irvine, California; Glendale, Arizona; Mentor, Ohio; and Kalamazoo, Michigan, and is expected to be completed by April 5,2027. This award is the result of a sole-source acquisition. This is a requirements contract, so no funding is being obligated at the time of award. Air Force Sustainment Center, Tinker Air Force Base, Oklahoma, is the contracting activity.

https://www.defense.gov/News/Contracts/Contract/Article/1691653/

2019 年美国国防部公布的美军再制造合同

Contracts For Feb. 25, 2019

AIR FORCE

Textron Defense Systems, Wilmington, Massachusetts, has been awarded a $15,956,064 firm-fixed-price modification (P00009) to previously awarded contract FA8204-14-D-0001 for the MK12A Mod 5 F Midsection remanufacturing program. This modification extends the ordering period of the original requirements contract by five years. Work is being performed at Wilmington, Massachusetts, and is expected to be complete by March 5,2025. No funds are being obligated at time of award. The Air Force Nuclear Weapons Center, Hill Air Force Base, Utah, is the contracting activity.

https://www.defense.gov/News/Contracts/Contract/Article/1766751/

Contracts For Feb. 28, 2019

ARMY

General Dynamics Land Systems, Sterling Heights, Michigan, was awarded an $83,182,437 modification (P00011) to contract W56HZV-17-C-0188 to incorporate additional technological capabilities into the current Abrams System Enhancement Package Version 4. Work will be performed in Sterling Heights, Michigan, with an estimated completion date of Oct. 1, 2023. Fiscal 2019 research, development, test and evaluation funds in the amount of $21,054,316 were obligated at the time of the award. U. S. Army Contracting Command, Warren, Michigan, is the contracting activity.

https://www.defense.gov/News/Contracts/Contract/Article/1771302/

Contracts For May 10, 2019

ARMY

Northrop Grumman Systems Corp., Sierra Vista, Arizona, was awarded a $163,588,331 cost-plus-fixed-fee contract for Hunter unmanned aircraft system fleet support for operations, maintenance, engineering, re-engineering and remanufacturing. One bid was solicited with one bid received. Work will be performed in Sierra Vista, Arizona, with an estimated completion date of May 9, 2020. Fiscal 2019 operations and maintenance, Army funds in the amount of $41,883,787 were obligated at the time of the award. U. S. Army Contracting Command, Redstone Arsenal, Alabama, is the contracting activity (W58RGZ-19-C-0033).

https://www.defense.gov/News/Contracts/Contract/Article/1844479/

Contracts For May 10, 2019

ARMY

Northrop Grumman Systems Corp., Sierra Vista, Arizona, was awarded a $163,588,331 cost-plus-fixed-fee contract for Hunter unmanned aircraft system fleet support for operations, maintenance, engineering, re-engineering and remanufacturing. One bid was solicited with one bid received. Work will be performed in Sierra Vista, Arizona, with an estimated completion date of May 9, 2020. Fiscal 2019 operations and maintenance, Army funds in the amount of $41,883,787 were obligated at the time of the award. U. S. Army Contracting Command, Redstone Arsenal, Alabama, is the contracting activity (W58RGZ-19-C-0033).

https://www.defense.gov/News/Contracts/Contract/Article/1844479/

Contracts For July 19, 2019

AIR FORCE

United Technologies Corp., doing business as Pratt & Whitney Military Engines, East Hartford, Connecticut, has been awarded a $253,708,434 indefinite-delivery-requirements contract for engine module remanufacture. This contract provides for F100-PW-100/-200/-220/-220E/-229/-229EEP engine module remanufacture for Foreign Military Sales (FMS) partner countries. Work will be performed at East Hartford, Connecticut; Midland, Georgia; and Midwest City, Oklahoma, and is expected to be completed by July 30, 2024. This contract involves foreign military sales to Chile, Indonesia, Taiwan, Poland, Greece, Iraq, Pakistan, Romania, Saudi Arabia, Egypt, Thailand and Morocco. No funds are being obligated at the time of award. This award is the result of a sole source acquisition. The Air Force Sustainment Center, Tinker Air Force Base, Oklahoma, is the contracting activity (FA8121-19-D-0005).

https://www.defense.gov/News/Contracts/Contract/Article/1911093/

Contracts For Aug. 21, 2019

ARMY

The Boeing Co., Mesa, Arizona, was awarded a $145,892,870 modification (P00037) to Foreign Military Sales (Netherlands) contract W58RGZ-16-C-0023 for the remanufacture of 11 aircraft and new build Longbow Crew Trainer and spares. Bids were solicited via the internet with one received. Work will be performed in Mesa, Arizona, with an estimated completion date of March 29, 2024. Fiscal 2010 Foreign Military Sales funds in the amount of $145,892,870 were obligated at the time of the award. U.S. Army Contracting Command, Redstone Arsenal, Alabama, is the contracting activity.

https://www.defense.gov/News/Contracts/Contract/Article/1940606/

Contracts For Aug. 29, 2019

ARMY

The Boeing Co., Mesa, Arizona, was awarded a $14,746,801 modification (P00033) to contract W58RGZ-16-C-0023 for the remanufacture of Longbow Crew trainers and spares. Work will be performed in Mesa, Arizona, with an estimated completion date of March 30, 2025. Fiscal 2017 aircraft procurement, Army funds in the amount of $14,746,801 were obligated at the time of the award. U.S. Army

Contracting Command, Redstone Arsenal, Alabama, is the contracting activity.

https: //www. defense. gov/News/Contracts/Contract/Article/1948303/

Contracts For Sept. 4, 2019

AIR FORCE

The Boeing Co. , Defense, Space & Security-Network, Newark, Ohio, has been awarded a $7,494,440 firm-fixed-price delivery order, FA8119-19-F-0094, to basic contract FA8119-14-D-0003 for Air Launched Cruise Missile warhead arming devices remanufacture. This delivery order provides for the remanufacture of 110 Air Launched Cruise Missile warhead arming devices for the fifth option period. Work will be performed at Newark, Ohio, and is expected to be completed by May 9, 2020. This award is the result of a sole source acquisition. Fiscal 2019 missiles procurement funds in the amount of $7,494,440. 00 are being obligated at the time of award. The Air Force Sustainment Center, Tinker Air Force Base, Oklahoma, is the contracting activity.

https: //www. defense. gov/News/Contracts/Contract/Article/1952112/

Contracts For Sept. 6, 2019

ARMY

BAE Systems Inc. , York, Pennsylvania, was awarded a $268,990,416 modification (P00015) to contract W56HZV-18-C-0133 for Bradley production. Work will be performed in York, Pennsylvania, with an estimated completion date of March 31, 2021. Fiscal 2018 procurement of weapons and tracked combat vehicles funds in the amount of $268,990,416 were obligated at the time of the award. U. S. Army Contracting Command, Warren, Michigan, is the contracting activity.

https: //www. defense. gov/News/Contracts/Contract/Article/1954307/

Contracts For Sept. 27, 2019

AIR FORCE

United Technologies Corp. , doing business as Pratt & Whitney Military Engines, East Hartford, Connecticut, has been awarded a $78,118,288 indefinite-delivery-requirements contract for engine module remanufacture. This contract provides for F100-PW-220/-220E engine module remanufacture for Foreign Military Sales partner country of Jordan. This contract involves 100% foreign military sales to Jordan. Work will be performed at East Hartford, Connecticut; Midland, Georgia; and Midwest City, Oklahoma, and is expected to be completed by Sept. 30, 2024. This award is the result of a sole source acquisition. No funds are being obligated at the time of award. The Air Force Sustainment Center, Tinker Air Force Base, Oklahoma, is the contracting activity (FA8121-19-D-0001).

https://www.defense.gov/News/Contracts/Contract/Article/1973911/

Contracts For Sept. 30, 2019

NAVY

The Boeing Co., Jacksonville, Florida, is awarded a $70,825,736 modification (P00002) to a previously awarded, cost-plus-fixed-fee, indefinite-delivery/indefinite-quantity contract (N00019-19-D-0003). This modification exercises an option to provide F/A-18 E/F and EA-18G aircraft inspections, modifications and repairs as well as F/A-18 E/F and EA-18G inner wing panel (IWP) modifications and repairs. The remanufacturing efforts for the F/A-18 E/F and EA-18G will restore aircraft and IWP service life projections to the new design specifications. Work will be performed in Jacksonville, Florida (77%); St. Louis, Missouri (13%); and Lemoore, California (10%), and is expected to be completed in September 2020. No funds are being obligated at time of award; funds will be obligated on individual orders as they are issued. The Naval Air Systems Command, Patuxent River, Maryland, is the contracting activity.

https://www.defense.gov/News/Contracts/Contract/Article/1975222/

Contracts For Oct. 3, 2019

NAVY

General Atomics, San Diego, California, is awarded a $12,255,842 modification (P00019) to a cost-plus-fixed-fee delivery order (0001) against a previously issued basic ordering agreement (N00019-16-G-0006). This modification increases the level of effort for repair of repairables (ROR) and technical assistance. ROR includes efforts and materials required to inspect and repair or remanufacture unserviceable repairable components that are provided to the contractor as government furnished property and return the electromagnetic aircraft launch systems (EMALS) and advanced arresting gear (AAG) repairable items to a fully operational status. Technical assistance includes the necessary services to provide "on-call/on-site" emergency repairs. Repair services and technical assistance will also be provided for EMALS and AAG shipboard systems. Work will be performed in Tupelo, Mississippi (55%); San Diego, California (35%); Norfolk, Virginia (6%); Waltham, Massachusetts (2%); Philadelphia,

Pennsylvania（1%）；and San Leandro，California（1%），and is expected to be completed in September 2020. Fiscal 2019 shipbuilding and conversion（Navy）funds in the amount of $12，255，842 will be obligated at time of award，none of which will expire at the end of the current fiscal year. The Naval Air Systems Command，Patuxent River，Maryland，is the contracting activity.

https：//www. defense. gov/News/Contracts/Contract/Article/1979758/

Contracts For Dec. 18，2019

ARMY

The Boeing Co.，Mesa，Arizona，was awarded a $564，505，720 modification（P00044）to Foreign Military Sales（Netherlands，United Arab Emirates and United Kingdom）W58RGZ-16-C-0023 for the remanufacture of Apache AH-64E aircraft. Bids were solicited via the internet with one received. Work will be performed in Mesa，Arizona，with an estimated completion date of March 1，2025. Fiscal 2010 Foreign Military Sales funds in the combined amount of $564，505，720 were obligated at the time of the award. U. S. Army Contracting Command，Redstone Arsenal，Alabama，is the contracting activity.

https：//www. defense. gov/News/Contracts/Contract/Article/2043561/

2020 年美国国防部公布的美军再制造合同

Contracts For Feb. 7，2020

ARMY

L3 Technologies Inc.，Muskegon，Michigan，was awarded a $59，056，763 contract for 235 eHydro-Mechanically Propelled Operational Reliability［THOR］II Transmission 800s in a mix of both new and remanufactured configurations. Bids were solicited via the internet with one received. Work will be performed in Muskegon，Michigan，with an estimated completion date of Dec. 31，2021. Fiscal 2020 Army working capital funds in the amount of $59，037，500 were obligated at the time of the award. U. S. Army Contracting Command，Detroit Arsenal，Michigan，is the contracting activity（W56HZV-15-C-0119）.

https：//www. defense. gov/News/Contracts/Contract/Article/2078385/

Contracts For March 23，2020

ARMY

BAE Systems Land & Armaments L. P.，York，Pennsylvania，was awarded a

$339,131,639 modification (P00050) to contract W56HZV-17-C-0001 for 48 vehicle sets of self-propelled howitzer and carrier, ammunition, tracked vehicles and associated support. Work will be performed in York, Pennsylvania, with an estimated completion date of Jan. 31, 2023. Fiscal 2018, 2019 and 2020 other procurement, Army funds in the amount of $339,131,639 were obligated at the time of the award. U. S. Army Contracting Command, Detroit Arsenal, Michigan, is the contracting activity.

https://www.defense.gov/News/Contracts/Contract/Article/2122344/

Contracts For April 23, 2020

NAVY

TrijiconInc., * Wixom, Michigan, is awarded a $41,218,080 firm-fixed-price, indefinite-delivery/indefinite-quantity contract for the remanufacture of Rifle Combat Optics (RCOs). This contract provides for the materials, labor, equipment, facilities and missing/repair parts necessary to inspect, diagnose, test and restore the RCOs. Work will be performed in Wixom, Michigan, and is expected to be completed by April 2025. This contract has a five-year ordering period with a maximum value of $41,218,080. Fiscal 2020 operations and maintenance (Marine Corps) in the amount of $8,160,000 will be obligated at the time of award for the first task order and will expire at the end of the current fiscal year. This contract was not competitively procured in accordance with 10 U. S. Code 2304 (c) (1)-only one responsible source and no other supplies or services will satisfy agency requirements. The Marine Corps Logistics Command, Albany, Georgia, is the contracting activity (M67004-20-D-0003).

https://www.defense.gov/News/Contracts/Contract/Article/2162978/

Contracts For May 28, 2020

AIR FORCE

Thomas Instrument, Brookshire, Texas, was awarded a $25,334,400 five-year, indefinite-delivery/indefinite-quantity contract for remanufacture of B-1B left/right-hand hydraulic heat exchanger. Work will be performed in Brookshire, Texas, and is expected to be completed by Sept. 21, 2025. This award is the result of a competitive acquisition and two offers were received. Fiscal 2020 working capital funds in the amount of $1,679,680 will be obligated at the time of award. Air Force Sustainment Center, Tinker Air Force Base, Oklahoma, is the contracting activity (FA8118-20-D-0010).

https://www.defense.gov/News/Contracts/Contract/Article/2200874/

Contracts For June 25, 2020

ARMY

BAE Systems Inc., York, Pennsylvania, was awarded a $266,865,094 modification (P00039) to contract W56HZV-18-C-0133 for Bradley A4 Production Option Two, which awards 159 vehicles. Work will be performed in York, Pennsylvania, with an estimated completion date of March 31, 2023. Fiscal 2019 and 2020 weapons and tracked combat vehicle procurement (Army) funds in the amount of $266,865,094 were obligated at the time of the award. U. S. Army Contracting Command, Detroit Arsenal, Michigan, is the contracting activity.

https://www.defense.gov/News/Contracts/Contract/Article/2232845/

Contracts For Aug. 12, 2020

ARMY

Northrop Grumman Systems Corp., Rolling Meadows, Illinois, was awarded a $10,008,657 modification (PZ0005) to contract W58RGZ-20-C-0018 for the re-manufacturing and delivery of the APR-39C (V) 1 radar data processor. Work will be performed in Rolling Meadows, Illinois, with an estimated completion date of Aug. 11, 2023. Fiscal 2020 Foreign Military Sales (Saudi Arabia, United Emirates and Qatar) funds in the amount of $10,008,657 were obligated at the time of the award. U. S. Army Contracting Command, Redstone Arsenal, Alabama, is the contracting activity.

The Boeing Co., Mesa, Arizona, was awarded an $11,701,146 modification (P00063) to contract W58RGZ-16-C-0023 for remanufactured Apache AH-64E aircraft. Work will be performed in Mesa, Arizona, with an estimated completion date of Jan. 31, 2023. Fiscal 2020 aircraft procurement (Army) funds in the amount of $11,701,146 were obligated at the time of the award. U. S. Army Contracting Command, Redstone Arsenal, Alabama, is the contracting activity.

https://www.defense.gov/News/Contracts/Contract/Article/2310984/

Contracts For Aug. 31, 2020

AIR FORCE

Beaver Aerospace & Defense Inc., Livonia, Michigan, has been awarded a $14,658,882 indefinite-delivery/indefinite-quantity contract for sustainment of the Fast Rising B-Plug components. This contract provides for remanufacture, shipping, testing and packaging for the Fast Rising B-Plug components used for the Fast Rising B-Plug program by the Air Force. Work will be performed in Livonia, Michigan, and is expected to be completed Aug. 26, 2025. This award is the result of a sole-source acquisition. Fiscal 2020 working capital funds in the amount of $34,255 are being obligated at the time of award. Air Force Material Command, Hill Air Force Base, Utah, is the contracting activity (FA8206-20-D-0001).

https://www.defense.gov/News/Contracts/Contract/Article/2331179/

Contracts For Sept. 1, 2020

AIR FORCE

General Electric Co., Cincinnati, Ohio, has been awarded a $9,958,065 firm-fixed-price, indefinite-delivery requirements contract for the remanufacture of the F108 Module 14 low pressure turbine assembly. This contract provides for the remanufacturing of the F108-200 (CFM56-2A) low pressure turbine assembly (Module 14) to like-new condition. Work will be performed in Cincinnati, Ohio, and is expected to be completed Sept. 18, 2025. This award is the result of a competitive acquisition and two offers were received. Defense agencies working capital funds will be used, but no funds are being obligated at the time of award. Air Force Sustainment Center, Tinker Air Force Base, Oklahoma, is the contracting activity (FA8122-20-D-0010).

https://www.defense.gov/News/Contracts/Contract/Article/2334842/

Contracts For Sept. 23, 2020

AIR FORCE

General Electric Co., Cincinnati, Ohio, has been awarded a $23,472,820 firm-fixed-price, requirements-type contract with a five-year year ordering period for the remanufacture of the F108 Module 13/15 low pressure turbine union assembly. Work will be performed in Cincinnati, Ohio, and is expected to be completed by Sept. 22, 2025. This contract is the result of a competitive acquisition and three offers were received. Defense agencies working capital funds will be made available at the issuing of delivery orders against this contract. Air Force Sustainment Center, Tinker, Air Force Base, Oklahoma, is the contracting activity (FA8122-20-D-0007).

https://www.defense.gov/News/Contracts/Contract/Article/2358917/

Contracts For Dec. 18, 2020

ARMY

General Dynamics Land Systems Inc., Sterling Heights, Michigan, was awarded a $4,620,000,000 fixed-price-incentive contract to produce Abrams M1A2 SEPv3 tanks. Bids were solicited via the internet with one received. Work locations and funding will be determined with each order, with an estimated completion date of June 17, 2028. The U. S. Army Contracting Command, Detroit Arsenal, Michigan, is the contracting activity (W56HZV-21-D-0001).

https: //www. defense. gov/News/Contracts/Contract/Article/2452534/

2021 年美国国防部公布的美军再制造合同

Contracts For Feb. 9, 2021

AIR FORCE

Chromalloy Component Services, San Antonio, Texas, has been awarded a $74,632,104 firm-fixed-price, indefinite-delivery/indefinite-quantity contract for the remanufacture of the F108 Module 14 low pressure turbine assembly. This contract provides for the remanufacturing of the F108-200 (CFM56-2A) low pressure turbine assembly (Module 14) to like-new condition. Work will be performed in San Antonio, Texas, and is expected to be completed Feb. 8, 2026. This award is the result of a competitive acquisition and two offers were received. Defense agencies working capital funds will be used, but no funds are being obligated at the time of award. The Air Force Sustainment Center, Tinker Air Force Base, Oklahoma, is the contracting activity (FA8122-21-D-0002).

https: //www. defense. gov/News/Contracts/Contract/Article/2498742/

Contracts For April 9, 2021

AIR FORCE

Moog Inc., Elma, New York, has been awarded a $48,817,417 indefinite-delivery/indefinite-quantity requirements contract for the remanufacture and repair of the B-2 Hydraulic Servocylinder during base year and Option Periods One and Two. Work will be performed in Elma, New York, and is expected to be completed Nov. 8, 2023. This award was the result of a sole-source acquisition. Fiscal 2021 working capital funds will be used with no funds being obligated at the time of award. Air Force Sustainment Center, Tinker Air Force Base, Oklahoma, is the contracting activity (FA8118-21-D-0004). (Awarded April 8, 2021).

https: //www. defense. gov/News/Contracts/Contract/Article/2567831/

Contracts For April 30, 2021

ARMY

The Boeing Co., Mesa, Arizona, was awarded a $60,722,039 modification (P00078) to contract W58RGZ-16-C-0023 for remanufactured and new-build aircraft. Work will be performed in Mesa, Arizona, with an estimated completion date of Jan. 24, 2024. Fiscal 2021 aircraft procurement, Army funds in the amount of $60,722,039 were obligated at the time of the award. U. S. Army Contracting Command, Redstone Arsenal, Alabama, is the contracting activity.

https: //www. defense. gov/News/Contracts/Contract/Article/2591938/

Contracts For May 19, 2021

ARMY

The Boeing Co., Mesa, Arizona, was awarded a $7,674,185 modification (P00080) to contract W58RGZ-16-C-0023 for integration of the legacy strap pack assembly for remanufactured AH-64E aircraft. Work will be performed in Mesa, Arizona, with an estimated completion date of Jan. 31, 2024. Fiscal 2021 aircraft procurement, Army funds in the amount of $7,674,185 were obligated at the time of the award. U. S. Army Contracting Command, Redstone Arsenal, Alabama, is the contracting activity.

https: //www. defense. gov/News/Contracts/Contract/Article/2624233/

Contracts For June 17, 2021

ARMY

The Boeing Co., Mesa, Arizona, was awarded a $32,577,153 modification (P00082) to contract W58RGZ-16-C-0023 to incorporate a directed change order for the remanufacture of twelve Apache aircraft and six-part numbers for the tail rotor blades. Work will be performed in Mesa, Arizona, with an estimated completion date of Oct. 1, 2024. Fiscal 2021 aircraft procurement (Army) funds in the amount of $33,040,693 were obligated at the time of the award. U. S. Army Contracting Command, Redstone Arsenal, Alabama, is the contracting activity.

https: //www. defense. gov/News/Contracts/Contract/Article/2662720/

Contracts For July 13, 2021

ARMY

BAE Systems, York, Pennsylvania, was awarded a $72,458,148 modification

(P00088) to contract W56HZV-17-C-0001 for the production and delivery of M109A7 and M992A3 vehicles. Work will be performed in York, Pennsylvania, with an estimated completion date of Dec. 31, 2024. Fiscal 2020 and 2021 weapons and tracked combat vehicle procurement, Army funds in the amount of $72,458,148 were obligated at the time of the award. U. S. Army Contracting Command, Detroit Arsenal, Michigan, is the contracting activity.

https://www.defense.gov/News/Contracts/Contract/Article/2692774/

Contracts For Sept. 30, 2021

AIR FORCE

Hamilton Sundstrand Corp., Rockford, Illinois, has been awarded a $7,600,000 indefinite-delivery requirements modification (P00002) to contract FA8118-18-C-0007 for the remanufacture of the B-2 and B-52 Common Strategic Rotary Launcher (CSRL) for 15 additional units. Work will be performed in Rockford, Illinois, and is expected to be completed by July 31, 2025. Fiscal 2021 working capital funds will be used to fully fund this modification. Air Force Sustainment Center, Tinker Air Force Base, Oklahoma, is the contracting activity.

https://www.defense.gov/News/Contracts/Contract/Article/2794796/

2022 年美国国防部公布的美军再制造合同

Contracts For Jan. 7, 2022

ARMY

BAE Systems, York, Pennsylvania, was awarded a $97,280,236 modification (P00098) to contract W56HZV-17-C-0001 for the production and delivery of M109A7 and M992A3 vehicles. Work will be performed in York, Pennsylvania, with an estimated completion date of Dec. 31, 2024. Fiscal 2020 and 2021 weapons and tracked combat vehicle procurement, Army funds in the amount of $97,280,236 were obligated at the time of the award. U. S. Army Contracting Command, Detroit Arsenal, Michigan, is the contracting activity.

https://www.defense.gov/News/Contracts/Contract/Article/2892786/

Contracts For May 11, 2022

ARMY

BAE Systems Land & Armaments LP, York, Pennsylvania, was awarded a

$24,120,717 modification (P00111) to contract W56HZV-17-C-0001 for the production and delivery of M109A7 and M992A3 vehicles. Work will be performed in York, Pennsylvania, with an estimated completion date of Dec. 31, 2025. Fiscal 2022 weapons and tracked combat vehicle procurement, Army funds in the amount of $24,120,717 were obligated at the time of the award. U. S. Army Contracting Command, Detroit Arsenal, Michigan, is the contracting activity.

https://www.defense.gov/News/Contracts/Contract/Article/3028388/

Contracts For June 30, 2022

ARMY

BAE Systems, York, Pennsylvania, was awarded a $298,726,093 modification (PZ0108) to contract W56HZV-17-C-0001 for the production and delivery of M109A7 and M992A3 vehicles. Work will be performed in York, Pennsylvania, with an estimated completion date of Dec. 31, 2024. Fiscal 2020 and 2021 procurement of weapons and tracked combat vehicles, Army funds in the amount of $298,726,093 were obligated at the time of the award. Army Contracting Command, Detroit Arsenal, Michigan, is the contracting activity.

https://www.defense.gov/News/Contracts/Contract/Article/3081211/

Contracts For Aug. 12, 2022

AIR FORCE

Raytheon Technologies Corp., East Hartford, Connecticut, has been awarded a $132,645,676 modification (P0008) to previously awarded contract FA8121-19-D-0005 for engine module remanufacture. This contract provides for F100-PW-100/-200/-220/-220E/-229/-229EEP engine module remanufacture for Foreign Military Sales (FMS) partner countries. Work will be performed in East Hartford, Connecticut; Midland, Georgia; and Midwest City, Oklahoma, and is expected to be completed by Aug. 14, 2023. This contract involves FMS to Chile, Indonesia, Taiwan, Poland, Greece, Iraq, Pakistan, Romania, Saudi Arabia, Egypt, Thailand and Morocco. This modification was the result of a sole source acquisition. The Air Force Sustainment Center, Tinker Air Force Base, Oklahoma, is the contracting activity (FA8121-19-D-0005).

https://www.defense.gov/News/Contracts/Contract/Article/3126822/

Contracts For Aug. 24, 2022

ARMY

BAE Systems Land & Armaments L. P. , York, Pennsylvania, was awarded a $49,689,943 cost-no-fee contract for Bradley Fighting Vehicles. Bids were solicited via the internet with one received. Work will be performed in York, Pennsylvania, with an estimated completion date of Aug. 23, 2023. Fiscal 2022 weapons and tracked combat vehicle procurement, Army funds in the amount of $49,699,881 were obligated at the time of the award. U. S. Army Contracting Command, Detroit Arsenal, Michigan, is the contracting activity (W56HZV-22-F-0413).

https://www.defense.gov/News/Contracts/Contract/Article/3138645/

Contracts For Sept. 2, 2022

ARMY

RENK America LLC, Muskegon, Michigan, was awarded a $51,461,885 modification (P00019) to contract W56HZV-20-C-0124 for hydro-mechanically propelled transmissions, remanufactured transmission containers and transmission control modules for the Multiple Launch Rocket System. Work will be performed in Muskegon, Michigan, with an estimated completion date of April 30, 2024. Fiscal 2022 weapons and tracked combat vehicle procurement, Army funds in the amount of $51,461,885 were obligated at the time of the award. U. S. Army Contracting Command, Detroit Arsenal, Michigan, is the contracting activity.

https://www.defense.gov/News/Contracts/Contract/Article/3148681/

Contracts For Nov. 14, 2022

ARMY

BAE Systems Land & Armaments L. P. , York, Pennsylvania, was awarded a $31,917,256 modification (P00001) to contract W56HZV-22-F-0413 for M2A4 and M7A4 Bradley Fighting Vehicles. Work will be performed in York, Pennsylvania, with an estimated completion date of Aug. 23, 2023. Fiscal 2022 weapons and tracked combat vehicle procurement, Army funds in the amount of $31,917,256 were obligated at the time of the award. U. S. Army Contracting Command, Detroit Arsenal, Michigan, is the contracting activity.

https://www.defense.gov/News/Contracts/Contract/Article/3217878/